W0245348

JoJo
UND
ICH

DEAN
BERNAL

JOJO
UND
ICH

DIE GESCHICHTE EINER
TIEFEN FREUNDSCHAFT

MIT EINEM VORWORT
VON CAROLA FERSTL

Aus dem Englischen übersetzt
von Jochen Lehner

INTEGRAL

Verlagsgruppe Random House FSC-DEU-0100
Das für dieses Buch verwendete
FSC®-zertifizierte Papier *EOS*
liefert Salzer Papier, St. Pölten, Austria.

Integral Verlag
Integral ist ein Verlag der Verlagsgruppe Random House GmbH.

ISBN 978-3-7787-9232-2

Erste Auflage 2012
Copyright © 2011 by Dean Bernal
Originaltitel: *The Story of Dean and JoJo – The Dolphin Legacy*
Copyright © der deutschsprachigen Ausgabe 2012
by Integral Verlag, München,
in der Verlagsgruppe Random House GmbH
Alle Rechte sind vorbehalten. Printed in Germany.
Redaktion: Karin Weingart
Einbandgestaltung: Alice Männl, Leipzig,
unter Verwendung einer Fotografie von Doug Perrine
Satz: Leingärtner, Nabburg
Druck und Bindung: GGP Media GmbH, Pößneck

Dieses Buch widme ich den Lehrern des Lichts,
des Lachens und der Weisheit sowie all jenen,
die einen intuitiven Zugang zu diesem Weg haben.
Und natürlich JoJo, der mich immer zum Lachen bringt.

Jean + JoJo

Dem Delfin hat die Natur als Einzigem die Gabe verliehen,
nach der die besten Philosophen streben –
uneigennützige Freundschaft.

PLUTARCH

Die Menschen hielten sich schon immer für intelligenter
als die Delfine, denn sie haben mehr erreicht –
das Rad erfunden, New York erbaut, Kriege geführt usw. –,
während die Delfine die ganze Zeit bloß im Wasser
herumschwammen und sich wohlfühlten. Andererseits
hielten sich auch die Delfine immer für intelligenter
als die Menschen – aus denselben Gründen.

DOUGLAS ADAMS,
Macht's gut, und danke für den Fisch

INHALT

VORWORT

Immer wenn ich am Meer bin, tauchen die Erinnerungen auf. Ich sehe Dean aus dem Wasser steigen, in der einen Hand seine Schwimmflossen, mit denen er schnell und unendlich lange durch die Weiten des Ozeans ziehen konnte, in der anderen Maske und Schnorchel. Auf seinem Gesicht ein Ausdruck größter Freude, tiefsten Glücks. Er kommt zurück von einer der unzähligen Begegnungen mit JoJo, dem wilden Delfin. Nie wieder habe ich einen Menschen getroffen, der so vollkommen zufrieden war im Hier und Jetzt, so dankbar für das Leben und seine Wunder, wie Dean Bernal in diesen Momenten, nachdem er in das tiefe Blau des Meeres getaucht war und die Verbundenheit mit seinem schwimmenden Freund gespürt hatte.

Ich traf Dean während Dreharbeiten zu meiner Reisesendung bei n-tv in den Neunzigerjahren. Er lebte auf Providenciales, einer wunderschönen, flachen, sandigen Insel unterhalb der Bahamas. Als begeisterter Schwimmer und Taucher war er auf dieses Fleckchen Erde aufmerksam geworden. Er kam her, war begeistert und blieb. Um die Erfahrung seines Lebens zu machen – die Bekanntschaft mit einem wilden Delfin, den er JoJo nannte. Es war nicht nur eine dieser zufälligen Begegnungen zwischen Mensch und Meeressäuger, sondern es wuchs über die Jahre eine lebensverändernde Beziehung zwischen den beiden heran, deren Zauber auf jeden Menschen

11

überging, der sie vor Ort sehen konnte oder darüber hörte oder las.

Ich bekam bei meinem ersten Besuch davon nur wenig mit, war voll auf meine Arbeit konzentriert. Wie immer bei Dreharbeiten ging so einiges schief, das den Aufwand verdoppelte und alle akribische Vorplanung zur Makulatur machte. Die Vorstellung, dass Reisejournalisten nur die schönsten Plätze der Welt besuchen, dabei kaum Arbeit haben und ausgeruht und entspannt wieder in die Redaktion kommen, wurde in meinem Leben ein ums andere Mal widerlegt.

Neben aller Arbeit konnte ich auch nur bedingt meinen ersten Kontakt mit JoJo genießen. Ich wurde im wahrsten Sinne des Wortes ins Wasser geworfen, wenn auch in warmes, und hatte schlichtweg Angst vor dem großen Tier, als es im kristallklaren Meer um mich herumschwamm. Dean stellte uns einander vor, wie man Mensch und frei lebenden wilden Meeressäuger wohl einander vorstellen muss: Er blieb in meiner Nähe, schaute mit der Taucherbrille immer wieder unter Wasser und machte JoJo Zeichen, die nur die beiden verstanden, dass er doch mal ruhig etwas an mich heranschwimmen sollte, um mich richtig in Augenschein nehmen zu können. Und ich ihn.

JoJo blieb bei seinen Runden um mich herum, die eher an einen Hai als an einen Delfin erinnerten. Ich fand es nicht so lustig und wurde das Gefühl nicht los, dass alles nur ein ungeduldiges Manöver war und dass JoJo ganz schnell seinen wasserliebenden Freund Dean wieder für sich haben wollte.

Später lernte auch ich, entspannt das Treffen unserer beiden Spezies Mensch und Delfin zu genießen. Große Begeisterung, die Freude auf einen gemeinsamen Schwimmausflug konnte ich bei JoJo allerdings nie ausmachen. Das blieb einzig und allein seinem Freund Dean vorbehalten. Falsche Höflichkeit, wie wir das bei Menschen immer wieder feststellen, ist die Sache der Delfine sicher nicht!

Außerhalb des Wassers, auf festem Grund und ohne den verspielten, fordernden Delfin wurden Dean und ich Freunde. Wir hielten Kontakt zwischen der karibischen Inselwelt und dem fernen Deutschland. Ich schickte ihm den fertigen Film, er informierte mich über seine Fortschritte bei seiner Arbeit für den Umweltschutz der Turks and Caicos.

Einige Jahre allerdings hörten wir nur wenig voneinander. Mich hatte die »Rushhour« des Lebens voll erwischt. Karriere, Kinder, das tägliche Leben meistern, meine Leser und die Zuschauer der Telebörse über das tägliche Geschehen an den Finanzmärkten informieren, das waren inzwischen mein Lebensinhalt und meine Leidenschaft geworden. Den Reisejournalismus hatte ich an den Nagel gehängt.

Eines Tages jedoch tauchte eine E-Mail auf meinem Computer auf, die in der Folge meinem Leben wieder etwas geben sollte, das ich vergessen geglaubt hatte: »It's me, Dean«, so waren seine Worte. Er schrieb, dass er ein anderer Mensch geworden sei, seit wir uns das letzte Mal gesehen hatten. Aber nicht nur sein Leben, sondern das Leben vieler Menschen hatte sich zum Besseren gewendet, nachdem sie von der Geschichte von Dean und JoJo gehört hatten.

Dean war klar geworden, dass sein Erlebnis mit JoJo eine großartige Botschaft enthielt, etwas, das Menschen innehalten ließ trotz ihrer Sorgen und Probleme, etwas, das die Kraft hatte, ein neues Bewusstsein zu schaffen. Daher entschloss sich Dean, seine Geschichte aufzuschreiben. Als einen Weg zu einem tieferen Verständnis unserer Welt und einer Chance für wunderbare Veränderungen im Leben eines jeden von uns.

Seine Worte berührten mich sehr, und ich machte mich auf den Weg, um Dean in Florida zu treffen. Dort gab er mir ein fertiges Manuskript – das Buch, das Sie nun in Händen halten. Ich las es in einer Nacht in einem einzigen Zug durch, da ich so berührt von dieser wunderbaren Geschichte war. Viel deut-

13

licher als je zuvor wurde mir durch Deans eigene Worte bewusst, was die Freundschaft zu JoJo für ihn bedeutet.

Doch im selben Moment wurde mir klar, dass diese wunderbare Erfahrung, genau wie Dean es beschrieben hat, gerade jetzt, bei all den negativen Nachrichten um uns herum, eine große Bedeutung erlangen kann, sie kann »Berge versetzen« oder, um mit Deans Worten zu sprechen, »Ozeane bewegen«. Aus ihr sprechen die Achtsamkeit und der Respekt für alles Leben auf diesem Planeten, für all das, was uns ähnlich ist, aber auch das, was so anders ist als wir selbst. Ob Mensch oder Tier. Dean beschreibt das Geschenk, das wir bekommen, wenn wir die Begegnung mit der Welt um uns und all ihren Wundern begreifen und in uns aufnehmen.

Freundschaft und Hilfsbereitschaft spielen in dieser Geschichte eine zentrale Rolle: Fähigkeiten von Mensch und Tier, die Dean ein ums andere Mal das Leben gerettet haben. Die in unserer Welt häufig im täglichen Kampf untergehen und viele Menschen leer und ausgelaugt zurücklassen. Wir können sie zurückgewinnen. Beim Lesen von Deans und JoJos Geschichte öffnen sich Türen, die verschlossen schienen, das tiefe Blau des Meeres wird hell, und wir sehen klar, was unter der Oberfläche ist: eine Welt, die der unseren so ähnlich ist, obwohl oder gerade weil sie so anders und bedrohlich wirkt. Gefahr und Tod, der ewige Kampf ums Überleben: Er ist hier wie dort. Doch wir können ihn in unseren Herzen transformieren in Freundschaft, Güte und Hingabe mit dem nötigen Respekt und der Freiheit für den anderen.

Deans Geschichte hat mein Leben verändert. Ich wünsche ihm und seinem Buch alles Gute und wünsche Ihnen, liebe Leserin und lieber Leser, eine reiche Lektüre und Inspiration für Ihr eigenes Leben.

Carola Ferstl

Einleitung

Dies ist die wahre Geschichte meiner Freundschaft mit einem wild lebenden Großen Tümmler, dem ich den Namen JoJo gegeben habe. Aus irgendeinem Grund hat dieser in den türkisblauen Gewässern um die Turks- und Caicosinseln beheimatete Delfin Anschluss an den Menschen gesucht. Doch warum JoJo mir die Gelegenheit gab, seinen Lebensweg zu teilen, weiß ich bis heute nicht. Jedenfalls lebte er – untypisch für seine Art – als Einzelgänger und ließ mich zu seinem Freund werden; er führte mich in sein ozeanisches Reich ein und machte mich mit den anderen dort heimischen Lebewesen vertraut. So ermöglichte er mir sehr ungewöhnliche Einblicke in das freie Leben eines Delfins – ein Geschenk, das nur ganz wenigen Menschen zuteilwird. Seit mehr als zwei Jahrzehnten führe ich nun schon darüber Tagebuch; mindestens 3 500 Seiten sind so zusammengekommen. Sie bilden die Grundlage dieses Buches.

Unsere gemeinsame Zeit hat viele Fragen aufgeworfen, aber auch viele beantwortet. Weshalb gibt es überall auf der Welt allein lebende Delfine und wie kam JoJo gerade zu den Turks- und Caicosinseln? Wie steht es um die Möglichkeiten der Kommunikation von Mensch und Tier? Wie intelligent sind Delfine? Empfinden sie ähnlich wie wir? Wodurch unterscheidet sich ein wild lebender Delfin von seinen Artgenossen im Aquarium – und ist JoJo womöglich generell ein Sonderfall? Diesen und vielen anderen Fragen werden wir auf den folgenden Seiten nachgehen.

Wie alle engen Beziehungen ist auch in das Verhältnis zwischen JoJo und mir von Liebe und Schmerz, Vertrauen und Zweifel, Freude und Leid gekennzeichnet. Alle unsere gemeinsamen Erlebnisse, mitunter lebensgefährlich, oft einfach großartig, waren lehrreich, staunenswert und voller Überraschungen. Für mich hat sich aus dem Geschenk der zufälligen Begegnung mit diesem Delfin, der mein Gefährte wurde, eine Lebensaufgabe ergeben.

Als JoJos Wohlergehen zunehmend in Gefahr geriet und Freundschaft allein nicht mehr ausreichte, fing ich an, mich intensiv um ihn zu kümmern. Ich übernahm Verantwortung für den Delfin, weil es ihm genauso zustand wie den Menschen, die mir nahestehen. Um aber Schaden von ihm abwenden zu können, musste ich nicht nur sein unmittelbares Lebensumfeld schützen, sondern das gesamte nähere Ökosystem. JoJos Gesundheit und Wohlbefinden wurden oft von hinterhältigen, profitgierigen Bestrebungen bedroht, Kapital aus ihm zu schlagen. Das hat uns jedoch nicht nur Angst gemacht, sondern auch dazu gebracht, allen Mut zusammenzunehmen, um die Gefahr abzuwenden.

Aus dem Kampf um den Schutz von JoJo erwuchs mein Engagement für alle einzeln lebenden Exemplare der eigentlich so geselligen Delfine und Wale. Daraus haben sich entscheidende Verbesserungen ergeben, unter anderem auch Gesetzesnovellen, die den Schutz der Delfine, der Umwelt, ja des gesamten Lebens im Meer vorschreiben. In diesem Engagement fühle ich mich bis heute von JoJo inspiriert und beflügelt.

Wie ich im Laufe der Jahre immer wieder feststellen konnte, übt er auf viele Menschen, die mit ihm in Berührung kommen, eine ausgesprochen heilsame Wirkung aus. Das hat mich dazu bewogen, aus unserer Geschichte einen Therapieansatz zur Behandlung seelischer und körperlicher Verletzungen zu entwickeln. Aus der ganzen Welt melden sich Eltern kranker Kinder und traumatisierte oder depressive Menschen, um zu berichten, wie heilsam sie die bloße Kenntnis unserer Geschichte empfunden haben. JoJo ist in der Tat ein ganz besonderer Delfin. Hier nun seine Geschichte – viel Vergnügen damit!

Dean Bernal
Providenciales, Turks- und Caicosinseln,
British West Indies

VERLUST UND LIEBE

JoJo, nein, nicht schon wieder«, dachte ich laut und schüttelte den Kopf.

Vom Strand aus sahen einige Touristen und Hotelangestellte lachend zu, wie mein Delfinfreund JoJo immer wieder einem Windsurfer an den Kiel seine Surfbretts stupste und der Mann sich alle Mühe gab, sein Gefährt wieder in die Horizontale zu bringen. Er bekam offenbar nicht mit, dass ein Delfin die Ursache für das merkwürdige Verhalten seines Surfbretts war, und kämpfte tapfer gegen den Widerstand an. Doch so sehr er sich auch mühte, der Kiel wollte immer wieder zur Seite ausweichen.

»Das ist ja mal wieder eine tolle Show«, murmelte ich schmunzelnd. »Aber pass auf, JoJo, ich glaube, gleich wird er richtig wütend.«

Tatsächlich begab sich der Mann jetzt in das Sonnengefunkel der Wellen, um das Problem eigenhändig zu beheben. Wir am Strand verrenkten uns die Hälse, um nur ja nichts zu verpassen, und da tauchte der Surfer auch schon prustend wieder auf und paddelte so schnell auf das Land zu, als sei ein Riesenhai hinter ihm her.

Erst als er den weißen Strand erreichte und das schallende Gelächter hörte, wurde ihm klar, dass der Bösewicht ein harmloser Delfin war. Er stimmte in unser Lachen ein und watete zusammen mit ein paar anderen ins Wasser zurück, um sich JoJo näher anzusehen.

»Zwei Punkte für JoJo und seine Haifischnummer«, rief ich den übrigen Schaulustigen zu und löste damit eine weitere Welle von Gelächter aus.

Wie aus dem Nichts tauchte plötzlich ein Jetboot auf und raste so dicht am Ufer vorbei, dass alle schnell zur Seite sprangen. Es gab einen dumpfen Aufprall, den ich wie einen Überschallknall im ganzen Körper wahrnahm. Mir blieb das Herz stehen, mein Kopf war wie leergefegt. Und auf einmal herrschte Totenstille.

»O Gott«, stöhnte ich auf.

JoJo lag reglos im Wasser. Die Leute am Strand, auf der Straße und vor den Häusern von Grace Bay standen wie angewurzelt da und konnten es nicht fassen. Manchen kamen die Tränen.

Das Jetboot hatte JoJo gerammt, als er zum Luftholen aufgetaucht war. Immer noch stand ich da und konnte einfach nicht glauben, dass mein Freund, das erstaunlichste Lebewesen, dem ich je begegnet bin, tot sein sollte. Nein, das durfte nicht sein. Nicht so.

»JoJo, hörst du mich?«, fragte ich. Mit geschlossenen Augen versuchte ich vom Strand aus seinen Atem wahrzunehmen. Ich spürte in mich hinein und hatte nicht das Gefühl, dass JoJos Zeit gekommen war. Ich wusste, dass ich etwas von JoJo in mir hatte, darin war ich wie ein Transplantationspatient, der glaubt, dass etwas vom Wesen des Spenders auf ihn übergegangen ist. Zwischen uns bestand ein intensiver Austausch von Lebensenergie, und ich spürte immer, wie es JoJo ging – an guten und schlechten Tagen, wenn er Angst und Schmerzen hatte, Begeisterung und große Gefühle empfand. Er bestätigte nur, wovon ich schon immer überzeugt war: dass Tiere fühlen und empfinden wie Menschen, dass sie wie wir Kameradschaft, Pein und Liebe erleben können.

»JoJo, atme«, sagte ich wortlos. »Komm, lass mich einen tiefen Schnaufer sehen.« Ich öffnete die Augen und sah zu ihm hin. Er hing schlaff im Wasser wie zuvor, gab kein Lebenszeichen von sich.

»Atme doch«, bettelte ich. Unsere unzähligen Spiele und Abenteuer zogen an mir vorbei, als fänden sie gerade in diesem Moment statt, alle Erinnerungen waren wie in diesem einen Augenblick gebannt. Ich kannte JoJo so gut, als wäre er mein maritimes Ebenbild.

JoJos Leben und seine Kämpfe verfolgten mich sogar im Schlaf. Es kam vor, dass ich in der Nacht träumte, er hätte eine unerfreuliche Begegnung mit einem Hai, und ihm dann am Morgen die Haifischzähne aus den frischen Wunden ziehen durfte. In meinem Traum kämpfte er um sein Leben, und am nächsten Tag musste ich ihn dann aus genau so einer misslichen Situation befreien. Und wie ich schon früher ein paar Mal für mich und die Haustiere meiner Kindheit das Ende gekommen sah, so empfand ich auch jetzt bei JoJo, dass er zwar diese Erfahrung machen musste, aber nicht daran sterben würde. Ich konnte ihn jetzt halten und liebevoll in die Schönheit einer anderen Welt begleiten, um dann allein zurückzukehren, oder ich konnte meine Energien einsetzen, beten und ihn zurückholen.

Nur dass ich aus irgendeinem Grund nicht in der Lage war, mich vom Fleck zu rühren. Wie durch Watte hörte ich Kindergeschrei und die aufgeregten Stimmen der Umstehenden, und da draußen war das blaugrüne Wasser des Atlantiks. Alles kam mir unwirklich vor wie in einem wirren Traum.

Ich stand nur da und starrte JoJo an, der sich nicht regte und allmählich tiefer sank. Eine Wolke von Blut breitete sich um ihn herum aus und ich war wie betäubt.

JoJo, du wirst doch jetzt nicht sterben. Bitte. Während ich das dachte, entrang sich mir ein Schluchzen. Dann überlief mich ein Schauer und ich erwachte aus meiner Erstarrung. Ich tauchte ins Wasser ein und schwamm durch die immer dichter werdende Blutwolke auf JoJo zu. Er lag auf der Seite, schon etwas unter der Wasseroberfläche. Auf der einen Seite seines Kopfes hatte er eine große Schramme. Ein Auge war völlig zugeschwollen, die Haut ringsum abgeschürft. Ich fasste ihn an der rechten Brustflosse und legte die andere Hand unter den Schnabelansatz, um ihn aufzurichten. So hielt ich ihn, und es verging eine schier endlose Zeit. Nichts bewegte sich. Er starb. Ich spürte, wie seine Seele davontrieb.

»JoJo«, sagte ich und hielt ihn an mich gedrückt, »geh noch nicht. Jetzt noch nicht. Glaub mir, es ist noch nicht so weit. Komm, wärm dich an mir.«

Nur das hatte ich im Sinn: ihm etwas von meiner Lebensenergie abzugeben. Die Zeit stand still. Alles war ruhig. Kein Geräusch, keine Welle, kein Wind, selbst die Wolken standen unbewegt am Himmel, und auch die Lichter, die sich im Wasser spiegelten, wirkten wie erstarrt. Aber es war eine warme, friedliche Stille. Sollte sie wirklich unsere letzte gemeinsame Reise begleiten?

»Ich spüre dein Herz nicht mehr, JoJo«, sagte ich und bemühte mich, nicht ängstlich zu klingen, sondern weiterhin heilende Energien auszusenden. Ich holte tief Luft und atmete mit der Vorstellung aus, dass sich seine Lunge davon füllen würde. »Aber du kannst meines fühlen. Es ist für dich da.«

Ich schloss die Augen, um mich besser auf meinen Herzschlag konzentrieren zu können. Bum-bum. Ob das wohl über mich hinausreichen und auch JoJos Blut mit würde antreiben können?

»Halt durch, JoJo. Spür einfach den Rhythmus und lass dich davon tragen.« Ich flüsterte jetzt nur noch.

Ich war in ihm. Die Außenwelt versank, sie zählte jetzt nicht. Weiter führte der Weg, eine Reise ins Bewusstsein, in den Geist.

Es war zu spüren, dass sich da eine Energie aufbaute. Dann kam der Umkehrpunkt, ein ferner, leiser Rhythmus, und wie zuvor alles verstummt war, nahm ich jetzt plötzlich den leichten Wind wieder wahr, die Wellen, den Salzgeschmack, die Sonne auf der Haut.

»Dein Herz schlägt, JoJo, hol dir ruhig bei meinem Kraft, aber halt bloß durch.« Er zuckte wie unter Qualen. »Nimm meinen Atem«, sagte ich. »Atme einfach.«

Wie ein tiefer Seufzer drang ein Sprühnebel aus Luft und Wasser aus seinem Blasloch. Er atmete dreimal tief ein, und wieder liefen Zuckungen und Krämpfe durch seinen Körper. Als die Schwanzflosse zu schlagen begann, ließ ich ihn erleichtert los, aber er rollte wieder zur Seite wie ein toter Fisch.

»Nein«, rief ich, »du musst es schaffen!« Er ruderte heftig, um sich wieder aufzurichten.

»Sie müssen ihm helfen, sonst kann er nicht atmen«, rief mir jemand zu. Ich blickte kurz auf, sah Leute, denen die Tränen in den Augen standen, dann kümmerte ich mich im brusttiefen Wasser weiter um JoJo.

»Fassen Sie ihn nicht an, er könnte beißen«, gab eine andere Stimme aus der Menge zu bedenken.

Ich zögerte nur den Bruchteil einer Sekunde lang. Solange er nicht aufrecht schwamm und nicht einmal atmete, würde er auch nicht beißen können. Aber ich richtete JoJo nicht bloß auf, um ihn dann loszulassen, sondern hielt ihn in den Armen und verfolgte jede seiner Bewegungen. Ich achtete genau auf seine wenigen, aber tiefen Atemzüge, während ich seine Verletzungen einzuschätzen versuchte und aus tiefster Seele für ihn betete.

Lass meinen Freund nicht sterben, wiederholte ich in Gedanken und stellte mir bildlich vor, wie JoJos Lebensgeister wieder erwachten.

Schon als Kind habe ich von meinen Eltern gelernt, Tieren zu helfen, die dem Tode nahe sind. Dafür konzentriere ich meine Lebenskraft und versuche sie zu übertragen. Wie oft habe ich über die Kraft in den Händen meines Vaters gestaunt, wenn er sie einem sterbenden Vogel oder einer sterbenden Katze auflegte. Meine Mutter schickte Energie und Gebete durch Papas Hände, um das Tier wieder zum Leben zu erwecken. Und bald fand ich heraus, dass ich von Vater die Hände und von Mutter die Kraft ihrer Gedanken und Gebete geerbt hatte.

Ich spürte die Wärme meiner Hände an JoJos Körper. In Gedanken und Gebeten führte ich ihm Lebensenergie zu. Alle Ängste und Zweifel verdrängte ich, da es sich dabei ohnehin nur um heraufbeschworene Regungen handelt, die keine eigene Realität besitzen. Stattdessen konzentrierte ich mich ganz auf Heilung und Vitalisierung.

Endlich kam, ganz langsam, wieder Bewegung in JoJos Körper. Er verließ schwimmend meinen stützenden Hände, rollte sich aber gleich wieder unter Schmerzkrämpfen zur Seite. Ich half ihm erneut auf, versammelte meine ganze Liebe auf ihn und hielt ihn noch einmal zwanzig Minuten lang. Allmählich legten sich die Zuckungen und Krämpfe, und als ich ihn losließ, umrundete er mich mehrmals. Langsam, aber aufrecht. Vor Erleichterung seufzte ich tief auf. Zusammen hatten wir das Leben wieder in Balance gebracht. Ein ganz neues Leben.

Die Leute brachen in Begeisterungsrufe aus und klatschten. Erst jetzt bemerkte ich, wie viele Menschen zusammengeströmt waren, um dieses Wunder zu bestaunen. Als ich den Strand erreichte, bestürmten sie mich mit Fragen.

»Wird er durchkommen?«, wollte eine Frau wissen.

Was konnte ich darauf sagen? JoJos Auge war verletzt. Es musste ein heftiger Aufprall gewesen sein, und woher sollte ich wissen, ob der Delfin nicht auch innere Verletzungen davongetragen hatte? Seine Lebenskraft war zurückgekehrt, seinen körperlichen Zustand aber konnte ich nicht einschätzen.

Eine andere Frau kam auf mich zu und sagte:»Das war wie ein Wunder, ich habe richtig die Kraft gespürt, mit der Sie ihn ins Leben zurückgeholt haben.«

Ich lächelte sie an, wusste ich doch, dass manche Leute Gedanken und verdichtete spirituelle Energien spüren und sogar sehen können. Solche Menschen fühlen sich oft zu mir hingezogen. Aber JoJo würde noch zu kämpfen haben, um seine Verletzungen zu überstehen, so viel war klar.

Ich wandte mich von der aufgeregt diskutierenden Menge ab, watete ins tiefere Wasser zurück und schwamm JoJo zu einer kleinen Riff-Erhebung nach, bei der wir uns oft herumtreiben. JoJo schwamm mit langsamen, übervorsichtig wirkenden Bewegungen zwischen den Korallenbänken neben mir her. Ich spürte jedes Mal einen Kloß im Hals, wenn er wieder vor Schmerzen zusammenzuckte. Wie gern hätte ich mehr für ihn getan, aber ich wusste, dass er jetzt sein stilles Plätzchen in den Mangroven brauchte.

Schließlich ging die Sonne unter, und ich ließ JoJo allein. Als ich seine Schwanzflosse im dunkler werdenden Wasser der in Mondlicht getauchten Grace Bay verschwinden sah, fragte ich mich kurz, ob es wohl das letzte Mal war.

Es vergingen zwei Wochen, in denen von JoJo nichts zu sehen war, auch hörte ich nichts über ihn. Ich suchte jeden Quadratmeter Mangroven und Strand ab, durchkämmte alle Buchten, kontrollierte die Einschnitte, wanderte die Steilküsten ab – kein Lebenszeichen von JoJo. Ob er vielleicht irgendwo gestrandet war?

Jeden Tag stand ich mit meiner Schnorchelausrüstung am Wasser und wartete auf ihn. Aber er kam nicht. In der ersten Woche war ich nicht einmal in der Lage, schwimmen zu gehen.

In der zweiten Woche begann ich die unbewohnten Inseln entlangzuschnorcheln. Aber was waren das für einsame Wasserwanderungen, so ganz ohne meinen Freund! Ständig ging mir im Kopf herum, was alles passiert sein konnte. Wäre ich in der ersten Nacht nach dem Unfall nicht doch besser bei ihm geblieben?

Hatte ich wirklich alles Menschenmögliche für ihn getan? Und wie mochte es ihm jetzt gehen? Darüber konnte ich nur Vermutungen anstellen; zwar war er auch früher schon manchmal nicht zu unserer nachmittäglichen Schwimmstunde erschienen, so lange wie jetzt aber war er noch nie ausgeblieben. Hatte ich ihn nicht richtig angefasst und damit verängstigt? Natürlich konnte es auch sein, dass er die Gegend, in der der Unfall stattgefunden hatte, bewusst mied. Das Schlimmste aber, dass er womöglich dringend Hilfe benötigte, mochte ich mir gar nicht erst vorstellen. Hatte die Blutspur seiner Wunden womöglich die Haie angelockt?

In den ersten zwei Wochen nach dem Unfall vermuteten auf der Insel viele, dass JoJo den Folgen seines Zusammenstoßes mit dem Jetboot erlegen sein könnte. Ich aber wollte diesen Gedanken keinesfalls zulassen. Dass der Delfin durch diesen idiotischen Jetboot-Fahrer zu Tode gekommen sein könnte – undenkbar! Außerdem wusste ja niemand, wo er war, und allein schon deshalb waren alle Mutmaßungen müßig. Tief in mir hatte ich das Gefühl, dass er durchkommen würde. All das Schöne und tief Bedeutsame meiner Schwimmausflüge mit diesem Delfin, der zu meinem Gefährten und besten Freund geworden war, konnte doch nicht so einfach zu Ende sein. Wenn ich an ihn dachte, spürte ich sein Herz schlagen, schwach zwar, aber es gab mir doch die Sicherheit, dass er lebte, wo auch immer.

Vor meinen täglichen Exkursionen im Wasser streckte ich mich normalerweise ein paar Minuten auf dem Anleger aus und genoss die frische Luft. Manchmal sah ich weit draußen ein Segelboot oder einen schnittigen Katamaran vorbeiziehen. Wenn irgendwer JoJo gesehen hatte, dachte ich mir, dann doch sicher jemand, der viel auf See ist, etwa die Fischer, seien sie von hier oder aus der Dominikanischen Republik oder auch aus Haiti. Die Haitianer, die ich auf meinen weiten Schwimmrunden ansprach, konnten kaum Englisch, waren aber immer sehr überrascht, so weit draußen einen Schwimmer anzutreffen. Ich beschrieb ihnen den Freund, den ich suchte, mit den Händen. Die Antwort fiel dann ein ums andere Mal enttäuschend aus: Nein, sie hatten an dem Tag keinen so großen Fisch gefangen, den sie mir verkaufen konnten. Mich schauderte bei dem Gedanken, dass man unter den erbeuteten Hummern und Fischen in ihren Booten sicher auch verbotene Waffen und Harpunen finden würde, mit denen sie meinem Freund JoJo mühelos den Garaus machen konnten.

Am Ende der zweiten Woche stieß ich schließlich auf einen haitianischen Fischer, der mir etwas Hoffnung gab.

»Haben Sie einen einzelnen Delfin gesehen?«, fragte ich wie gewöhnlich und verdeutlichte meine Frage mit den Händen.

»Ja, Delfin«, nickte er eifrig und grinste breit. »Komm, ich zeige.«

Mit meinen Schnorchelsachen schwang ich mich in sein Boot, und gleich ging es weiter in Richtung des äußeren Riffwalls. Kurz davor stellte der Fischer den Motor ab und deutete auf eine langgestreckte Sandbank.

Ich sah gar nicht groß hin, sondern griff nur nach Schnorchel und Maske und sprang auch schon ins Wasser. Er war hier. Ich wusste es. Ich spürte es. Ich steckte die Finger in den Mund und pfiff.

Sekunden später schoss JoJo heran und begann mich mit wilden Freudensprüngen zu umkreisen. Mir stockte das Herz, als ich ihn so begeistert tollen und laute Begrüßungsplatscher hinlegen sah. Seine Verletzungen schienen gut zu heilen, nur das Auge war noch geschwollen.

»Ich sage, Delfin hier. Stimmt, nicht?«, radebrechte der Haitianer und verfolgte mit ungläubigem Staunen die ausgelassene Begrüßungsfeier von Mensch und Tier.

»Danke«, rief ich ihm winkend zu, dann schwammen JoJo und ich Seite an Seite davon. Der Fischer wollte mich zurückwinken, offenbar fühlte er sich dafür verantwortlich, dass ich sicher ans Land zurückkam. Ich gab ihm zu verstehen, er könne mich ganz unbesorgt beim Riff lassen, ich würde es ohne Weiteres bis ans Land schaffen. Das schien er nicht ganz zu glauben, jedenfalls folgte er uns noch eine ganze Weile. Erst zwei Stunden später und ein gutes Stück am Riff entlang sah er mich in Sicherheit und drehte ab.

JoJo blieb die ganze Zeit unmittelbar neben mir, und wir erkundeten gemeinsam diese neue Riffzone, die im Vergleich zu unserem normalen Treffpunkt sehr ausgedehnt war und offenbar weitaus mehr Abenteuerliches bot. Wir legten immer wieder kleine Sprints ein, um diese oder jene Besonderheit in Augenschein zu nehmen.

Mein Freund war heil und gesund wieder an meiner Seite und das Band, das zwischen uns bestand, stärker denn je. Aber wie sollte ich JoJo vor weiteren Unfällen bewahren können?

Vertrauen und Freundschaft

Im März 1984, ich studierte damals noch an der University of California in Santa Barbara und war sehr viel in der Welt unterwegs, kam ich erstmals auf die zu den britischen Überseegebieten im Atlantik gehörenden Turks- und Caicosinseln. Dieser tropische Archipel liegt knapp tausend Kilometer südöstlich von Miami, fünfzig Kilometer südöstlich der Bahamas und hundertfünfzig Kilometer nördlich von Haiti. Wer dieses Inselreich besucht, betrachtet es in der Regel als eine verträumte Ecke der Karibik, geografisch aber liegt es bereits im Atlantischen Ozean.

Die Turks- und Caicosinseln bieten eine ganz eigentümliche Mischung aus Vergangenheit und Gegenwart, wobei eine Verbindung zum Rest der Welt eigentlich erst durch den Bau einer für große Passagierflugzeuge geeigneten Landebahn zustande kam. Als die ersten großen Flugzeuge dann tatsächlich landeten, gab es noch nicht einmal eine ausreichend hohe fahrbare Treppe, sodass zunächst ein Notbehelf gezimmert werden musste. Diese lockere Mischung von Neu und Alt gehörte zu den Dingen, die ich hier besonders anziehend fand.

Eigentlich wollte ich gar nicht auf die Turks und Caicos, sondern nach Saint John; aber die tropischen Winde folgen ihren ganz eigenen Gesetzen. Ich stand mit meinem Rucksack mitten auf dem Flughafen von Miami und studierte die Abflugtafel, als sich eine Frau mit langen, offen getragenen grauen Haaren neben mich stellte.

»Wo soll es denn hingehen, Träumer?«, fragte sie.

»Ich dachte, ich versuch's mal mit St. John«, gab ich zurück. Wie kam sie darauf, mich »Träumer« zu nennen? War mein Blick etwa so abwesend?

»Oh, besser nicht, das ist nichts für Sie. Sie brauchen etwas mit einsamen Fleckchen und stillen Gewässern.«

»Das soll es doch auf St. John alles geben«, erwiderte ich. Ich wandte mich von der Anzeigetafel ab und blickte in das gegerbte Gesicht der alten Indianerin. In ihren sanften braunen Augen glitzerte es, als würde sie gleich mit einer Geschichte loslegen, aber sie waren von einer Tiefe, die mich hellhörig machte.

Sie legte mir eine Hand auf die Schulter. »Versuchen Sie es lieber mit den Turks und Caicos. Sie werden es bestimmt nicht bereuen.« Sie zwinkerte mir zu und ging ihrer Wege.

Was es war, das mich bewog, meine Pläne zu ändern? Das Glitzern in ihren Augen oder diese so selbstverständliche warmherzige Berührung? Jedenfalls nahm ich den Flug ins Unbekannte, und als ich ausstieg, war irgendetwas in mir von der natürlichen Schönheit der Turks- und Caicosinseln sofort tief angerührt. Diese warme Salzluft einzuatmen, welch ein Genuss! Vom kleinen Flughafen der Insel Providenciales aus machte ich mich sofort auf den Weg nach Grace Bay an der gleichnamigen Bucht, wo ich einen zwanzig Kilometer langen Strand mit feinem weißem Sand vorfand und dahinter das türkisblaue Wasser.

Kaum hatte ich einen Fuß in dieses Wasser gesetzt, musste ich auch schon Maske und Schnorchel auspacken und eine erste Runde schwimmen. Mit dem Gewicht meines Körpers nahm mir das Meer auch allen Stress ab, und jeder Schwimmstoß zog mich tiefer in die ruhige Weite hinein, die mich da draußen erwartete. Ich war in Autos und donnernden Flugzeugen von Stadt zu Stadt gereist, und zuletzt hatte mich ein rumpelndes, salzzerfressenes Taxi vom Flughafen zum Hotel gebracht; jetzt aber entfernte ich mich Zug für Zug vom Getriebe des Alltäglichen. Vor mir breitete sich das Ziel aus, nach dem ich mich so lange gesehnt hatte. Ich hatte den bis dahin nur in meinen Träumen existierenden Ort des großen Alleinseins gefunden, an dem es nur die sanften, leisen Rhythmen des Meeres gab und sonst gar nichts.

Ich ließ mich auf dem Rücken treiben, und ein langer Seufzer entrang sich mir. Wusst' ich's doch: Gelassenheit ist der natürliche Zustand des Geistes.

Dieses Meer mit seiner majestätischen Ruhe schien das genaue Abbild meines wahren Wesens zu sein.

Als ich mich unter Wasser umsah, nahm ich mit Schrecken ein paar große graue Silhouetten wahr, die mir verdächtig nach jagenden Haifischen aussahen. Ich hob den Kopf aus dem Wasser und riss mir die Maske ab. Gerade wollte ich mich abwenden, um an den Strand zurückzuschwimmen, als ich bemerkte, dass die Rückenflossen nicht zu Haien gehörten, sondern zu drei kleinen Delfinen. Sie kamen näher und schwammen immer wieder mit allerlei Pfeif- und Klicklauten an mir vorbei. Einer der drei fiel mir auf, weil er immer wieder den direkten Blickkontakt mit mir suchte und weil in seinen Augen etwas beinahe Wissendes zu liegen schien.

»Hallo, ich bin Dean«, stellte ich mich ihm vor und rechnete eigentlich damit, dass er kehrtmachen und verschwinden würde.

Doch stattdessen sah er mich weiterhin an, als wären wir langjährige Freunde. Es war ein Blick, wie man ihn sonst allenfalls von alten Indianern mit großer Lebensweisheit kennt und den man nie vergisst. Tief in meinem Inneren fühlte ich mich sehr davon berührt.

Angst hatten sie offenbar alle drei nicht. Sie umkreisten mich im kristallblauen Wasser und klatschten einladend mit den Schwanzflossen auf die Oberfläche; es sah ganz so aus, als wollten sie mich auffordern, mit ihnen zu spielen. Die ersten Schwimmzüge, mit denen ich mich in den Reigen eingliedern wollte, waren noch etwas unsicher. Was würden sie tun? Aber als wir uns dann gegenseitig schwimmend umkreisten, war die Befangenheit weg und mit ihr alles Zeitgefühl. Die dicht bevölkerten Städte, die Menschenmengen, durch die ich mich hatte drängeln müssen, der Stress der Reise, das Verkehrsgewühl, all das trat völlig in den Hintergrund.

Die drei flitzten zwischen den Korallenbänken hin und her, scheuchten bunte Fische auf und sprangen über die sanften Wellen des Atlantiks. Ich blieb so gut es ging in ihrem Kielwasser, stieß mich mit aller Kraft immer weiter in die Tiefe und versuchte möglichst lange in dieser zauberhaften Unterwasserwelt zu bleiben. Erst wenn es mir schon fast die Lunge sprengte, stieg ich kurz auf und nahm ein paar Züge der süßen Tropenluft. Bis zum Sonnenuntergang glitten wir zusammen über die Sandriffe, und als ich schließlich an Land ging, fühlte ich mich wie neugeboren. Ganz allerdings sollte mir das Heilende dieser Inseln und der Delfine erst nach und nach aufgehen. Im Moment fühlte ich mich nur in vertrauter, heimatlicher Umgebung und unter meinesgleichen.

Ich war in meinem Element. Es gibt Augenblicke, die für den Rest unserer Tage die Weichen stellen, und mir war bewusst, dass hier etwas begann. Es war der Anfang eines neuen Lebens und eines neuen Denkens.

Ich besuchte danach noch andere Karibikinseln; aber immer wieder zog es mich zu den Turks und Caicos zurück – und zu diesen drei Delfinen. Von 1984 bis 1986 war ich oft dort und schwamm mit ihnen, und die Westinsel Providenciales wurde zu meiner zweiten Heimat.

Ich lernte die freundlichen, warmherzigen Inselbewohner kennen, für die das Zeitalter des Tourismus gerade erst begann. Der Fortschritt bescherte ihnen elektrischen Strom, Telefon und Kabelfernsehen mit zweiunddreißig Kanälen, vielerorts aber fehlte es noch am Notwendigsten, zum Beispiel fließendem Wasser. Damals traf man auf der Straße häufig Leute, die sich ihr Wasser für den täglichen Bedarf noch von den öffentlichen Zapfstellen holten. Man hörte Esel schreien und Hähne krähen, zugleich aber auch das Gebrabbel ausländischer Fernsehsender.

Ein bisschen abseits, gleich unten am weißen Strand von Grace Bay, fand ich zwei kleine Hotels mit schier unendlichen Sandstränden. Hier legten allenfalls Fischerboote ab, und nur selten war auch einmal ein abenteuerlustiger Tourist mit an Bord, um dieses Inselparadies zu erkunden.

Hier war ich zu Hause.

»Sicher, es ist weit weg, Mama.« Ich versuchte es ihr schonend beizubringen. »Aber ich bin nicht auf den Turks und Caicos, weil sie von immer mehr Leuten als Offshore-Finanzplatz entdeckt werden, sondern ich habe hier einen Ort gefunden, an dem ich wirklich etwas bewirken kann. Die Gegend ist sehr weit ab vom Schuss, und man muss dringend etwas für die Menschen tun, die hier leben, vor allem für die Kinder. Auch wäre es wichtig, die Leute mit dem Umweltschutzgedanken vertraut zu machen. Vor allem aber mag ich die Einsamkeit hier, die Puderzuckerstrände und die Augen von diesem einen Delfin, ich habe dir ja schon von ihm erzählt.«

»Ja, ich weiß«, sagte sie mit einem Blick zu Papa. »Es ist nur so, dass du uns fehlen wirst.«

Papa sagte gar nichts. Nicht einmal Ratschläge gab er mir wie sonst immer. Ich wollte meinen Eltern nicht wehtun. Die Turks and Caicos sind wirklich sehr weit weg. Aber ich gehörte dorthin. Außerdem würden Mama und Papa ja auch nicht allein sein, schließlich hatte ich noch zwei Brüder und zwei Schwestern, die ihnen Gesellschaft leisten konnten.

»Ich komme bestimmt immer wieder nach Hause. Und vielleicht habt ja auch ihr mal Lust, mich zu besuchen.«

»Geh nur, Herzchen«, sagte meine Mutter. »Ich weiß, dass da etwas ist, was du einfach tun musst. Das ist dein Weg.«

Ich erklärte meinen Eltern, dass ich mich dauerhaft auf Providenciales – von den Leuten dort einfach Provo genannt – niederzulassen gedachte.

»Ich möchte den Inselbewohnern und möglichst auch den wenigen Touristen vermitteln, wie wichtig es ist, das Meer und das Land zu schützen – und nebenher werde ich als Tauchlehrer in einem Ferienhotel arbeiten«, erläuterte ich abschließend und hoffte, sie würden mich verstehen. Papa hätte mich gern in unserem kleinen Familienunternehmen gesehen, aber Autos zu reparieren lag mir und meinem Bruder Al einfach viel weniger als ihm. Und das war schon immer so gewesen. Sicher, in meinen Jugendjahren hatte ich in der Werkstatt mitgeholfen – Vergaser reinigen, Ölwechsel –, konnte dabei aber an nichts anderes denken als daran, die Arbeit möglichst schnell hinter mich zu bringen. Mit den Gedanken war ich immer schon im Wald, wo ich mich am liebsten aufhielt, und atmete die würzige Kiefernluft ein. Die ewig ölverschmierten Hände, die ich hatte, waren mir zutiefst zuwider. Ich mochte mir die Nägel schrubben, so viel ich wollte, es blieben immer graue Ränder. Aber ich wusste auch, dass am Ende jedes langen Arbeitstages eine Entschädigung wartete.

Das habe ich von meiner Familie gelernt: dass es ein Gleichgewicht gab von Öl und Wasser, Stahl und Laub, metallischem Klirren und dem Anstimmen meditativer Gebete.

Ich musste in meiner eigenen Strömung schwimmen und hoffte, sie würden es verstehen. Das haben sie wohl auch getan. Denn meine Geschwister und ich verdanken unseren Eltern nicht nur eine hohe Arbeitsmoral, sondern auch einen ausgeprägten Sinn für den spirituellen Weg.

Zum Abschied umarmten sie mich, und ich versprach, sie bald wieder in Kalifornien zu besuchen.

»Bleib deinem Traum treu, lass ihn dir von niemandem nehmen«, flüsterte Mama mir ins Ohr, bevor sie mich zögernd losließ.

Als ich ging, blickte ich noch einmal in ihr lächelndes Gesicht mit den blauen Augen und sah Papa eifrig winken. Sie hatten mir ihr Bestes und ein wunderbares Zuhause gegeben, jetzt aber war es für mich an der Zeit, den Blick in die Ferne zu richten. Ich konnte es kaum erwarten, die dunstige Wärme der Inseln wieder zu atmen.

Als ich ankam, nahm ich mir nicht einmal die Zeit, meine Koffer auszupacken. Ich suchte nur meine Tauchsachen heraus und war auch schon auf dem Weg zum Strand von Grace Bay. Im Wasser war von den Delfinen nichts zu sehen. Ich schwamm über den Sandrücken weiter hinaus und hielt eifrig Ausschau nach ihnen. Dann war urplötzlich der eine Große Tümmler mit den beeindruckenden Augen da; er schnellte durch das aquamarinblaue Wasser, sprang durch die Luft und gab dabei hohe Pfeiftöne von sich. Als er sich Richtung Meer wandte, folgte ich ihm und überließ mich aufatmend der friedlichen weiten Einsamkeit des warmen Atlantiks.

»Welchen Namen könnte ich dir geben?«, überlegte ich, als ich Wasser tretend anhielt, um mir den Gummigeschmack des Schnorchels aus dem Mund zu spülen. Kurz zuvor hatte ich John Neihardts *Ich rufe mein Volk* gelesen und erinnerte mich, dass die Verständigung mittels Pfeiftönen in der Lakotasprache JoJo genannt wird. »Was du so von dir gibst, wenn wir zusammen sind«, überlegte ich weiter, »enthält offenbar auch irgendwelche Mitteilungen, nicht wahr? Also werde ich dich

JoJo nennen. Im Übrigen finde ich, dass jeder ein Tier als besten Freund haben sollte.«

Als hätte er mich verstanden, schnalzte, trillerte und trällerte er weiter. Ich musste grinsen. Dieses Gespräch rührte etwas ganz Neues in mir an, aber bei aller Herzlichkeit drängte sich mir doch auch ein anderer Gedanke auf.

»JoJo, wo sind eigentlich deine Freunde? Sind die beiden anderen nicht mehr da? Ich dachte, ihr würdet zusammengehören und euch nie trennen.«

Mieden seine Freunde diese Gewässer mittlerweile? Und wenn ja, warum?, fragte ich mich auch noch, als ich zu meiner kleinen Bude zurückging, die auf einer Hügelkuppe lag. Ich hielt diese Gedanken in meinem Tagebuch fest und schlief in der Nacht sehr unruhig.

Viel Zeit zum Nachdenken blieb mir allerdings nicht, als ich meinen Job als Tauchlehrer antrat und feststellte, dass die dreihundertfünfzig Quadratkilometer Wasserfläche und Riff rings um dieses Land noch gänzlich unerforscht waren. Was da für Abenteuer warteten! Lauter völlig unberührte Korallenriffe, eine Unterwasserwelt, die sich mit all ihren Schätzen noch im Naturzustand befand.

Mein Traum ging in Erfüllung, und dabei war ich gerade erst Anfang zwanzig.

Mein Tagesplan sah meist zwei Tauchgänge am Vormittag vor, und nachmittags übte ich dann mit den Anfängern im flachen Wasser. Menschen mit dem flüssigen Licht dort unten bekannt zu machen, das die meisten sich bis dahin nur in der Fantasie ausgemalt hatten, lag mir. Und ich staunte immer wieder, wie sehr mir diese Menschen vertrauten, wenn ich sie in die Unterwasserwelt einführte.

Vor dem ersten Abtauchen sagte ich den Teilnehmern meiner Kurse: »Haltet euch bitte vor Augen, dass die Kraft des Meeres aus unzähligen sehr empfindlichen Lebewesen besteht.

Denkt also beim Tauchen und Schnorcheln immer daran, dass es eine verletzliche Welt ist, und fasst nur etwas an, wenn ich ein Zeichen dazu gebe.«

Wie ich feststellte, überwanden die Leute ihre natürlichen Ängste bei der Umgewöhnung auf das Atmen unter Wasser leichter, wenn ich ihnen etwa ein kleines zartes Krebschen in die Hand gab und sie es eine Weile halten durften. Es war die erste wirklich wichtige Lektion beim Tauchen und Schnorcheln: Achtet bitte darauf, wie empfindlich und verletzlich die Welt ist, in die ihr jetzt eintretet. Erst später sollten sie mit der ganzen Kraft dieser Welt Bekanntschaft schließen.

Wenn ich dann meinen letzten Schüler verabschiedet hatte, war es Zeit für mein tägliches Ritual: Ich schwamm die Küste bis zu einem Punkt knapp zwei Kilometer westlich des Hotels ab und suchte meine drei Delfinfreunde. Aber ich hatte schon seit Wochen keinen mehr von ihnen gesehen, und immer mehr Sorgen schlichen sich in die Gedanken ein, die ich meinem Tagebuch anvertraute.

Einmal saß ich mit ein paar anderen Tauchlehrern unter einem Sonnenschirm und mampfte Kartoffelchips, als das Gespräch eine fast düstere Wendung nahm.

»Habt ihr schon von dem verrückten Delfin gehört, der sich hier in der Nähe des Hotels herumtreibt?«, fragte Daniel in seinem schnarrenden kanadischen Tonfall. »Angeblich greift er wie ein Hai an – ohne jede Vorwarnung.« Er beugte sich vor, und seine massige Gestalt nahm fast den halben Tisch ein. »Einem Einheimischen soll er sogar einen Finger abgebissen haben.«

»Ja, davon habe ich gehört«, bestätigte Lisa, die Augen zu schmalen grünen Schlitzen verengt. »Aber ich glaube nicht, dass er wirklich bissig ist, wie sie alle sagen. Das ist einfach dieses Inselgarn.«

»Meine Liebe«, wandte François mit seinem französischen Charme ein, den er stets für die Damen bereithielt, »jedes Gerücht hat einen wahren Kern. Und wenn so viele davon reden, wird an den Geschichten schon irgendetwas dran sein. Doch keine Sorge, liebe Freundin, ich bin ja da und kann dich jederzeit retten.«

»Da bin ich aber beruhigt«, schnaubte Lisa, verdrehte die Augen und warf ihr kurzes braunes Haar zurück.

Wir lachten. Lisa brachte bestimmt zehn Kilo mehr auf die Waage als der eher drahtige François, und im Fall der Fälle würde die Rolle des Retters vermutlich eher ihr zufallen. François' pikierter Blick löste die nächste Lachsalve aus. Die Vorstellung, wie der hagere kleine Franzose seine Arme schützend um die dralle Lisa schlang, um sie an Land zu schleppen, war aber auch zu komisch.

Daniels Lachen endete in einem: »Darauf trinken wir noch ein Bier. Barkeeper, noch eine Runde!« Er knallte seinen Krug auf den Tisch und lehnte sich mit verschränkten Armen und einem leicht beschwipsten Grinsen zurück.

Ich blickte von einem zum anderen. So verschiedene Menschen, und jeder aus ganz eigenen Gründen hier. Daniel, der nette Kanadier mit der Herkulesgestalt und dem munteren Wesen, wollte es sich einfach nur gut gehen lassen. Nichts anderes interessierte ihn, und er ließ es auch jeden wissen, der ihn in ein ernsthaftes Gespräch verwickeln wollte. François dagegen war es um den weiblichen Teil der Menschheit zu tun; vor ihm war kein Bikini sicher, der sich an den Stränden von Provo zeigte. Lisa, ebenfalls Kanadierin, studierte die Ökologie der Inseln und engagierte sich für Umweltschutzprojekte.

Dieser angeblich so bissige Delfin aber machte uns allen zu schaffen. Genaues wusste man nicht über ihn, nur dass er etwa zweimal im Monat in der Nähe des Hotels gesichtet wurde. Es hieß, er falle arglose Schwimmer an, und dann könne es auch schon mal Bisse und ordentliche Püffe setzen. Wer würde das nächste Opfer sein?

Während meiner ersten beiden Wochen als Lehrer sah ich nichts von diesem Delfin-Raubein, und dem Tag, an dem er auftauchen würde, fieberte ich auch nicht unbedingt entgegen, schon gar nicht nach der Geschichte, die Daniel erzählt hatte. Demnach war Julia, ein sechsjähriges Mädchen, unter die Wasseroberfläche gezogen und dann in Richtung offenes Meer verschleppt worden. Als das Kind japsend wieder auftauchte, dachten die Leute gleich an einen großen Meeresräuber und schrien um Hilfe. Daniel, der an dem Tag Dienst als Wasserwacht hatte, war sofort losgestürmt.

Als er das Mädchen erreichte und Richtung Strand zu ziehen begann, spürte er, wie sich Reihen spitzer Zähne um seinen Arm schlossen. Er riss sich los und schwamm mit dem Mädchen weiter.

»An der Stelle, an der die Mutter Julia entgegennahm, war das Wasser nicht einmal mehr hüfttief«, berichtete er. »Aber kaum hatte ich das Kind abgeliefert, da ging dieser Kerl mit seinen hundertfünfzig Kilo auch schon wieder auf mich los.« Seine Stimme bebte immer noch etwas, als er erklärte, weshalb er, Tauchlehrer und ein Schrank von einem Mann, ebenfalls hatte gerettet werden müssen.

Was mochte das bloß für ein Delfin sein? Und wenn schon einem Kraftprotz wie Daniel die Knie weich wurden, wie würde das Tier dann erst mit mir umspringen? Es war ja nur eine Frage der Zeit, bis ich ihm einmal begegnen würde. Würde ich dann wohl allein sein oder womöglich mit einer Gruppe von Tauchschülern zusammen, für deren Sicherheit ich verantwortlich war?

Die Antwort auf diese Fragen sollte mich schockieren und absolut verblüffen.

Jeder Tag brachte mich der Begegnung mit der Bestie unweigerlich näher. Die Wasserskilehrer, die schon in der letzten Saison hier gewesen und mit dem Auftauchen des Delfins am besten vertraut waren, hatten uns alle gewarnt. Und tatsächlich, drei Wochen nach Beginn der Saison war der Delfin wieder da.

Jeder Tauchlehrer betreute drei bis sechs Anfänger. Der Unterricht fand zunächst in Strandnähe statt, wo das Wasser ungefähr drei Meter tief war. Ich hatte Glück und war an dem Tag Tauchmeister, hatte also vom Strand aus zu beobachten, ob auch jeder nach seinem Tauchgang wieder auftauchte. Da das Wasser meistens so klar war wie in einem Swimmingpool, konnte man genau mitverfolgen, was sich unter der Oberfläche abspielte. Und es war auch sofort zu erkennen, wenn etwas Ungewöhnliches geschah. Plötzlich kamen vier junge Leute auf mich zugerannt und deuteten erregt auf eine der Tauchgruppen.

»Hai!«, schrien sie.

Rings um eine graue, glänzende Silhouette sah ich drei Tauchschüler auftauchen. Eine der Personen war außer sich vor Panik und dem Ertrinken nahe, die anderen beiden ruderten wie wild mit den Armen, um sich an den Strand zu retten.

Deutlich sah ich den dunklen Umriss des Räubers, seine Rückenflosse, die das Wasser zerschnitt. Mir war klar, dass er die Leute erreichen würde, bevor sie in Sicherheit waren. Konnte ich noch rechtzeitig dort sein? Und was dann?

Erst im Näherkommen erkannte ich, dass es sich um einen Delfin handelte und nicht um einen Hai. Allerdings blieb mir keine Zeit, meine Erleichterung auszukosten. Eine gut dreißigjährige Frau patschte in ihrem ganzen Entsetzen so kopflos auf den Strand zu, dass sich ihr Tauchgeschirr total verhedderte. Daniel, Lisa und ich stürzten uns in die Wellen und versuchten der Frau ihre schwere Sauerstoffflasche abzunehmen, von der sie zu Boden gedrückt wurde, obgleich man an der Stelle bereits hätte stehen können.

»Los, auf die andere Seite und dreht sie um, bevor sie ertrinkt!«, rief ich.

Daniel tauchte, um der armen Frau aufzuhelfen, aber der Delfin drängte sich zwischen die beiden und planschte so heftig, dass Daniel nichts ausrichten konnte. Dann versuchte Lisa ihr Glück, aber der Möchtegernhai war einfach viel schneller.

»Sie ertrinkt, wenn wir nichts tun!«, schrie Lisa.

Ich überlegte fieberhaft, was wir noch unternehmen konnten, aber da ließ der Delfin plötzlich von der Tauchschülerin ab und schwamm ins tiefere Wasser zurück. Endlich konnten wir der völlig verstörten Frau auf die Beine helfen. Zum Glück schien sie wenigstens nicht verletzt zu sein.

»Für riesige Menschenfresserfische habe ich nicht bezahlt, ist das klar?«, sagte sie und drohte mit dem Finger, um allen am Strand Versammelten ihren Ärger deutlich zu machen, unter anderem auch ihrem Mann, der ebenfalls herbeigeeilt war. »Wem gehört dieser Killerdelfin überhaupt?« Sie war richtig wütend und deutete auf mich. »Sie. Sie werden von meinem Anwalt hören!«

»Er ist ein wild lebendes Tier und gehört überhaupt niemandem«, konnte ich gerade noch einwenden, dann musste ich schnell los, um den anderen beiden Tauchanfängern zu helfen. Ich musste sie aus der Wellenzone holen, wo noch zwei weitere Trainingsgruppen beschäftigt waren. Der Delfin war jetzt bei ihnen, er tauchte auf und ab und umrundete sie so schnell, dass er mit der Schwanzflosse den Boden aufwühlte und das Wasser milchig-trüb machte. Man konnte kaum mehr etwas erkennen. Einer nach dem anderen tauchten Schüler und Lehrer auf und schwammen an Land. Eventuell würde ich jetzt Erste Hilfe leisten müssen. Jedenfalls untersuchte ich die Leute, die da an den Strand getaumelt kamen, sehr genau auf etwaige Bisswunden.

Man kann bei solchen Begegnungen mit mehr oder weniger langen und tiefen Kratzern rechnen, allerdings gehen sie selten so tief, dass es blutet, und bei wild lebenden Delfinen hört man so etwas eigentlich so gut wie nie. Den Tieren steht einfach nicht der Sinn danach, nicht einmal, wenn sie sich angegriffen fühlen.

Ich untersuchte also alle Tauchschüler auf Kratzspuren, fand aber keine. Ein »aggressiver« Delfin, der nicht beißt? Als schließlich auch der letzte der ziemlich erschütterten Tauchschüler am Strand war und alle erfuhren, dass sie eben einem wilden Delfin begegnet waren, ging ein Ruck durch die Menge. Plötzlich hoben sich die Finger, Hände wurden über die Augen gehalten, Körper beugten sich vor. Ein wilder Delfin! Ein aufgeregtes Murmeln erhob sich, und auf den eben noch angstverzerrten Gesichtern machte sich staunende Bewunderung breit.

»Ein wilder Delfin, hier?«, sagte eine Frau wie zu sich selbst. »Wow.«

»Den muss ich aus der Nähe sehen«, meinte ein junger Amerikaner. »Wie cool ist das denn?«

Einige der Umstehenden, die geholfen hatten, die Taucher an Land zu holen, griffen jetzt selbst zu ihren Masken und Flossen, und auf einmal wollten alle mit dem Delfin schwimmen. Der aber war in den von ihm aufgewirbelten Sandschwaden verschwunden wie ein Zauberer in einer Rauchwolke.

Mittags saßen wir wieder zusammen an unserem üblichen Tisch und sprachen über das verrückte Durcheinander dieses Vormittags.

»Der jagt einem ja richtig Angst ein, dieser Delfin«, fand Lisa und fuhr sich mit den Händen durch das noch feuchte Haar.

»Oui«, bestätigte François. »Nicht einmal unser Herkules-Daniel konnte es mit ihm aufnehmen.«

»Jedenfalls kann jeder Tourist, der sich für einen ganz besonderen Tauchcrack hält, beim Zusammenstoß mit diesem Delfin herausfinden, was er wirklich drauf hat«, warf ich ein.

»Ganz bestimmt hilft er einem, Männer von Mädchen zu unterscheiden«, ergänzte Daniel.

»Hör mal!«, fauchte Lisa. »Ein Mädchen hat sich bei der Sache genauso gut geschlagen wie du. Kneifen gibt's bei mir nicht.«

Daniel beschwichtigte: »Wissen wir doch, Lisa, dass du Mumm hast.«

So entstand unter munterem Gelächter unser delfingestütztes Tauchtauglichkeitserkennungssystem, kurz TTES. Die Abkürzung benutzten wir von da an für Taucher, die auf unerschütterliche Ruhe machten, bis sie auf den schwimmenden Übeltäter trafen. Zuzusehen, wie hastig diese aufgeblasenen Typen dann plötzlich wurden, war uns immer ein ganz besonderes Vergnügen. Wie die Herren der sieben Meere gingen sie zu Wasser, um dann wie die kleinen Strandläufer am Wellensaum den Rückzug anzutreten, sobald der Haidelfin sie zu umrunden begann.

Ich ließ die Ereignisse noch einmal an mir vorüberziehen. In der ganzen Aufregung hatte ich es mir nicht nehmen lassen, den Delfin zu beobachten. In engen Kreisen umschwamm er die Tauchgruppen mit solchem Tempo, dass die Sicht unter Wasser praktisch null und Tauchunterricht unmöglich war. An irgendetwas anderes schien er, zumindest an diesem Tag, nicht interessiert zu sein. Niemand wurde von ihm auch nur berührt, was aber nichts daran änderte, dass einige der Tauchschüler sein Verhalten als sehr beängstigend empfanden. Und wie sich dann zeigte, waren sie auch ohne direkten Kontakt in der Lage, sich in hochgefährliche Situationen zu bringen.

Im Nachhinein fiel mir jetzt auf, dass dieser Delfin ungefähr so groß war, eineinhalb Meter vielleicht, wie der nette Artgenosse mit seinen beiden Freunden, den ich bei meinem ersten Inselbesuch kennengelernt hatte. War er womöglich dieser Pfeifsprecher, den ich JoJo genannt hatte?

Am Spätnachmittag ging ich zu meiner gewohnten Schwimmrunde an den Strand. Im Wasser beobachtete ich große Seesterne und halb in den Sand eingegrabene Torpedobarsche. Sonst sah ich wie immer, wenn ich nah am Strand schwamm, nur hin und wieder kleine tropische Fische. Aber heute war es anders. Ich hatte beim Schwimmen das seltsame Gefühl, dass mir etwas folgte, doch immer, wenn ich mich umdrehte, sah ich nur das klare Wasser über dem weißen Sand und die Wasserbewegungen, die von meinen eigenen Schwimmstößen kamen.

Beim Überschwimmen einer etwas tieferen Stelle mit Seegras hatte ich deutlich das Gefühl, dass unter mir etwas lauerte. Als ich mich umdrehte, sah ich nur ein paar Zentimeter von meinen Füßen entfernt ein zahnbewehrtes klaffendes Maul und warf mich mit einem Ruck zur Seite. Das Herz klopfte mir bis zum Hals.

Aber ich beruhigte mich gleich wieder. Das Maul gehörte nicht zu einem Tigerhai, sondern zu einem Barrakuda, der es einfach nur so aufsperrte. Dass mir diese Fische bei meinen langen Schwimmausflügen folgten, war ich gewohnt.

Obwohl ich jetzt wusste, mit wem ich es zu tun hatte, begleitete mich das mulmige Gefühl weiter, weshalb ich den Barrakuda vorsichtshalber genau im Auge behielt. Ich schwamm bis zur ersten Biegung des leeren weißen Sandstrands, meinem gewohnten Umkehrpunkt. Das sonderbare Gefühl der Schutzlosigkeit machte mich sogar gegenüber diesem kleinen Fisch misstrauisch, der mir so hartnäckig folgte. Daher beschloss ich, mich auf dem Rückweg näher am Strand zu halten. Ins Flachwasser mochte mir der Barrakuda nicht folgen und empfahl sich.

Das Gefühl, verfolgt zu werden, hielt sich immer noch, und jetzt, da ich es nicht mehr auf den Barrakuda schieben konnte, beunruhigte es mich erst richtig. Ich hatte längst gelernt, meinen Instinkten zu vertrauen, also paddelte ich schnellstens Richtung Land, stand auf und nahm die Maske ab. Ich watete im flachen Wasser weiter, sah die Zirruswolken im Wasser ziehen und wusste einfach, dass gleich etwas diesen friedlichen Spiegel durchstoßen würde. Und dann sah ich auch schon die dunkle Rückenflosse, wie sie den Himmel zerschnitt und die Wolken halbierte.

Keine dreißig Meter vom Strand entfernt zog etwas mit gelassener Präzision seine Bahn. Ich trat zwei Schritte zurück und erkannte, dass es kein Hai war, der sich da anpirschte, sondern ein Delfin, und zwar anscheinend derselbe, der auch Grace Bay terrorisierte.

Nach allem, was ich gehört und selbst erlebt hatte, traute ich ihm nicht recht über den Weg, es reizte mich aber auch, ihm unmittelbar zu begegnen. Wirklich getan hatte er ja schließlich niemandem etwas. Sicher, er hatte die Leute ganz schön ins Bockshorn gejagt, aber niemandem war auch nur ein Haar gekrümmt worden.

»Beißt du mich, wenn ich komme?«, fragte ich und wagte mich ins etwas tiefere Wasser vor. Ich setzte die Maske wieder auf, nahm den Schnorchel in den Mund und schwamm ein paar Schritte weiter. Ich wäre dem Delfin gern näher gewesen, andererseits aber war es sicher besser, in Strandnähe zu bleiben, damit ich schnell verschwinden konnte, sobald er unangenehm wurde. Manchmal hob ich den Kopf aus dem Wasser und sah dann, dass der Delfin mir folgte, unter Wasser aber reichte die Sicht nicht aus, um ihn klar zu erkennen und charakteristische Körpermerkmale auszumachen. Als ich beim

Hotel ankam, folgte er mir immer noch. Aber er war so weit entfernt, dass ich mir kein klares Bild machen konnte. Während ich über die Leiter auf den Steg kletterte, wandte er sich ab und schwamm ins tiefere Wasser hinaus.

In den nächsten Tagen tauchte der Tümmler immer wieder einmal beim Wasserskisteg auf und trieb sich in Strandnähe unter den Booten herum. Zwar kamen wiederholt Gerüchte auf, jemand sei attackiert oder gebissen worden, mit eigenen Augen aber habe ich nie einen solchen Zwischenfall gesehen. Der Delfin folgte mir Woche um Woche auf meinen nachmittäglichen Schwimmrunden, blieb jedoch immer gerade so weit entfernt, dass ich ihn nicht deutlich erkennen konnte.

»Was der wohl von mir will?«, fragte ich Daniel.

»Keine Ahnung, Mann, aber es sieht ganz so aus, als hättest du den TTES-Test bestanden«, gab er zurück. »Vorerst.«

Ich sagte es zwar niemandem, aber mir war immer etwas unheimlich zumute, wenn dieser Delfin sich in der Nähe aufhielt, und das, obwohl er mich nie bedrängt oder mir irgendeinen Anlass zu Befürchtungen gegeben hatte. Im Laufe der nächsten drei Monate sah ich ihn wiederholt an mir vorbeischwimmen. Beim Tauchunterricht zeigte er sich nur noch selten, nachmittags aber, wenn ich meine Strecke schwamm, war er immer zur Stelle. Dabei hielt er Distanz, schien aber doch allmählich näher zu kommen.

Bei einer unserer gemeinsamen Schwimmrunden entdeckten wir eine kleine Korallenburg, die etwa fünfundzwanzig Meter vor dem Strand in drei Metern Tiefe lag. Von da an hielt ich mich meistens eine Weile an dieser Stelle auf, um mich am Farbenspiel der Korallen zu erfreuen und das Leben der kleinen Meeresbewohner, darunter Seepferdchen, Anemonen und winzige mit Seegras besetzte Krabben, zu beobachten. Gruppen kleiner Fische versteckten sich vor dem Delfin und mir in der Tiefe der Räume zwischen den Korallengewächsen. Hier blieben wir manchmal über eine halbe Stunde, immer wieder tauchend, um die ganze Vielfalt des Lebens in dieser kleinen Oase zu bestaunen, der ich den Namen Sonnenfischriff gab.

An dieser Stelle kam der Delfin dann auch näher heran. Ich hatte zwar den Impuls, ganz dicht auf ihn zuzuschwimmen, so wichtig aber war es mir auch wieder nicht, und seine Gesellschaft sowie sein wissbegieriges Wesen konnte ich durchaus auch aus einiger Entfernung genießen.

Die langen Schwimmausflüge wurden zunehmend zu meiner Lieblingsbeschäftigung. Es brauchte nur irgendjemand zu erwähnen, dass der Delfin wieder einmal an Grace Bay vorbeigeschwommen war, und schon machte ich mich auf den Weg zum Strand, um nach ihm Ausschau zu halten.

Als wir eines Nachmittags wieder einmal unseren kleinen Korallenhügel erkundeten, sah ich beim Aufblicken, dass mich der Delfin von der anderen Seite des Riffs her durch ein Loch beobachtete. Dieser Blick! Und auch einige andere Merkmale kamen mir bekannt vor. Ich schwamm etwas näher heran, ohne jedoch seine Grenzen zu verletzen, schließlich wollte ich ihn ja nicht vergraulen. Ob das vielleicht …?

Die Erkenntnis traf mich wie ein Blitz. Der angeblich so aggressive Delfin war tatsächlich JoJo, der umgängliche Kerl, dem ich damals zusammen mit den beiden anderen in Pine Cay begegnet war und mit dem ich bei meinen späteren Inselbesuchen immer wieder in den Kanälen an der Südseite der Insel zusammen geschwommen war. Jetzt lebte er offenbar allein, seine beiden Kameraden waren jedenfalls nirgendwo zu sehen.

In den Gewässern um die Turks- und Caicosinseln waren die Delfine lange vor dem Auftauchen der ersten Menschen heimisch, und auch JoJo hatte hier sicher schon gelebt, bevor die ersten Hotels gebaut wurden. JoJo gehört zur Spezies der Großen Tümmler und damit zu einer der bekanntesten und meistverbreiteten Delfinarten. Atlantische Große Tümmler wie JoJo sind an der Oberseite schiefergrau und besitzen eine Rückenflosse und zwei kleinere spitz zulaufende Brustflossen. Die große Schwanzflosse mit ihrem gebogenen Rand und dem tiefen Einschnitt in der Mitte wird mittels der Bauch- und Rückenmuskulatur auf und ab bewegt und sorgt für den Vortrieb, der pfeilschnell sein kann. Die Schnabel oder Schnauze genannte Maulpartie ist beim Großen Tümmler eher gedrungen ausgebildet und hat etwas von einer Stupsnase. Man findet die Tiere in den tropischen und gemäßigten Bereichen aller Weltmeere. Überall jedoch und unter allen Bedingungen gilt, dass wir Menschen beim Eintauchen ins Wasser die Gäste dieser herrlichen Kreaturen sind.

Wie ich erfahren sollte, gab es in der Gegend von Grace Bay früher einmal eine Gruppe von fünfzehn bis zwanzig Delfinen, zu deren Jungtieren JoJo gehört haben könnte. Delfine sind gesellige Tiere, die in sogenannten Schulen von einigen wenigen bis zu Hunderten von Exemplaren zusammenleben.

Als das erste Ferienhotel mit dem Wasserskibetrieb im Lebensraum der Delfine anfing, räumten die Tiere innerhalb von drei Wochen das Feld. Ein paar Kleine schauten danach hin und wieder noch vorbei, mal einzeln, mal zu dritt, sie machten aber einen sehr verlorenen Eindruck. Manchen Leuten fiel auf, wie einsam sie wirkten, wenn sie ihre Kreise zogen; wahrscheinlich waren sie auf der Suche nach der Schule, zu der sie einmal gehört hatten. Wenn JoJo einer von diesen dreien war, konnte es für seine Trennung vom Rest der Schule eine Erklärung geben, die mit Ereignissen der jüngsten Vergangenheit zu tun hatte.

Gegen Ende der Siebzigerjahre wurde der schmale Durchlass zwischen Providenciales und einer kleinen Nachbarinsel durch einen Hurrikan mit Sandmassen versperrt. Die Delfine,

die diesen Wasserweg gern als Wechsel zwischen der Flach-
und der Tiefwasserseite der Inseln genutzt hatten, fanden diesen Weg danach blockiert und strandeten, als die Ebbe kam.
Ein paar Inselbewohner versuchten die Tiere mit Bettlaken
über die Barriere zu tragen, hatten damit aber wenig Erfolg;
nur ein paar Jungtiere überlebten. Drei kleine Kälber waren
die Ersten, die nach der Katastrophe wieder in Strandnähe
auftauchten, und JoJo hatte vermutlich dazugehört.

Inzwischen war er hier offenbar der Letzte. Ob er immer
noch nach seinen Gefährten suchte?

»Wo sind deine Freunde, JoJo?«, fragte ich ihn. »Sind sie
etwa ohne dich weggeschwommen?«

Ich empfand großes Mitgefühl mit dem einsamen Delfin. In
einer liebevollen Familie war ich als mittleres von fünf Kindern auf einem großen Anwesen mit vielen Tieren aufgewachsen. Bei uns gab es drei Enten, fünf Gänse, Hunderte Kanin-
chen, mindestens fünf Hühner, vier Katzen, drei Pferde, drei
Hunde und eine Ziege – ich habe mich schon immer allem
Lebendigen verbunden gefühlt. Wir hatten einen Wasserfall
und einen Teich mit Unmengen von Fischen und ein paar Frö-
schen, und im Haus gab es außer den Katzen noch Papageien,
Hamster und Meerschweinchen. Not leidenden Tieren stand
unser Haus jederzeit offen.

Und so wusste ich bereits sehr früh, dass meine Lebensaufgabe darin bestand, mich für den Tierschutz einzusetzen. Ich
freute mich schon darauf, dies eines Tages auch meinen eigenen Kindern vermitteln zu können. Im Grunde aber ging es
um mehr als bloßes Kümmern und Versorgen. Ein sterbendes
Tier in der Hand zu halten und es zu segnen war anfangs
herzzerreißend, aber als ich den Weg des Übergangs und den
Frieden dann zu sehen und zu spüren begann, war ich eigentlich nur noch dankbar. Manchmal begleitete ich diese Tiere
eine ganze Weile auf ihrem spirituellen Weg. Ich spürte das

Schwinden des körperlichen Lebens, den letzten Atemzug, ich sah die Augen brechen, und dann konnte ich mit ihnen ins Licht gehen, während ich sie hielt und zugleich in den Frieden, in andere Dimensionen entließ. Ich war als Buddhist und Rosenkreuzer erzogen worden, und unsere Eltern hatten uns Kindern nicht nur beigebracht, dass der Tod Bestandteil des Lebens ist, sondern sie nahmen uns auch jede Woche in die Gotteshäuser anderer Glaubensgemeinschaften mit. So haben wir viel über die Reise des Lebens und sein Vergehen gelernt. Wir lernten zu erkennen, wann es für ein Tier Zeit war zu gehen und wie man es darin achtet und sein Leben ebenso segnet wie die neue Reise, zu der es nun aufbricht. Aber auch mit Menschen Mitgefühl zu haben lernten wir von unseren Eltern.

Ich erinnere mich noch gut, dass mir als Bub manchmal andere Kinder auffielen, Schlüsselkinder, misshandelte Jungen und Mädchen oder Ausreißer, und dass es mich immer sehr traurig machte, sie zu sehen. In ihrem Blick lag etwas so Verlorenes, dass ich Mama oft anbettelte, sie mit nach Hause nehmen zu dürfen, und dann wartete ich mit großen Augen, bis sie ja sagte. Als ich JoJo jetzt sah, wie er so ganz allein dahinschwamm, ohne seine Schule, ohne auch nur einen einzigen Gefährten, kamen diese Gefühle wieder hoch, und am liebsten hätte ich auch ihn mit nach Hause gebracht wie die Kinder damals. Wie gern hätte ich ihm dieses Gefühl der Zugehörigkeit und bedingungslosen Liebe gegeben, das ich immer hatte. So aber blieben wir in seiner ozeanischen Heimat und schwammen gemeinsam.

Eines Nachmittags fragte ich Lisa, während wir unsere Tauchausrüstungen für den Unterricht zusammenpackten: »Sag mal, weißt du eigentlich etwas über die kleinen Delfine, die hier früher im Trio herumgeschwommen sind?«

»Kann sein«, sagte sie und legte den Kopf schief. »Ich habe von einem Jungen in Pine Cay gehört, der einen kleinen Delfin harpuniert haben soll. Er hat wohl gemeint, es sei einfach ein großer Fisch.«

»So ein Jammer«, sagte ich. »Hoffentlich hat er wirklich nicht gewusst, dass es ein Delfin war.« Wäre ich doch bloß dort gewesen und hätte das Schlimmste verhüten können. Dann dachte ich laut weiter: »Hm, gut, diese Tragödie erklärt vielleicht einen Fall, aber was mag mit dem anderen sein?«

»Was?«

»Ach, ich überlege nur, was mit JoJos Freunden passiert ist. Seit Monaten sind sie nicht mehr zu sehen, dabei waren sie doch früher unzertrennlich.«

»Ja, bestimmt fühlt er sich einsam, der arme Kerl. Aber er hat ja dich, Dean.« Lisa verstand es immer, den Dingen auch eine gute Seite abzugewinnen.

Bei unseren täglichen Schwimmausflügen landeten JoJo und ich oft an ganz einsamen Stränden. Dieses Abgelegene und Unberührte lag uns beiden sehr. Wenn wir danach aber zusammen in der Nähe des Hotels auftauchten, sprangen die Leute direkt vor unserer Nase ins Wasser, um sich ein Bild von diesem seltsamen Gespann zu machen. Manche wollten den Delfin sogar streicheln. So war es auch, als ich JoJo zum ersten Mal zubeißen sah.

Wir schwammen langsam auf unsere Korallenburg zu, um uns dort wie alle Tage umzusehen, als ein Mann, der uns am Strand gefolgt war, ins Wasser sprang und auf uns zuge-schwommen kam. Je mehr er sich uns näherte, desto lauter quiekte und quakte JoJo und wippte mit dem Kopf auf und ab, bevor er dann abdrehte, um dem Zusammentreffen auszu-weichen.

»Vorsicht!«, rief ich dem Touristen zu, der sich hinter JoJo hermachte.

Doch er hörte nicht auf mich, sondern versuchte den Delfin direkt hinter den Augen und Ohren anzufassen. Seine Hand war nur noch Zentimeter entfernt, als JoJo blitzschnell herumfuhr und zuschnappte. Das alles ging so fix, dass ich es nicht verhindern konnte.

»Verdammt!«, schrie der Urlauber und hielt sich den Arm. Dann zog er sich schnellstens in Richtung Strand zurück. Sieben blutende Schrammen hatte er am Arm.

»Brauchen Sie Hilfe?«, rief ich hinüber.

Er schüttelte den Kopf und stapfte davon. Sollte er Stimmung gegen JoJo machen wollen, würde ich sagen, dass es vom ganzen Ablauf her kein Angriff, sondern eine Schutzreaktion des Tieres war.

Ich hörte mich schon argumentieren: »JoJo war sofort wieder ganz ruhig und aufmerksam, als der Mann sich entfernt hatte.«

Da ich selbst noch nie nach ihm gegriffen hatte, konnte ich nicht wissen, dass er so reagieren würde. Jedenfalls bestätigte mir dieser Vorfall, dass wohl auch die meisten angeblichen Attacken in der Vergangenheit nichts anderes waren als solche instinktiven Schutzreaktionen angesichts eines menschlichen Übergriffs. Auch später habe ich dieses Verhalten bei JoJo immer nur gesehen, wenn die Leute sich in ihrem Flipper-Wahn ohne jeden Respekt an ihn heranmachten und gar nicht auf die Idee kamen, dass ein wild lebender Delfin vielleicht doch nicht ganz mit dem putzigen Tierchen aus dem Fernsehen zu vergleichen ist.

»Nicht anfassen, er beißt«, wurde mein ständiger Warnruf, sobald sich jemand JoJo näherte.

Um es gar nicht erst so weit kommen zu lassen, schwammen wir jetzt in größerer Entfernung zum Strand und den vielen Leuten auf das Korallenriff zu, das mit seinen Löchern und Höhlen ideale Spielplätze bot. JoJo blieb immer an meiner Seite, außer wenn ich in einer Höhle verschwand oder er einen Barrakuda verjagen musste. Barrakudas hetzen, wenn sie sehen wollten, wer sich da in ihrem Revier zu schaffen machte, bereitete JoJo offenbar ein ganz besonderes Vergnügen. Dann schoss der Barrakuda davon, aber nur, um sich gleich darauf erneut anzuschleichen. Das wiederholte sich ein paar Mal, bis JoJo ihm ernsthaft und in Höchstgeschwindigkeit so weit nachsetzte, dass ich beide aus den Augen verlor. Von irgendwoher war er dann plötzlich wieder da und schwamm neben mir, als sei nichts gewesen. Wenn ich in einer Höhle verschwand, quiekte und quakte er und wartete am Eingang, bis ich wieder auftauchte.

»Schau mal einer an, JoJo«, sagte ich schmunzelnd, »du wirst doch keine Angst vor Höhlen haben, oder etwa doch?«

Noch lustiger wurde dieses Spiel, wenn ich eine weitere Öffnung fand, durch die ich meinen Kopf stecken konnte. Er kam dann sofort angezischt, inzwischen aber zog ich mich zurück und schaute ihn dann wieder aus einem anderen Loch an. Das wurde ein blitzschnelles Katz-und-Maus-Spiel, bei dem JoJo freilich immer gewann, weil ich viel früher als er zum Luftholen nach oben musste.

»Lass mich ein bisschen durchschnaufen, JoJo«, japste ich dann. Das ließ er aber nicht gelten, sondern umkreiste mich quietschend, damit das Spiel weiterging.

Vom Hummer bis zum Hai gab es in den Höhlen so ziemlich jeden Meeresbewohner, den man sich vorstellen kann. Einmal überraschte ich einen kleinen Ammenhai, der blitzartig durch einen zweiten Höhleneingang verschwand, vor dem sich allerdings JoJo auf die Lauer gelegt hatte. Es tat einen mächtigen Rumms, und dann sah ich nur noch eine Sandwolke. Als ich außen herum zur gegenüberliegenden Seite schwamm, war von Hai und Delfin nichts mehr zu sehen, nur der glitzernde Sand setzte sich allmählich wieder ab. Ich schaute mich um und entdeckte JoJo am Eingang einer anderen Höhle.

In die hatte er wohl den Hai hineingetrieben. Ich schwamm näher heran. JoJo stand in Kopfunter-Haltung vor dem Höhleneingang. Ich tauchte kurz auf, um Luft zu holen, und schlüpfte dann durch die eher kleine Öffnung, die sich aber nach innen zu einem breiten Korridor weitete. In allen Ecken und Ritzen schwebten kleine bunte Fische. Dann war im Boden eine weitere Öffnung zu sehen, und als ich den Kopf hindurchstreckte, sah ich drei ruhende Haie, deren Kiemen sich im Rhythmus der Atemzüge hoben und senkten. Bei diesem abenteuerlichen Anblick liefen mir Schauer durch den ganzen Körper.

Offenbar waren wir in diesen über Jahrtausende entstandenen Korallengebilden auf ein ganzes Labyrinth von Höhlen gestoßen. Was für ein Märchenreich! Ich fühlte mich wie in Neptuns von Seepferdchen gezogener Kutsche, huldvoll dem lächelnden Volk der Nixen und Wassergeister zuwinkend. Als Mensch verfügte ich allerdings über entschieden weniger Atemkapazität, sodass ich mich immer nur wenige Minuten lang in den Höhlen umsehen konnte, bevor mich der Sauerstoffmangel wieder an die Oberfläche trieb.

Wann immer ich aus einer Öffnung auftauchte, eskortierte mich JoJo an die Wasseroberfläche, um anschließend wieder zu einem neuen Spiel mit mir abzutauchen. Ich fand es sehr anrührend, wie er mich in jedes Loch und jeden Graben begleitete und überall da, wo er nicht hineinpasste, geduldig am Eingang wartete, bis ich meine Erkundung abgeschlossen hatte oder wieder Luft holen musste. Wir hatten uns sicher drei Stunden am Riff herumgetrieben, als mir auffiel, dass die Sonne schon ziemlich tief stand. Zum Strand waren es wohl an die zwei Kilometer, also mussten wir jetzt aufbrechen.

»Wir müssen los, wenn wir vor der Dunkelheit ankommen wollen«, sagte ich an der Oberfläche Wasser tretend zu JoJo. Als hätte er mich genau verstanden, sah er mich mit einem brauen Auge an und stieß eine mächtige Wolke Meerwasser aus, die wie ein Springbrunnen auf mich niederregnete.

Der lange Rückweg war nach den anstrengenden Spielen im Korallenriff mühsam, aber JoJo hielt sich dicht neben mir; gelegentlich streifte mich seine Brustflosse. Als wir uns dem Strand näherten, ging die Sonne bereits unter und verwandelte das tiefe Türkisblau des Wassers und den Hauch von Rosa am Himmel in Nachtblau mit einem luftigen Pinselstrich von hellem Purpur. Der Mond schimmerte auf dem Wasser und führte mich.

Im Flachwasser machte JoJo Gluckslaute und schob sich langsam vor mich. Das waren ganz neue Töne. Weshalb hatte ich sie noch nie gehört? Als ich mich in die Brandungswellen warf, wiederholte JoJo dieses hohl tönende Glucksen und Klicken, jetzt aber schon mit einer gewissen Dringlichkeit.

»Du willst wohl nicht, dass ich gehe, hm?«, fragte ich ihn grinsend.

JoJo antwortete mit einem weiteren Glucksen.

»Gut, schwimmen wir noch ein Stückchen«, sagte ich lachend, und wir tummelten uns noch ein Weilchen, bis die Gänsehaut mich daran erinnerte, dass es einem Menschen im Wasser kalt werden kann, einem Delfin jedoch nicht. Ich winkte zum Abschied und machte mich auf den Weg zur warmen Dusche.

Am nächsten Tag nahm mich Lisa nach dem Unterricht zur Seite.

»Du wolltest doch was über JoJos Delfinfreunde wissen«, raunte sie und sah mich bedeutungsvoll an.

Ich bejahte und ahnte schon, dass ich nichts Gutes zu hören bekommen würde.

»Ich glaube, der zweite ist von einem Boot angefahren worden.« Nach einer kleinen Pause deutete sie hinter sich und sagte: »Dieser Junge hat den Zusammenstoß gesehen und auch mitbekommen, wie der Delfin angeschwemmt wurde.«

Erst jetzt sah ich den mageren dunkelhäutigen Jungen, der schräg hinter ihr stand. Er trug die typischen abgeschnittenen Jeans und das verblasste T-Shirt der Inseljugend, und auf seinem kindlichen Gesicht lag ein trauriger Ausdruck. Aus braunen Augen blickte er zu mir auf.

»Du hast das gesehen?«, fragte ich.

»Ja.« Er nickte eifrig. »War ein ganz schlimmer Zusammenstoß.«

»Kannst du mir die Stelle zeigen?«

Wieder mit diesem sehr bestimmten Nicken nahm er mich bei der Hand und führte mich an den Strand. Am Ende der Bucht blieb er stehen.

»Da.« Er deutete mit dem Kinn auf einen zusammengespülten Haufen Treibholz und Seegras.

Zwischen all dem Unrat sah ich nach einer Weile etwas Weißes aufblitzen. Das Skelett eines Delfins. Bestimmt war ich in diesem Moment nicht weniger weiß als die gebleichten Knochen. Was für ein sinnloser Tod! Mit Sicherheit handelte es sich um einen von JoJos Freunden – und damit auch um meinen!

Von da an musste ich immer daran denken, dass auch JoJo, der so unbefangen mit Booten umging, gefährdet sein könnte.

Boote und Menschen zogen ihn an, aber er besaß auch Eigenheiten, die ihn schützten. Eine diese Verhaltensweisen fiel mir zum ersten Mal bei einem unserer Schwimmausflüge auf, als wir uns dem Anlegesteg näherten. Das war die einzige Stelle, an der sich JoJo von mir trennte. Während ich unter dem Anleger hindurchschwamm, umrundete er ihn blitzschnell und nahm mich dann auf der anderen Seite wieder in Empfang. Ich dachte mir nichts dabei, bis er seine Taktik eines Tages änderte.

Wir schwammen wieder im flachen Wasser auf den Anleger zu, als JoJo sich langsam vor mich schob und ich anhalten musste, um ihn nicht anzurempeln. Ich wollte seitlich ausweichen und weiterschwimmen, aber JoJo schob sich wieder vor mich. Mit einer schnellen Bewegung zur anderen Seite kam ich schließlich an ihm vorbei und schwamm unter den Anlegesteg, während JoJo ihn wie üblich umrundete. Als wir den Anleger hinter uns hatten, war alles wieder normal. Er verstellte mir nicht mehr den Weg – bis wir am nächsten Tag wieder auf den Anleger zuschwammen.

Das ging auch die nächsten Tage so weiter. Immer kurz vor dem Anleger schob sich JoJo vor mich, und es sah so aus, als würde er mir mit der Schwanzflosse gleich einen wischen. »Okay, ich hab verstanden, JoJo«, sagte ich. »Ich schwimme nicht weiter.«

Die Drohgebärde mit dem Schwanz war mir vertraut; ich hatte sie oft gesehen, wenn sich ihm aufdringliche Schwimmer von hinten näherten. Auch wenn uns ein Boot zu nahe kam, verhielt er sich so. Er wusste, dass Boote gefährlich waren, und warnte mich mit dieser Gebärde vor dem Weiterschwimmen.

Wenn ihm aufdringliche Schwimmer nachsetzten, wurde JoJo so langsam, dass der Mensch nahe genug kam, um seine Missfallensäußerungen hören zu können. Ließ der Schwimmer dann immer noch nicht von ihm ab, senkte JoJo den Schwanz ein wenig tiefer ins Wasser, um ihn dann genau im richtigen Moment mit einem Ruck zu heben, was meist dazu führte, dass er dem Schwimmer die Taucherbrille vom Gesicht schlug. Das wirkte dann recht abschreckend, und JoJo hatte wieder seine Ruhe.

Da ich keine Lust verspürte, eins mit der Flosse gelangt zu bekommen, schwamm ich neben ihn und drohte ihm wie einem kleinen Kind gut sichtbar mit dem Finger.

»Nein, nein!«, sagte ich, stieg aus dem Wasser und joggte den Rest der Strecke am Strand entlang. JoJo blieb im Wasser gleichauf mit mir, und die Leute am Strand amüsierten sich königlich über den Kerl, der mit einem Delfin joggen ging.

JoJo brauchte gerade einmal zwei Wochen, um zu erfassen, was es bedeutete, wenn ich den Zeigefinger schüttelte, sobald er die Drohgebärde mit dem Schwanz machte: Ende der Spielzeit. Daraufhin stellte er sie am Anleger ein, behielt sie aber bei, wenn uns ein Boot zu nahe kam. Er verstand den Zusammenhang so gut, dass er jedes Mal, wenn ich den Finger hob, gleichsam entschuldigend zu glucksen begann.

Er war also in der Lage, den Zusammenhang zwischen den Signalen und meinem Verhalten zu erkennen – für unsere Beziehung war das ein großer Fortschritt. Ein frei lebender Delfin hatte bewiesen, dass er ohne Verstärker, das heißt ohne Nahrungsanreiz, zu Kommunikation und richtigen Schlussfolgerungen fähig war. Delfinen im Gehege bleibt nichts anderes übrig, als das zu lernen, was ihnen antrainiert wird, JoJo aber lernte, weil er meine Gesellschaft mochte. Ich fühlte mich sehr geehrt.

Die Kapitäne der Tauchboote hatten sich inzwischen schon an JoJo gewöhnt; sie wussten, dass er ihnen folgen würde, wenn sie zu den Tauchgebieten im tieferen Wasser aufbrachen. Ich sah ihm oft dabei zu, und mir fiel auf, dass er den Booten nie bis zu den tiefen Tauchgewässern folgte, sondern immer beim letzten Sandrücken vor dem Abbruch in die Tiefe haltmachte. Ob er überhaupt je über das knapp zwei Kilometer entfernte Riff hinausschwamm?

»Sag mal, JoJo, wie ist das eigentlich bei dir mit dem tiefen Wasser?«, fragte ich ihn einmal bei unserem täglichen Schwimmausflug.

Am nächsten Nachmittag lud ich bei herrlichem Wetter und kristallklarem Wasser meine Tauchausrüstung in eines der Boote und sagte dem Kapitän, er solle meine Sachen zum Tauchgebiet hinter dem Riff mitnehmen, ich würde ihm mit JoJo nachschwimmen. Mit Maske und Schnorchel ging ich ins Wasser und pfiff ein paar Mal. Inzwischen konnte ich nur noch schmunzeln über die ungläubigen Blicke der Leute am Strand, wenn auf meine Pfiffe hin nach kurzer Zeit ein Delfin auftauchte! Aus seinen Begrüßungslauten hörte ich eine Frage heraus: »Und, was unternehmen wir heute?«

Wir schwammen in Richtung Riff los und nicht wie sonst parallel zum Strand. Wir suchten uns einen Weg durch die Sandbarrieren und über die Seegraswiesen, dann durch eine Lücke im inselnahen Ringriff und schließlich durch die äußere Riffbarriere vor dem Tieftauchgebiet.

Die Entfernung war durchaus eine Herausforderung, aber meine Bedenken galten weniger dem gefräßigen Seegetier als möglichen Wetterumschwüngen und tückischen Strömungen. Ich hatte gelernt, bei der Begegnung mit Meeresräubern selbst eine Art Raubtierenergie auszusenden, und behielt die Umgebung immer sehr genau im Auge. Aufgrund seines Salzgehaltes trägt das Meerwasser zwar ausgesprochen gut, aber ich durfte mir nicht einbilden, das hier sei ungefähr dasselbe wie ein langer Schwimmausflug unter Land. Würde JoJo mir im Notfall helfen können? Auf dem Weg durch die Sandrücken versuchte ich mir auszumalen, was ich bei einem Krampf oder in einer gefährlichen Strömung oder bei einem Wettersturz tun würde. Als ich mich dann aber nach JoJo umsah, wusste ich wieder, dass ich seiner Intelligenz und unserer tiefen Verbundenheit vertrauen konnte. Mit Sicherheit würde er zumindest versuchen, mir zu helfen.

»Stimmt doch, nicht wahr, JoJo?«, sagte ich, als ich einmal anhielt, um mich zu orientieren.

Zur Antwort ein Platscher.

Er wirkte überhaupt nicht furchtsam, sondern freute sich offenbar auf das tiefere Wasser; er schwamm um mich herum, platschte, vollführte perfekte Rollen unter mir. Am Riff war zu erkennen, dass der Meeresboden dahinter gleich sehr steil abfiel und sich unterhalb der dichten Seegrasflecken rasch im

Dunkel verlor. Diese Seegrasbüschel sahen von oben wie große Felsbrocken aus. Als ich mit dem Schnorchel abtauchte und mit der Hand durch die moosgrünen Pflanzen fuhr, gab JoJo hohe Echolottöne in meine Richtung von sich. Dann glitt er durch einige dieser Seegrasbüschel, bis er neben mir war, und wieder einmal fiel mir auf, dass seine Lautäußerungen in direkter Beziehung zu seinem Verhalten standen. Ich nahm mir vor, noch genauer hinzuhören und zu beobachten, damit mir die Muster nicht entgingen, die sich vielleicht abzeichnen würden.

Wir waren wie zwei kleine Außerirdische von verschiedenen Planeten, die lernten, sich irgendwie miteinander zu verständigen.

Eine Sache gab es, bei der ich mich nicht auf JoJo verließ, und das war die Navigation. So gut wie immer folgte er mir ganz einfach, und wenn ich mich verfranzte, bemerkte er es nicht einmal. Aber konnte sich ein Delfin überhaupt im Meer verirren? Doch wohl eher nicht.

Wir setzten unseren Schwimmausflug über eine lange weiße Sandstrecke fort, wobei ich auf die Richtung der Rippen unter mir achtete. Wenn man die Strömungsverhältnisse beobachtet, sind die Sandrippen am Grund eine recht gute Orientierungshilfe. Bei ganz ruhigem Wasser und glattem Meeresboden hatte ich mir angewöhnt, mich an den Brechungsmustern der Sonnenstrahlen im Wasser zu orientieren. Heute boten die Sandrippen die beste Hilfe, und soweit ich es beobachten konnte, galt das auch für JoJo.

Am Ende der Sandstrecke querte ein Kanal, in dem ich viele Korallengebilde, Schulen bunter Fische, Meeresschnecken und alte Muschelschalen entdeckte.

»JoJo«, sagte ich zu ihm, »ich bin ja so froh, dass du bei mir bist.« Ich warf ihm einen liebevollen Blick zu, während wir über die Vertiefung schwammen. »Unser Zusammensein ist wie ein wahr gewordener griechischer Mythos. Ich weiß schon kaum noch, ob ich Dean bin oder Poseidon.«

Wir tauchten, um die Korallen in Augenschein zu nehmen, und sahen Hunderte von Hummern, die uns aus ihren Unterschlupfen beäugten. Wir schwammen weiter in Richtung Riff, bis der Kanal in eine flachen Schuttzone auslief, in der alte Korallenbrocken und Muschelschalen zusammengespült waren. Nicht weit dahinter lag die Riffbarriere mit ihren gelblichbraunen Elchgeweihkorallen, zylindrischen Hirschgeweihkorallen und zarten Fingerkorallen neben Seefächern in allerlei Farben. Hier löste sich JoJo von mir, und wir schossen in unserem geradezu kindlichen Feuereifer von einem Abschnitt des Riffs zum nächsten, um alles zu untersuchen, was es zu sehen gab. Jenseits der Riffoberkante mit ihren vielfarbigen Seefächern gelangten wir in sehr stille und klare Gewässer, in deren Tiefen sicher auch große Fische lauerten.

Das Riff fiel in einer Böschung zum tiefen Wasser hin ab, und hier waren einzelne Korallengewächse zu sehen. Wir kamen in eine Zone tiefer Sandrinnen zwischen alten Korallenrücken, und darunter lag eine Terrasse, deren sanft abfallende Fläche an einer Abbruchkante endete, hinter der nur noch die dunkelblaue bodenlose Tiefe lag.

»Was meinst du, JoJo, bis hierher und nicht weiter?«, fragte ich und war gespannt, wie er auf den Abgrund vor uns reagieren würde.

Über dem Abbruch zur Tiefsee begann JoJo hektisch vor mir hin und her zu schwimmen und präsentierte die Schwanzflosse, wie ich es kannte, wenn er »halt!« sagen wollte. Er zeigte keinerlei Verhandlungsbereitschaft und ließ mich einfach nicht weiterschwimmen. Dann aber tat er etwas, was ich noch nicht kannte. Er fing an, mich mit der Schnauze sanft in Richtung Riff zurückzubugsieren. Ich verstand sein Verhalten zwar nicht so recht, aber daran nahm ich im Moment keinen Anstoß, so ungewöhnlich und anrührend fand ich es. Ich ließ ihn gewähren. Anschließend schwamm ich erneut auf den Rand der Terrasse zu, aber JoJo war gleich wieder da, legte den Schnabel seitlich an meinen Körper und schob mich zurück. Ich rollte mich zur Seite und fing an zu überlegen, ob mich dieses seltsame Gebaren so weit draußen womöglich in Schwierigkeiten bringen würde.

»JoJo, möchtest du mir etwas sagen? Spürst du eine Gefahr? Oder muss ich mich einfach damit abfinden, dass du bestimmen willst, wohin ich schwimme, du kleiner runder Schieber?«

Sein Blick schien zu sagen, dass ich mir solche Bemerkungen sparen könne: »Warte nur, bis der Hai kommt.«

Vielleicht war es ja wirklich so, dass er mich vor den Räubern in der Tiefe jenseits der Terrasse beschützen wollte.

Als er mich wieder in Richtung Riff zu schieben versuchte, hielt ich eine Hand zwischen mich und seinen Schnabel. Er berührte sie, legte sich dann parallel und schwamm mit meiner Hand an seinem Schnabel los. Ich hielt mich fest. Er nahm mich in Schlepptau! Da schwamm ich neben einem wilden Delfin an der Riffkante entlang, und das mit einer Geschwindigkeit, die meine eigenen körperlichen Möglichkeiten bei Weitem überschritt.

Wir tauchten ab und schossen kurz über dem Boden dahin, ohne aber je die Korallen und Seefächer unter uns zu berühren. JoJo begann eine wunderschöne Melodie zu pfeifen, die ich noch nie von ihm gehört hatte. Ich blickte ihm tief in das braune Auge und sah mich darin gespiegelt. Sein Blasloch hinterließ eine Straße kleiner Blasen, dann ging es wieder aufwärts dem Licht entgegen, während JoJo seine kleine Melodie weitersang.

JoJo tauchte immer gerade so oft auf, wie es für meinen Luftbedarf nötig war, dann ging die Schlepptour weiter – nur leider nicht in die Richtung, in der mich das Tauchboot erwartete. Wohin wollte mich dieser Delfin bringen? Ging es hier vielleicht nach Atlantis?

Auf diese Weise hatten wir vielleicht einen knappen Kilometer zurückgelegt, als JoJo plötzlich mit mir im Schlepp beinahe senkrecht abtauchte. Das Wasser war hier nicht sehr tief; unter mir sah ich Felsgestein, Gorgonien und kleinere Korallengewächse. Als eine kleine Höhle in Sicht kam, machte der Delfin halt. Ich stieg zum Luftholen auf und sah mich um. Tatsächlich, das waren die Höhlen, in denen wir gespielt hatten, bevor JoJo den Unfall hatte, nach dem er verschwunden war. Hatte er sich damals hier verkrochen oder war es einfach sein Spielplatz? Auch jetzt schien er nichts weiter als Spielen im Sinn zu haben, während ich aus dem Staunen nicht herauskam. Was für einen Verstand und was für ein Gedächtnis dieser Delfin doch hatte und wie wichtig bestimmte Orte für ihn waren! Zum ersten Mal hatte er mich abgeschleppt und gleich zu einem Ort, der in seinem Leben eine besondere Rolle spielte. Faszinierend.

Nach einer Stunde Höhlenabenteuer schwamm ich, von JoJo eskortiert, auf den Durchlass in der Sandbarriere zu, um das Tauchboot zu erreichen. Wir schwammen zusammen hindurch, drüben aber wollte JoJo aus irgendeinem Grund nicht weiter.

»JoJo«, sagte ich, »es ist doch viel ungefährlicher für uns, wenn wir uns nicht trennen. Dir kann nichts passieren, wenn du bei mir bleibst, das weißt du doch.« Er rührte sich nicht. »Na gut, dann schwimme ich eben allein weiter und wir treffen uns dann später wieder.«

Das Boot hatte inzwischen den Anker gelichtet und hielt auf den Durchlass zu, wo Kapitän Nick den Motor drosselte und ich mich an Bord schwang. Die Gäste nahmen an, ich sei ein versprengter Taucher, was ich verneinte. Aber als ich dann von meinem Schwimmkameraden berichtete, nahm es mir kaum einer ab.

»Wartet nur«, sagte Nick mit einem verräterischen Blitzen in seinen dunkelbraunen Augen. Er wusste, wie es weitergehen würde. Als die »Turquoise« in den Kanal einfuhr, hängte sich JoJo ins Kielwasser und zeigte sich mit Sprüngen und Rollen von seiner besten Seite.

»Und Sie können wirklich mit ihm schwimmen?«, fragte mich ein Junge.

Ich bejahte und erklärte ihm, wie man mit JoJo umgehen musste, damit es keine Missverständnisse gab und man gut mit ihm auskam. In Strandnähe packten die Taucher ihre Sachen zusammen und ließen sich ins Wasser. Ich rief JoJo, und die wackeren Sportler staunten nicht schlecht, als JoJo munter seine Kreise um die Gruppe zu ziehen begann. Solange keiner nach ihm griff, war sein Spieltrieb unermüdlich.

Am Nachmittag des folgenden Tages wollte JoJo im Anschluss an den Tauchunterricht die Richtung bestimmen, in die unser Schwimmausflug gehen sollte. Im flachen Wasser pfiff ich nach ihm. Er schmiegte sich leicht an meine Hand, öffnete den Mund, schloss die Zahnreihen ganz sacht um die Hand und zog daran. Ich leistete keinen Widerstand, legte meine Hand aber doch lieber wie gestern um seinen Schnabel. Dann schleppte er mich wieder den gleichen Weg zum Riff hinaus – allerdings in einem Viertel der Zeit. Was für ein herrliches Gefühl, dieses über mich rauschende Wasser, während wir über Sandmulden und Korallenansiedlungen glitten.

Er tauchte immer nur auf, wenn ich Luft brauchte.

»Ich weiß, du musst nur bei jedem dritten Auftauchen atmen, die anderen sind für mich gedacht. Keine Ahnung, woher du das weißt, aber solange du es so machst, halte ich mich gern an dir fest«, dachte ich zu ihm hin.

Wenn wir Richtung Meeresboden sanken, bekundete JoJo sein Vergnügen mit diversen Pfeiftönen und Rollen. Er liebte diesen Zeitvertreib. Ich brauchte nur den Arm auszustrecken, schon war er da und legte mir die Schnauze in die Hand. Für die Wasserski- und Tauchlehrer war es bald ein gewohnter Anblick, dass JoJo mich bei der Hand nahm und aufs Meer verschleppte, wo wir Kreise zogen und uns mal hierhin, mal dahin wandten.

Stundenlang konnten wir so unterwegs sein.

Dumm war nur, dass JoJo nach unserem ausgiebigen Spiel manchmal keine Lust mehr hatte, mich wieder an Land zu ziehen, nicht einmal, wenn mir kein Tauchboot als Alternative zur Verfügung stand. Aber ich war ein guter Schwimmer und wusste meine Kräfte einzuteilen, und selbst wenn mir Hilfe von einem Boot angeboten wurde, zog ich den geruhsamen schwimmenden Heimweg mit JoJo an meiner Seite meistens vor.

»Weißt du, JoJo«, sagte ich einmal zu ihm, »in dir habe ich einen wahren Gefährten gefunden. Du bleibst immer an meiner Seite, wie es nur ein echter Freund tut. Und dass du zu tiefen Beziehungen fähig bist, ist wirklich nicht zu übersehen.«

Mit wachsendem Vertrauen und zunehmender Erfahrung entdeckte ich immer neue Aspekte an unserer Beziehung. JoJos Interessen und seine Reaktionen auf Signale folgten offenbar einem zyklischen Muster. Das Abschleppsignal beispielsweise griff er mit großer Zuverlässigkeit auf, und wenn seine Kooperationsbereitschaft einen Höhepunkt erreicht hatte, reagierte er plötzlich eine ganze Weile überhaupt nicht mehr. In solchen Momenten schwamm ich einfach mit ihm am Strand entlang und dachte über das Auf und Ab in seinem Kommunikationsverhalten nach. Anfangs war ich etwas enttäuscht, dann aber sah ich ein, dass es einfach zu seiner Persönlichkeit gehörte und einem wild lebenden Delfin sicher auch zustand. Eines allerdings blieb stets gleich: Zu den Tauchkursen war JoJo immer da und anschließend begleitete er mich auf meiner langen Schwimmrunde.

Ich gewöhnte mir an, ihm nach dem Schwimmen, wenn ich an Land ging, zum Abschied zuzuwinken. Dabei bewegte ich meine Hand wie die Flosse eines wegschwimmenden Delfins. JoJo fing dann sofort an zu glucksen, wurde langsamer, senkte den Kopf ins Wasser und stellte sich quer zwischen mich und den Strand, um mich aufzuhalten.

Um aus dem Wasser zu kommen, musste ich ihn dann manchmal direkt zur Seite schieben. Da ich die Schrammen, die er anderen beigebracht hatte, noch deutlich vor mir sah, benutzte ich dazu wie überhaupt bei allen Kontakten nie meine Hände, sondern drückte mit dem Bein und sprang dann schnell vorbei, wenn er auswich. Das war der einzige Anlass, bei dem eine Berührung von mir ausging, anders ließ es sich einfach nicht machen. Sonst aber war es immer JoJo, der den Kontakt initiierte. So vertiefte sich unser gegenseitiges Verständnis, und das lief vorwiegend über Blickkontakt und Körperbewegungen. Darüber hinaus jedoch konnte ich mich immer wieder nur wundern, wie prompt er auf alle meine Gedanken reagierte.

Mit JoJo an meiner Seite führte ich ein friedliches Leben. Und aufgrund meiner Beziehung zu ihm brachte ich es auf dieser kleinen abgelegenen und vom Getümmel der Welt unberührten Inselgruppe sogar zu einer gewissen Bekanntheit. Das hatte freilich auch seine Schattenseiten. Einerseits fiel es mir unter diesen Umständen leichter, auf die Bedürfnisse wild lebender Delfine aufmerksam zu machen und für den Schutz ihres Lebensraums zu sorgen, andererseits aber wurden dadurch auch Interessen geweckt, die der Sache ganz und gar nicht dienlich waren. Offenbar gab es doch tatsächlich Leute, die aus JoJo ein Geschäft machen wollten! Deshalb gab ich bald keine Auskunft mehr, wenn ich gefragt wurde, wo er zu finden sei.

Den daraus entstehenden Spannungen konnte ich mich schließlich nur noch durch den konsequenten Rückzug in mein Haus entziehen. Ich schrieb viel, sprach aber mit niemandem mehr über meine Schwimmausflüge mit JoJo und die Fortschritte, die unsere Kommunikation machte. Darüber hinaus beherzigte ich einen Ratschlag meiner Eltern, die oft gesagt hatten, beim Schwimmen im flachen Wasser wirke das Licht heilend und tröstend. JoJo schien um meine Niedergeschlagenheit zu wissen, jedenfalls fand er immer etwas, womit er mich aufmuntern konnte, er schnalzte und pfiff, drehte seine schönsten Rollen, schwamm mit mir in weiten Schwüngen und ließ mich immer wieder die Schönheit und den Reichtum dieser erstaunlichen Freundschaft spüren.

Grenzen und Grenzverletzungen

Schon seit etlichen Monaten bemerkte ich an JoJo ein paar Dinge, die mich nicht nur neugierig machten, sondern auch eine gewisse Besorgnis bei mir auslösten. Nach einer besonders kommunikativen Phase war er einige Male plötzlich und ohne jede Vorwarnung verschwunden. Er konnte dann sehr schnell wieder da sein, aber ich hatte keine Ahnung, was er in der Zwischenzeit machte. Vor dem Verschwinden sandte er weder Ortungslaute in die Ferne noch zeigte sein Verhalten einen Interessenswandel an.

Ich versuchte ihm nachzuschwimmen, konnte aber immer nur eine kurze Strecke mithalten, bevor er sich im Meeresblau verlor. Ein paar Minuten später war er dann meistens wieder da und machte genau da weiter, wo er zuvor aufgehört hatte. Das Einzige, was diese Unterbrechungen immer gemeinsam hatten, bestand darin, dass er nach dem erneuten Auftauchen manchmal der Ruhe pflegte.

Bei diesem Verhalten blieb es. Ich hatte schon öfter eine kaum merkliche Schluckbewegung an seiner Kehle wahrgenommen, und jetzt fiel mir auf, dass diese Kontraktionen immer deutlicher wurden, insbesondere wenn JoJo mich verließ und ich ihm nachschwamm. Er öffnete das Maul dann sehr weit, als gähnte er, doch in Wirklichkeit schluckte er nur große Mengen Wasser. Wenn er das Maul dann wieder schloss, schwoll sein Hals an wie bei einem Pelikan mit gefüllter Schnabeltasche. Davon abgesehen, fiel mir aber nichts Unnormales an seinem Verhalten auf.

»JoJo, du siehst aus, als wolltest du einen Kugelfisch nachmachen«, sagte ich und blies die Backen auf. »Möchtest du etwa zum Fisch mutieren?«

Ein Seitenblick streifte mich, der zu sagen schien, ich solle lieber bei meinem Job bleiben und nicht versuchen, unter die Komiker zu gehen. Dann schwamm er davon.

Eines Tages sah ich ihn wieder einmal große Mengen Meerwasser schlucken. Nach einigen Kontraktionen öffnete er das Maul sperrangelweit und würgte eine beachtliche Wolke Knochen und Fischteile aus, wohl die Überreste seiner letzten Mahlzeiten. Ich dachte schon, ihm sei schlecht und er habe Verdauungsbeschwerden. Bei näherer Betrachtung erwiesen sich die Knochen jedoch als blitzblank und die Gewebefetzen waren reinweiß.

Trotzdem, aufs Brot würde man so etwas nicht haben wollen.

»JoJo, hast du heute einen falschen Fisch erwischt?«, fragte ich und versuchte mir nicht vorzustellen, wie diese Delfinkotze wohl an der Luft riechen würde.

Zweierlei bewog mich, etwas davon einzusammeln: Erstens war über das Ernährungsverhalten frei lebender Delfine noch wenig bekannt, und zweitens dachte ich, dass JoJo womöglich eine Unverträglichkeit gegenüber bestimmten Fischarten hatte.

Ich trug immer eine Tasche an der Seite, die ein flaches Rahmensieb und ein paar kleine Behälter enthielt. Doch wann immer ich eine Probe des Erbrochenen nehmen wollte, traf ich erst ein, wenn die Knochen bereits im Sand versunken waren. Schließlich gelang es mir aber doch, mich gleich vor JoJo zu platzieren, sobald ich sah, dass er sich mit Wasser volllaufen ließ. Danach würgte er ein paar Mal, und ich konnte einen

Teil der Produktion mit dem Sieb auffangen. Diese Prozedur schien sein Interesse zu wecken, was meine Forschungsarbeit im weiteren Verlauf entschieden vereinfachte. Er fand die Sache offenbar so spannend, dass er gezielt auf das hingehaltene Sieb kotzte, um mir dann beim Einsammeln der Knochen zuzuschauen.

Ich rief etliche Delfintrainer an, um sie über dieses Hochwürgen auszufragen, aber leider hatte es noch keiner von ihnen bei seinen Tieren beobachtet, jedenfalls nicht als normales Verhalten. Ich überlegte, dass in Gefangenschaft lebende Delfine sicher nicht das breite Nahrungsangebot hatten, das meinem Freund zur Verfügung stand. Demnach war es durchaus möglich, dass dieses Verhalten noch gar nicht beobachtet worden war oder nicht erforscht wurde, weil solche Untersuchungen an wilden Delfinen sehr schwierig waren. Aber ich wusste immer noch nicht, ob JoJos Hochwürgen von Nahrungsüberresten unbedenklich war oder auf eine Erkrankung hindeutete.

Nun ist so etwas ja von Hunden und Katzen bekannt, die eigens Gras fressen, um ihren Magen zu reinigen. Aber JoJo war kein Kätzchen, sondern ein Delfin. Zunächst einmal konnte ich jetzt die Knochen und Gräten untersuchen lassen, um festzustellen, ob die Fische, die er fraß, überhaupt auf dem üblichen Ernährungsplan von Großen Tümmlern standen.

Ich schickte die gesammelten Proben an ein Labor in Miami. Und sammelte weiter und schickte auch weiterhin Proben ein, bis ich eines Tages einen Brief von einem Wissenschaftler namens Nelio Barros bekam, in dem er mich bat, ihn anzurufen. Nelio war Doktorand an der Rosenstiel School of Marine and Atmospheric Science und hatte das Nahrungsverhalten und die Nahrungsökologie Großer Tümmler anhand des Mageninhalts gestrandeter Exemplare erforscht.

Ich hatte bei diesem Anruf kaum Zeit mich vorzustellen, als er mich auch schon mit Fragen bombardierte.

»Sind Sie sicher, dass Ihre Proben alle von ein und demselben Delfin sind?«, fragte er als Erstes. »Wenn das nämlich so wäre, würde ich wirklich gern wissen, wie Sie einem einzigen Delfinkadaver solche Mengen an verschiedensten nicht verwesten Überresten entnehmen können.«

»Wie meinen Sie das?«, entgegnete ich verwirrt. »Mit Delfinkadavern habe ich eigentlich nichts zu tun.«

»Aber an den Mageninhalt kommt man doch nur, wenn die Tiere gestrandet und tot sind«, sagte er. »Und wenn Ihre Proben nicht aus Kadavern stammen, woher haben Sie sie dann?«

»Von meinem Freund JoJo, einem frei lebenden Großen Tümmler.«

Das konnte Nelio zuerst gar nicht glauben. Aber damit stand er nicht allein. Kaum jemand glaubt diese Geschichte, bevor er mich und JoJo mit eigenen Augen gesehen hat. Erst als ich ihm unsere Beziehung genau auseinandergelegt und auch beschrieben hatte, wie ich an die Proben gekommen war, sah er ein, dass ich ihm keinen Bären aufbinden wollte. Entsprechend änderte sich sein Tonfall.

»Das ist ja allerhand. Ist Ihnen eigentlich klar, was das bedeutet?«

Ich gab meiner Hoffnung Ausdruck: »Dass Sie ermitteln werden, ob sich JoJo normal ernährt. Und herausfinden, ob er gesund ist.«

»O nein, Mr. Bernal, hier geht es um sehr viel mehr.«

»Ach so?«

»Ja. Ich bin mit meiner Arbeit nicht weitergekommen. Über das Auswürgen von Unverdaulichem bei Delfinen war nichts zu finden.«

Es sollte noch viele Jahre dauern, bis es der Forschung gelang, das Hochwürgen von Nahrung bei wild lebenden Delfinen nachzuweisen. Freunde von mir, die in der Forschung tätig waren und mein Interesse an diesem Phänomen kannten, teilten mir mit, dass sie dieses Verhalten inzwischen auch selbst beobachtet und dokumentiert hatten. Kurz, es stellte sich heraus, dass das Hochwürgen großer unverdaulicher Knochenreste bei Delfinen vollkommen normal war.

Am Telefon sagte Nelio jetzt: »Weltweit werde ich der erste Wissenschaftler sein, der Nahrungsreste eines wild lebenden Delfins analysiert.« Ich sah ihn förmlich strahlen. »Es wäre gut, wenn Sie mit weiteren Proben herkommen könnten, damit wir die Sache gemeinsam weiterverfolgen können.«

So machte ich mich im Juni dieses Jahres mit zwei weiteren Behältern gesammelter Nahrungsreste auf den Weg nach Miami. Als ich Nelios Büro betrat, fielen mir gleich die Gläser mit Mageninhalt von gestrandeten toten Delfinen ins Auge. Es war auch ein großer Behälter mit lauter Mangrovenzweigen dabei. Wenn man all diese Dinge im Magen von toten Delfinen gefunden hatte, überlegte ich, waren sie womöglich die Todesursache und ließen deshalb keinen Rückschluss auf die normale Ernährung von Delfinen zu.

Die Reste aus JoJos Magen waren anscheinend die ersten, die je von einem lebendigen Delfin mit natürlicher Ernährungsweise gewonnen wurden.

Ich hatte JoJo bisher nur selten systematisch jagen sehen. Normalerweise nahm er einfach Gelegenheiten wahr, die sich von selbst boten. Bei einem seiner seltenen gezielten Beutezüge hatte er mich und meine Freunde Leslie und Toni sogar als »Treiber« eingespannt. Bei unseren gemeinsamen Ausflügen im Meer schwammen wir normalerweise zu viert (inklusive JoJo) in einer Reihe nebeneinander. Als JoJo bei einer dieser Gelegenheiten eine kleine Schule von Fischen entdeckte, begann er uns so zu umrunden, dass er die Tiere in unsere Richtung trieb. Sobald sie uns wahrnahmen, versuchten sie nach einer Seite auszubrechen, und in dem Augenblick schoss JoJo heran, um sich zwei auf einmal zu schnappen. Das alles spielte sich wenige Zentimeter vor unseren Gesichtern ab, und JoJos Wendigkeit bot ein wirklich sehenswertes Schauspiel. Die kleinste Fehleinschätzung seinerseits hätte für uns höchst unangenehme Folgen haben können, aber JoJo war derart treffsicher, dass es weder bei dieser Treibjagd noch bei einer späteren je auch nur zur leisesten Berührung kam.

Bei solchen Jagden pflegte sich dieser Vorgang etliche Male zu wiederholen, und JoJo verschlang dabei vierzig oder mehr Fische. Ich habe dieses Verhalten nicht sehr oft bei ihm beobachtet, aber den Meeresbiologen ist diese Art zu jagen als normales Verhalten von in Gruppen lebenden wilden Delfinen bekannt. Als von einem einzeln lebenden Delfin geleitete Tier-Mensch-Kooperation war es freilich noch nie beschrieben worden.

Offenbar konnte sich JoJo auch ganz auf sich allein gestellt ausreichend ernähren; vielleicht hat er das Jagen in der Gruppe sogar erst durch Zufall gelernt – im Zusammenleben mit uns Menschen. Natürlich kann es sich auch um ein angeborenes Instinktverhalten aller Delfine handeln. Jedenfalls konnte er es meiner Einschätzung nach kaum von anderen Delfinen gelernt haben; als ihn das Schicksal zum Einzelgänger machte, war er wahrscheinlich noch zu jung dafür. Zum Gelegenheitsräuber, der er überwiegend geblieben ist, wird er wohl nach der Trennung von der Familie geworden sein. Und ich war für mich zu dem Schluss gekommen, dass seine Magenspülungen ganz normal und kein Symptom irgendeiner Krankheit waren.

Was er aber alles unternahm, um die Nahrung überhaupt erst einmal in seinen Bauch zu bekommen, ist durchaus erzählenswert.

Eine seiner besonders ausgekochten Taktiken war ein stetes Ärgernis für die Fischer, deren Boote vor dem Strand ankerten und die es gern sahen, wenn sie dort auch blieben.

Ich nahm meinen Freund ins Gebet. »Hör mal, JoJo«, sagte ich mit strengem Blick, »ich weiß ja, dass du Anker unwiderstehlich findest und es liebst, sie aus dem Sand zu ziehen, aber musst du sie dann unbedingt so hinlegen, dass sie nicht mehr halten und die Boote sie mit sich schleifen? Sieh dir das an: überall treibende Boote. Was, wenn die Leute dahinterkommen, dass du dafür verantwortlich bist?« Mich schauderte beim Gedanken an mögliche Racheakte der Fischer.

Wenn wir zusammen schwammen, machte JoJo gern bei Ankern halt und versuchte, sie zu kippen und aus dem Sand zu ziehen. Einmal sah ich ihn so lange an einem Ankerseil zerren, bis sich der Anker hob. Normalerweise trieb das Boot dann nur ein kleines Stück weiter, bis sich der Anker wieder irgendwo verfing. Dann hatte JoJo wieder zu tun, ihn zu lichten. Das konnte er stundenlang so treiben, und am Ende hatte das Boot dann eben doch einen ganz anderen Liegeplatz, meist weit vom Strand entfernt.

Kleine Boote waren natürlich besonders gefährdet. Mit kleinen Ankern hatte JoJo leichtes Spiel, und oft gelang es ihm sogar, den Anker so in seine Kette und die Ankerleine zu verheddern, dass er anschließend kaum noch den Boden berührte und nur noch locker dahinschleifte. Dann besaß das Boot keinen Halt mehr und wurde von Wind und Strömung abgetrieben.

So ein dahinschleifender Anker, der mal hier an einen Stein, mal dort gegen eine Koralle schepperte, faszinierte JoJo ganz besonders. Das kam für ihn gleich nach dem Spielen mit Menschen. Er blieb mit der Nase immer dicht hinter dem dahinschleifenden Anker und tauchte nur zum Atmen auf.

Zusätzlich diente dieses Verhalten der Ernährung. JoJos für andere ärgerliches und ungezogenes Benehmen hatte durchaus Methode, und zwar eine ziemlich ausgekochte. JoJo lernte schnell, und so hatte er bald heraus, dass der schleifende Anker die im Sand vergrabenen Torpedobarsche aufscheuchte. Deshalb hielt er sich so nahe beim treibenden Anker auf: um sofort zuschnappen zu können.

Man muss sich das einmal vorstellen: JoJo als Erfinder einer neuen Nahrungsquelle. In der Evolutionsgeschichte der Meeressäuger muss das ein wahrer Meilenstein gewesen sein.

Und stellen Sie sich dann noch vor, wie stolz ich war, mich als maritime Jane Goodall betrachten zu dürfen, denn hatte ich nicht auch, wie sie, ein erfinderisches Säugetier beim Gebrauch von Werkzeugen beobachtet?

Bei meinem eigenen Boot benutzte ich den Anker allerdings nicht mehr. Ich band es lieber an einem Pfahl fest.

Auch heute noch sieht man hin und wieder gestrandete Boote, deren Anker sich um die Kette verheddert hat. Ich habe das so oft beobachtet, dass ich mir kaum vorzustellen wage, wie viele Fälle von gestrandeten oder abgetriebenen Booten mein Freund auf dem Gewissen haben mag.

»JoJo«, sagte ich mit einem Augenzwinkern zu ihm, »wir sollten das wirklich für uns behalten. Wenn ich du wäre, würde ich bei den Leuten – und bei den Delfinen – nicht allzu sehr mit meinen Erfindungen angeben.«

Mir war bekannt, dass einige Fischer die Bewohner der Nachbarinseln verdächtigten, und es kam darüber zu manchem unerfreulichen Wortwechsel. Sicher, alle liebten JoJo, aber wenn sie gewusst hätten, was er so alles anstellte, hätte die Sache vielleicht anders ausgesehen – nicht jeder war immer gut auf JoJo zu sprechen.

Yachtbesitzer, die auf ihrem Schiff übernachteten, weckte JoJo gern mitten in der Nacht auf. Wenn ihm langweilig wurde und er Zuwendung brauchte, drückte er die Leine, an der das Beiboot hing, so heftig zur Seite, dass das Dingi vorwärts schoss und an den Rumpf des Hauptboots rumpelte. Natürlich waren dann alle im Boot sofort hellwach, erinnerte das Geräusch doch gefährlich an einen Verkehrsunfall.

Mir in meinem Hausboot ging es nicht anders. Als wohlerzogener Mensch stand ich dann auf und ging mitten in der Nacht mit ihm baden. Aber ich hätte sowieso kein Auge zubekommen. JoJo konnte sehr hartnäckig sein. Er ließ es krachen, bis man endlich verschlafen dastand, sich die Augen rieb und zu ihm ins Wasser kam.

»Nimm es nicht persönlich, JoJo«, sagte ich, nachdem er mich eine Zeit lang jede Nacht aufgeweckt hatte und ich mit meinen Schlafsachen aus dem Hausboot in mein Schreibzimmer an Land umzog. »Aber ich möchte einfach ein bisschen darüber mitbestimmen dürfen, ob und wann ich nachts mit dir schwimmen gehe.«

Auch am späten Abend oder vor Sonnenaufgang drehten wir oft gemeinsame Runden. Wenn ich nachts plötzlich Lust bekam zu schwimmen, ging ich zum Strand, sprang in das immer angenehm temperierte Wasser und rief JoJo. Dann schwamm ich stundenlang mit ihm, und wir machten die gleichen Spiele wie am Tag. Ich sah ihn in der Nacht zwar nicht, doch dafür äußerte er sich eingehender und machte häufiger von seiner Echoortungsausrüstung Gebrauch.

In den Anfängen unserer nächtlichen Ausflüge, bei denen er mich im Schlepp hatte, kam es vor, dass ich Boote streifte oder beim Unterschwimmen von Booten durch den Sand pflügte. Ich bekam da manchen Puff ab, JoJo aber stieß nie irgendwo an. Sicher ging er davon aus, dass ich mein eigenes Echoortungssystem benutzte, wie es jeder halbwegs intelligente Delfin tun würde …

»Hättest du mich denn nicht ausnahmsweise warnen können?«, fragte ich, wenn ich mir wieder einmal eine Beule am Kopf rieb.

Mit der Zeit lernte ich immer mehr von JoJos Echolauten in

ihrer Bedeutung zu erfassen; ich brauchte nur die entsprechenden Situationen am Tag mit denen in der Nacht zu vergleichen.

Einmal sagte ich zu ihm (nicht ohne mich vergewissert zu haben, dass mir niemand zuhörte): »Ich glaube, ich lerne jetzt Delfinesisch. Ich verstehe immer besser, was du meinst, wenn du schnalzt und pfeifst. Deinen Gesichtsausdruck kann ich inzwischen auch schon ganz gut interpretieren.«

In meine Bemühungen, JoJos Ausdrucksverhalten immer besser deuten zu lernen, investierte ich viel Zeit, Aufmerksamkeit und Geduld, um meine Signale und Auslöser so abstimmen zu können, dass er sie verstand.

Wenn es etwa um eine »medizinische« Untersuchung nach einer Verletzung ging, musste ich seine Bereitschaft sehr genau einschätzen und durfte ihn auf keinen Fall zu irgendetwas zwingen. Durch Beharrlichkeit, Versuch und Irrtum überwanden wir viele kleine Schwierigkeiten und Missverständnisse, sodass sich die Fäden unserer Kommunikation immer dichter verknüpften. Und im Laufe der Jahre entstand durch diesen sehr persönlichen Austausch ein tiefes Vertrauensverhältnis zwischen uns.

Ich fand heraus, was JoJo am Abend und in der Nacht für sich allein tat, und es war wichtig, ihn dann vollkommen in Ruhe zu lassen, genau wie zu den Zeiten, in denen er sich zur Nahrungssuche weiter entfernte. Offenbar gab es Plätze, die für ihn zu bestimmten Zeiten sakrosankt waren und deren Grenzen dann unbedingt gewahrt werden mussten.

Und Zeit für sich allein zu brauchen ist ja nichts, was speziell Delfine auszeichnet. Mir scheint, es gilt für alle Tiere – auf jeden Fall aber für uns Menschen.

Wenn JoJo nicht aus freien Stücken kam und damit zeigte, dass ihm an Kontakt und Spiel gelegen war, verbrachte er die Nacht wohl wie jeder andere wild lebende Delfin, auch wenn er am Tag viel Umgang mit Menschen hatte. In der Nacht aber musste er seine »Delfinsachen« machen – außer wenn ich dabei war oder er Lust hatte, Leute zu wecken, die in ihren Booten schliefen.

JoJo jagt vor allem am Abend und legt dann auch die größten Entfernungen zurück. Deshalb habe ich nicht allzu oft Gelegenheit, in den späten Stunden des Tages mit ihm zu schwimmen, freue mich aber jedes Mal darüber. Es ist Liebe wie in einer innigen Beziehung zu einem Menschen, und jeder Augenblick mit JoJo ist mir lieb und teuer.

Je tiefer das Verständnis zwischen uns wurde, desto abenteuerlicher wurden die Touren, die ich mit ihm unternahm. Was mich schon lange reizte, war ein gemeinsamer nächtlicher Tauchausflug außerhalb des Randriffs. Da ich Erfahrungen mit dem Tauchen im Dunklen hatte, war ich vorbereitet.

An dem Abend, an dem ich es versuchen wollte, fand sich JoJo am Anleger ein.

»JoJo, möchtest du mich zu dem Boot am Tauchplatz begleiten?«, fragte ich ihn, als ich meine Nachttauchausrüstung ins Boot lud.

Wie immer meditierte ich erst einmal ein paar Minuten im Wasser und baute eine Schutzblase um mich auf. Ich atmete die Kraft des Atlantiks ein und ließ seine Energie in mir Raum greifen. Im Wasser fühlte ich mich so sicher, dass ich ganz eins mit ihm werden konnte.

Ich hatte vor, bis zu der Stelle zu schwimmen, an der das Boot am Riff verankert war, um dann schnell meine Tauchausrüstung anzulegen und mit JoJo auf Entdeckungsreise zu gehen. Bevor wir uns auf den Weg machten, schnallte ich mir noch meinen eigens für das nächtliche Riffschwimmen angefertigten neuen Gürtel um. Darin befand sich eine selbst aufblasende Schwimmweste, wie sie in Flugzeugen verwendet wird. Die hatte mir George geschenkt, ein Inselpilot, der uns von seiner Maschine aus einmal weit draußen hatte schwimmen sehen.

In dem Notruf, den er durchgab, sprach er von einem Menschen, der in der Weite des Meeres von einem Hai verfolgt wurde.

Mit dem Hubschrauber waren die Leute der Küstenwache schnell zur Stelle, und was sie George mitteilten, als sie dicht über JoJo und mich hinweggeflogen waren – nämlich dass es sich um einem Mann handelte, der mit einem Delfin spielte –, wird ihn wohl nicht nur erleichtert, sondern auch etwas peinlich berührt haben. Aber er machte gute Miene und schenkte mir die Rettungsweste, nachdem er sich ein Bild von unserer Beziehung und unseren langen Ausflügen verschafft hatte.

Außer der Tasche für die Weste hing an meinem Gürtel noch eine Scheide, die ein kleines Messer enthielt. Am Rückenteil des Gürtels hatte ich eine Ortungshilfe und ein Blinklicht befestigt, nur für den Fall, dass ich in eine ungünstige Strömung geriet und das Boot nicht erreichen konnte. Natürlich sollte das Licht auch verhindern, dass ich angefahren wurde. Ans Bein schnallte ich mir einen »Bangstick« genannten kleinen Schussapparat, ebenfalls in einer Scheide, den ich schnell ziehen konnte, sollte ich von einem Hai angefallen werden.

JoJo sah sich das alles sehr interessiert an.

»Ich weiß, JoJo«, sagte ich, als er mich im flachen Wasser von allen Seiten begutachtete. »Das ist eine Schusswaffe, und wenn die versehentlich losgeht, wird sie mir und deinen empfindlichen Ohren vermutlich mehr schaden als einem Hai. Aber ich habe das Ding nur so lange bei mir, bis wir unsere größeren Freunde da unten in der nächtlichen Tiefe besser kennengelernt haben.«

Ein bisschen albern kam ich mir aber doch vor. Ich stemmte die Fäuste in die Seiten, baute mich in Heldenpose auf und dröhnte für alle hörbar: »Keine Angst, JoJo. Angst macht uns angreifbar. Aber wie könnte ich Angst haben mit dir, meinem Freund und Helfer, an der Seite?«

Ebenso amüsiert wie befremdet fragten die Taucher an Bord Käpt'n Nick, ob der verrückte Typ da draußen wirklich in der Nacht mit einem Delfin zum Riff schwimmen wollte.

Ich überhörte die Kommentare und sagte etwas leiser zu JoJo: »Im Übrigen leiten wir Menschen unsere Ängste ja meistens von Gegebenheiten und Umständen ab, die nicht einmal real sind. Haifische dagegen *sind* real, und nachts mit ihnen zu schwimmen ist auch nichts, was man sich einbilden kann. Aber wem sage ich das.« Zuletzt versicherte ich ihm: »Ich verspreche dir auch, dass ich dieses Schießgerät nur zu unserem ersten Nachttauchausflug mitnehme.«

Die Kreise, die JoJo daraufhin schwamm, sollten mir wohl zeigen, dass er damit leben konnte.

Ich lief zum Anleger, um mit Nick auszumachen, wo er nach mir schauen sollte, bevor er wieder in den flachen Teil der Bucht zurückkehrte. Dann pfiff ich und wartete, bis JoJo wieder da war. Ich hörte seine Ortungslaute, als er näher kam und mit der Rückenflosse einen Keil aus dem silbrigen Licht auf dem Wasser schnitt.

Wir machten uns auf den Weg; auch das Boot würde in wenigen Minuten ablegen. Es war eine warme Nacht und ich wusste JoJo neben mir, trotzdem überlief mich ein Schauer. Es hatte etwas Unheimliches, über die grauen und schwarzen Schatten unter mir zu schwimmen, bei denen es sich um Seegrasflecken oder Korallengebilde handeln mochte – vielleicht aber auch um gähnende Löcher im Meeresboden, die mich womöglich einsaugen würden.

Jetzt muss der Geist seine Führungsrolle gegenüber der Materie ausspielen, sagte ich mir. Ich hatte mich auf das Abenteuer eingelassen, und nun gab es kein Zurück mehr. Trotzdem blieb ungewiss, was die See und ihre Bewohner des Nachts für mich in petto haben mochten.

An Beweglichem sah ich sonst nur JoJo. Immer wenn mir größere Schatten ins Auge fielen, sagte ich mir, dass es sich nur um Seegras oder Korallengewächse handeln konnte. Dann holte ich jedes Mal tief Luft durch den Schnorchel und tauchte ab, um mich zu vergewissern, dass es nicht der gähnende Rachen irgendeines Seeungeheuers war. Beruhigt wieder auftauchend blies ich den Schnorchel aus und schwamm neben JoJo weiter. Dieses Mich-Vergewissern war beim nächtlichen Schwimmen eine wichtige vertrauensbildende Maßnahme, auch wenn ich den Delfin ganz in meiner Nähe wusste.

»Wir sind jetzt einfach kühn, stark und selbstbewusst, nicht wahr, JoJo? Wir geben uns gegenseitig Rückhalt und einer hilft dem anderen, okay?«

Ich spürte ihn neben mir und fragte mich, ob er wohl mich oder sich selbst in der Beschützerrolle sah. Jeder von uns besaß seine eigenen ganz speziellen Fähigkeiten, dem anderen im Notfall beizuspringen.

Als uns das Tauchboot überholte, strahlte uns Käpt'n Nick mit seinem Suchscheinwerfer an. Die spöttischen und ungläubigen Bemerkungen der Taucher mussten mir wohl doch etwas zugesetzt haben, jedenfalls beschleunigte ich jetzt auf Profigeschwindigkeit, damit sie einmal sahen, über wen sie sich da lustig gemacht hatten.

Ja, schaut nur! Ich stellte mir vor, wie sich jetzt Bewunderung über die eben noch so selbstgefälligen Gesichter ausbreitete, und ich wurde so schnell, dass sogar JoJo ein wenig zurückblieb.

»Du verstehst das, nicht wahr?«, fragte ich ihn gedanklich und überlegte kurz, ob er wohl einen Sinn für die sonderbaren Bedürfnisse des menschlichen Egos besaß.

Jedenfalls war ich im Moment sehr zufrieden mit mir, immerhin war ich ja schneller als ein Delfin. Ich legte noch einen Zacken zu.

Aber ich war so von meinen kraftvollen Schwimmzügen begeistert, dass ich nicht merkte, wie sich das Schnürband meiner Badehose löste. Jedenfalls hatte ich sie plötzlich um die Knie, und der Suchscheinwerfer ließ mein weißes Hinterteil aufleuchten.

Auch JoJo fand das offenbar ziemlich komisch, denn er fiel quäkend in das vom Boot herüberschallende Gelächter ein.

Urplötzlich tauchte rechts neben mir ein Schatten auf, und ich starrte, bevor ich mich mit einem Ruck zur Seite warf, in das weit aufgerissene Maul eines Nassau-Zackenbarschs, der mit seinen Streifen und Flecken etwas von einem Pfeil hatte, der auf mich gerichtet war. Diese Fische sind zwar nicht gerade riesig, ihr übergroßes Maul aber wirkt schon recht einschüchternd.

Gleichzeitig musste ich jetzt nach meiner Badehose fingern, die mir um die Knie baumelte. Noch nie hatte ich mich von einem kleinen Zackenbarsch derart erschrecken lassen, aber schließlich wusste ich ja nicht, wie hungrig er war und ob es an meinem entblößten Körper womöglich irgendetwas gab, was er für einen Aal halten konnte.

»Schnell, Dean, sonst hat er dich!«, schrie einer vom Boot und löste damit weiteres Gelächter aus.

Ich gab auf und nahm die Niederlage hin. Immer noch schwamm ich im Rampenlicht, es wurde laut gepfiffen und applaudiert und Nick ließ das Horn dröhnen. Es war ein voller Erfolg.

Eigentlich bin ich dazu erzogen worden, mich nicht an mein Ego zu klammern, sondern die Lektionen und Wegweisungen des Lebens in Demut anzunehmen – nur dass die immer anders kommen, als man sie erwartet. Ich rang mich also dazu durch, die peinliche Verlegenheit gar nicht erst Raum greifen zu lassen, sondern in das Gelächter einzustimmen. Da wurde mir gleich wohler, und die Badehose brachte ich dann endlich auch wieder an Ort und Stelle.

»Ein treuer Freund wie du«, sagte ich zur JoJo und winkte Käpt'n Nick noch einmal nach, »steht einem eben auch in einer solchen Situation zur Seite.«

JoJos Blick war nicht zu entnehmen, ob er verstand, was ich ihm damit sagen wollte. Aber vielleicht war da ein gewisses Blitzen, das mir nahelegte, immer gut auf mein Ego aufzupassen.

»Jetzt schwimm lieber du voraus«, schlug ich ihm vor, doch weil er ein Delfin war und kein menschliches Ego besaß, blieb er unverdrossen an meiner Seite.

Allein mit JoJo wurde es sehr still ringsum, sobald das Boot nicht mehr zu hören war. Manchmal zogen Wolken vor dem Mond vorbei, und dann wusste ich nicht genau, wo er sich aufhielt, aber seine Pfeiftöne und Ortungslaute hörte ich immer irgendwo in der Nähe. Ab und zu schnalzte er besonders nachdrücklich und danach war eine ganze Weile nichts zu hören. Ich machte dann halt und lauschte und bildete mir ein, ich könne seine Augen sehen. Am Tag war unser Blickkontakt mittlerweile ein wichtiges Ausdrucks- und Kommunikationsmittel, aber jetzt in der Nacht fühlte ich mich ein bisschen allein, wenn ich nichts weiter als den leisen Schlag der Brandung hinter mir vernahm, den mir der ablandige Wind selbst so weit draußen noch zutrug.

Beim Schwimmen hörte ich immer wieder ein leises Knacken wie von Luftblasen, die aus meiner Maske entwichen. Danach tauchte dann JoJo plötzlich auf und schwamm ganz nah vor mir vorbei, bevor er nach einem Schwenk wieder neben mir war.

Später fand ich heraus, dass diese leiseren, aber in schnellerer Folge hörbaren Töne etwas mit der Ortung auf kurze Distanz zu tun hatten. Die längeren einzelnen Klicklaute, immer zu vernehmen, wenn JoJo sich für kurze Zeit weiter entfernte, dienten der Echoortung auf größere Distanz. Nah oder fern, er blieb immer in Kontakt.

Die Lichter vom Land spiegelten sich auch hier, fast zwei Kilometer vom Strand entfernt, noch ganz schwach im Wasser und behinderten die Sicht. Meine Augen versuchten sich auf die dunkle Welt unter mir einzustellen. Ich war mir jedoch einigermaßen sicher, dass ich alles Bewegliche, sei es ein Hai oder sonst ein Lebewesen, von den Felsen würde unterscheiden können. Das beruhigte mich, wenn ich über die Schatten glitt, und gab mir erneut das Gefühl, eins mit dem Meer zu sein.

Noch weiter draußen sah ich dann gar nichts mehr; das blaugraue Wasser war wie Tinte. Einzig JoJo blieb für mich erkennbar, und auch er schwamm manchmal voraus, was ich seinen immer ferner klingenden Ortungslauten entnahm.

»JoJo, wo willst du hin?«, fragte ich und gab mir Mühe, keine Unsicherheit in meiner Stimme anklingen zu lassen.

Wenn er dann wieder da war, atmete ich erleichtert auf. An JoJos Lauten erkannte ich, dass wir wohl einen Sandrücken überquert hatten und jetzt vielleicht in der Kanalgegend waren. Buchstäblich nassforsch atmete ich tief ein und tauchte ab. Ich stieß mich eine Minute lang immer weiter in die Tiefe hinab, fand aber keinen Grund. Wieder an der Oberfläche versuchte ich unsere Position anhand einer roten Leuchte an Land einzuschätzen. Demnach sollte ich jetzt bei dem Durchlass vor dem äußeren Riffwall und der Tiefe sein, aber da war ich offenbar nicht. Ich sah mich nach dem Tauchboot um, das einige Hundert Meter außerhalb des Riffs lag, doch weil der Wind ungünstig stand, war es außer Rufweite.

JoJo tastete mit Ortungstönen die Gegend ab, hielt sich aber nahe bei mir und berührte mich sogar gelegentlich mit der Brustflosse, wie es Delfine untereinander tun, wenn sie im

Verband schwimmen oder schlafen. Mir war es immer sehr angenehm, wenn er dicht neben mir schwamm, jetzt aber kam er so nahe, dass ich mich fragte, was es damit wohl auf sich hatte. Nahm er womöglich etwas wahr, das auch ihm bedenklich erschien? Vielleicht etwas, das größer war als wir beide zusammen?

Die fernen Bootslichter boten auch nicht viel Trost. Dann kamen wir offenbar in die Schuttzone und dahinter lagen die parallelen Rinnen und Rücken, die seewärts gleich an den höchsten Punkt des Riffs anschlossen. JoJo blieb neben mir und stieß in langsamer Folge Ortungslaute aus. Dann erhöhte sich die Frequenz, und plötzlich schoss er los und war mir schnell weit voraus.

»JoJo, warum schwimmst du immer wieder weg?«, flüsterte ich, hielt an und lauschte. Ich hörte seine Echolaute in weiter Ferne und dann nichts mehr. Sollte dieser nächtliche Ausflug etwa doch keine so gute Idee gewesen sein?

Ich erinnerte mich, dass das Wasser unter mir jetzt um die zehn Meter tief sein musste, noch ein Stück weiter aber kam der beinahe senkrechte Abbruch, wo es noch dunkler war und endlos in die Tiefe ging. Sollte JoJo jetzt ganz weg sein, war ich außerhalb des schützenden Riffwalls ganz auf mich allein gestellt, und wenn ich zum Boot wollte, musste ich über die große Tiefe.

Eine Weile rührte ich mich nicht und lauschte nur. Dann atmete ich tief durch, machte kehrt und schwamm in Richtung Land zurück, obwohl das die wesentlich längere Strecke war. Sollte ich hier im Flachwasser angefallen werden, dachte ich, würden meine Chancen vielleicht doch besser stehen als für einen lebenden Köder da draußen. Wenn ein Hai kam, müsste ich wohl den Angreifer spielen. Ob es mir aber auch gelingen würde, ihn zu verscheuchen, bevor er zuschnappte?

»Bist du wohl rechtzeitig hier, wenn es so weit kommt,

JoJo?«, überlegte ich laut, als hätte mich der Hai bereits aufs Korn genommen.

Und was, wenn es JoJo vor mir erwischt hatte? Vor dem inneren Auge sah ich bereits meine abgerissenen blutigen Körperteile im Wasser treiben.

Ich schwamm mit hoher Geschwindigkeit. Kampflos würde ich jedenfalls nicht untergehen, nahm ich mir vor.

Dass ich dieses Tempo nicht lange halten konnte, war mir bewusst; vielleicht aber würde ich es wenigstens bis zur flachen Schotterzone schaffen. Da war ich dann immerhin weg von der Tiefe und hatte im drei bis sechs Meter tiefen Wasser bessere Chancen, alles im Blick zu behalten. Vor dem leichten Widerschein des weißen Sandes am Grund würde ich den Umriss eines Hais wahrscheinlich erkennen können.

Im Meer habe ich mich nie wirklich allein gefühlt, und auch Todesangst habe ich darin nie empfunden. Ich habe mich immer um Einklang mit der Natur bemüht und versucht, ganz im Wasser aufzugehen, um Kraft aus ihm zu beziehen. Jetzt aber sagte mir meine Intuition, dass da irgendwo ganz in der Nähe etwas lauerte. Ich musste sehr vorsichtig sein.

Als ich weiter weg etwas hörte, stellte ich mich auf Kampf ein und ballte die Fäuste. Ich hielt den Atem an, war auf das Schlimmste gefasst.

Doch dann hörte ich es pfeifen, und da waren auch wieder JoJos Ortungslaute für die kurze Distanz. Ich war erleichtert, blieb aber noch misstrauisch.

»JoJo, hast du den Hai verjagt oder dir nur etwas zu essen besorgt?«, erkundigte ich mich.

Wie froh ich war, ihn wieder neben mir zu haben! Mit neuem Selbstvertrauen wandte ich mich wieder der dunklen Tiefe zu. Wenn JoJo da war, würde ich es doch sicher bis zum Tauchboot schaffen, oder nicht?

Dessen Lichter schienen mir allerdings sehr weit entfernt zu sein. Vielleicht würde ich mich auf diesem Weg verausgaben und das Boot nicht rechtzeitig erreichen. Wie aber sollte ich dann nach Hause kommen? Außerdem konnte es ja auch sein, dass JoJo wieder verschwand. Ich hatte keine Zeit zu verlieren, war fest entschlossen, es zu schaffen, und diese Entschiedenheit mobilisierte meine letzten Reserven.

Ich glaubte jetzt wieder fest an das Duo JoJo und Dean, und je geringer die Entfernung zum Boot wurde, desto weniger dachte ich an eventuelle Gefahren.

Es war das erste Mal, dass wir uns zusammen über den Riffwall hinaus ins offene Meer wagten, und ich wusste noch nicht, wie JoJo das aufnehmen würde. Aber er blieb ganz nahe bei mir, streifte mich mit der Flosse und wurde auch von meinen schwimmend ausgreifenden Armen immer wieder berührt. Wir waren schließlich nur noch etwa hundert Meter vom Boot entfernt, als plötzlich der Motor ansprang und der Anker aufgeholt wurde.

»He, ihr da drüben!«, rief ich und schaltete mein blinkendes Signallicht ein.

JoJo schoss voraus und begrüßte das langsam auf mich zuhaltende Boot. Ich kletterte an Bord und trocknete mich ab, während Nick uns auf Heimatkurs brachte.

»Gratuliere, Dean«, sagte er über den Lautsprecher. »Wir haben schon Wetten abgeschlossen, ob wir wohl auf dem Heimweg Leichenteile finden würden.« Sicher, für solche Witze braucht man schon das etwas rauere Gemüt eines Nachttauchers. Als wir später im Ruderhaus waren, sagte er sehr viel leiser zu mir: »Dean, ich habe mir wirklich Sorgen gemacht. War alles in Ordnung da draußen? Die Taucher haben heute einen riesigen Hai gesichtet.«

»Nein, alles wunderbar«, sagte ich. »JoJo war ja da.« Ich seufzte tief und mit einem Blick auf unser v-förmiges Kielwasser, in dem der Delfin hinter uns herschwamm.

Gut, getaucht waren wir eigentlich nicht, aber mitten in der Nacht mit JoJo bis über das Barriereriff hinauszuschwimmen, das sollte mir erst einmal jemand nachmachen.

»JoJo«, sagte ich, »bist du heute mein Beschützer gewesen oder hast du angenommen, dass ich auf dich aufpasse?«

Genau weiß ich es natürlich nicht, aber ich glaube, dass meine Gegenwart als Anführer ihm beim Überqueren des Riffs Sicherheit gegeben hatte, und ich meinerseits hatte Kraft aus ihm bezogen. Irgendwie waren wir wohl beide Führer und Beschützer zugleich.

Nachdem JoJo jetzt das erste Mal mit einem Begleiter außerhalb des schützenden Riffs war, würde er sich vielleicht künftig öfter auch allein von all dem menschlichen Treiben entfernen. Oder würde er seinem – und sicher auch meinem – instinktiven Drang nach Gemeinschaft folgen und den Kontakt zu uns wieder suchen?

Da er so gesellig veranlagt war und mich zu seiner »Schule« erklärt hatte, war es nur eine Frage der Zeit, bis er zu unseren Tauchlehrgängen erschien, die immer einige Stunden vor unserer täglichen Schwimmrunde begannen. Er stellte sich dann so pünktlich ein, als hätte er den Kursplan gelesen. Auf den Plänen für die einzelnen Tauchlehrer hatte ich eigens vermerken lassen, dass man JoJo auf keinen Fall anfassen dürfe, und bei den Vorbesprechungen wurde diese Anweisung stets auch an die Kursteilnehmer weitergegeben. Alle Lehrer waren gehalten, besonders darauf hinzuweisen, dass JoJo ein wilder Delfin war, dessen Grenzen respektiert werden mussten.

Einmal war ich gerade dabei, meiner Tauchgruppe unter Wasser zu erklären, wie man die Maske freibekommt, als plötzlich einer der Schüler die Augen weit aufriss. Es sah aus, als hätte er eine Herzattacke. Er kniete wie erstarrt vor mir im Sand und blickte an mir vorbei. Zwei andere Kursteilnehmer deuteten auf meine rechte Schulter. Ich lächelte. Ich wusste, es konnte nur ein anderer Lehrer sein, der mir heimlich den Hahn abdrehte, oder …

Ich drehte mich um und sah JoJo, der mir seelenruhig über die Schulter blickte und die Unterweisungen interessiert verfolgte.

Ich signalisierte meinen Schülern, sie sollten bleiben, wo sie waren, aber bloß den Delfin nicht anfassen. Ich lächelte ihnen begütigend zu, um zu signalisieren, dass JoJo harmlos war. Da er offenbar gerade einmal keinen Unfug im Sinn hatte, konnte der Unterricht unter seinen prüfenden Blicken fortgesetzt werden.

»JoJo«, sagte ich und hielt ihm mein Mundstück hin, »möchtest du vielleicht auch tauchen lernen?«

Als die Einführungsstunde für die erste Gruppe abgeschlossen war, folgte uns JoJo zum Strand und eskortierte danach die nächste Gruppe ins Übungsgebiet. Wieder hielt er sich ganz ruhig hinter mir, um alles zu verfolgen, und tauchte zwischendurch immer nur kurz zum Luftholen auf. Sicher, er lenkte die Aufmerksamkeit ein wenig vom Unterrichtsgegenstand ab, dem Erlernen der Unterwasser-Signalsprache, ansonsten aber stellte er keinerlei Problem dar. Leider wurde seine Friedfertigkeit allerdings nicht zu einer Regel, auf die jederzeit Verlass blieb.

Der erste Schwimmer, der die Anweisungen des Tauchmeisters nicht befolgte, sondern sich dem Kurs von oben näherte und JoJo tätscheln wollte, erlebte einen Delfin, der blitzschnell auswich und dann ebenso schnell zubiss, wenn auch maßvoll. Der junge Mann war dann wieselflink wieder aus dem Wasser und rannte mit seinen Schrammen am Arm zur Erste-Hilfe-Station. Hätte er doch nur gehorcht. Aber manche Leute sind eben einfach nicht in der Lage, Tieren mit Respekt zu begegnen.

Als mich die Betreuerin der Station später zu dem Vorfall befragte, verteidigte ich JoJo natürlich.

»Er hat nur zugebissen, weil der Schüler ihn nicht in Ruhe lassen wollte«, sagte ich. »Von sich aus ist er in keiner Weise aggressiv.«

Sie setzte zu Einwänden an, aber ich war noch nicht fertig. »Ich beobachte JoJo schon so lange, vom Strand aus, bei den Tauchkursen und während unserer Schwimmausflüge, und habe noch nie erlebt, dass er zubeißt, solange die Leute nicht die Hand ausstrecken, um ihn anzufassen. Das bestätigt sich bei jedem Zwischenfall dieser Art und bei allen angeblichen Opfern.« Ich wartete kurz ab, bis sie das aufgenommen hatte, und fügte dann hinzu: »Auch die anderen Tauchlehrer werden das bestätigen. Wir sind uns alle sicher, dass niemandem etwas passiert, solange JoJos persönliche Sphäre nicht verletzt wird.«

»Gut, gut«, sagte sie und bremste mich mit erhobener Hand. »Dann müsst ihr eben dafür sorgen, dass die Touristen ihn nicht anfassen.«

Wenn das doch bloß so einfach wäre!

Manche Leute kamen auf die Turks- und Caicosinseln, um sich zu entspannen und zu bräunen. Andere wollten die herrlich naturbelassenen Riffe und ihr buntes Leben erkunden. Wir hatten auch Wissenschaftler, die das Ökosystem unserer tropischen Heimat im Atlantik erforschten. Dann gab es aber noch einen Menschenschlag, und diese Leute hatten offenbar nichts anderes im Sinn, als vor Publikum mit ihren Muskeln zu protzen. Und gerade diese Typen vergaßen leider allzu oft ihr Gehirn zu Hause, wenn sie nach Providenciales flogen.

Fünf angetrunkene Bodybuilder aus Brooklyn verfielen einmal am Heck eines Tauchboots auf eine ausgesprochene Schnapsidee, als sie JoJo sahen, der sich im Kielwasser tummelte – und damit nahm das Schicksal seinen Lauf. Es war die

Zeit, in der es im Fernsehen vielen Sendungen über Kämpfe zwischen testosteronbeduselten Männern und wild lebenden Tieren gab. Diese fünf Jüngelchen aus Brooklyn hatten wohl einige davon gesehen. Ich kann mir ungefähr vorstellen, wie es sich abgespielt hatte: »Au ja, wir treiben den Delfin ins flache Wasser, dann packen wir ihn und schleppen ihn an den Strand. Das wird eine Story, wir fünf im Ringkampf mit dem Delfin, davon können wir noch unseren Enkelkindern erzählen.«

Idioten.

Sicher hatten sie schon Delfinarien von innen gesehen und dachten sich, dass man die Leute mit so etwas noch einmal richtig beeindrucken konnte. Nicht zu fassen. Ob sie beim Pläneschmieden auch nur einen einzigen Gedanken an die Empfindungen dieses intelligenten Lebewesens verschwendeten? Dachten sie an die Möglichkeit, dass JoJo verletzt werden oder sogar umkommen konnte? Oder hatte im Suff nur noch die Macho-Show Platz in ihren Köpfen?

Unseligerweise wusste niemand außerhalb dieser Clique von dem Plan. Kapitän Nick liebte JoJo wie das türkisblaue Wasser um die Inseln, nach denen er sein Boot benannt hatte, die Turquoise. Hätte er Wind von diesem dämlichen Vorhaben bekommen, wäre sicher keiner von diesen Brooklyn Boys auch nur an Bord gekommen. Aber auf seinem Boot saßen immer Leute am Heck und beobachteten JoJo, was hätte er also Verdächtiges an den jungen Männern finden sollen, die da hockten und tuschelten?

Ich war in Grace Bay und gerade damit beschäftigt, meine Tauchgerätschaften für den nächsten Kurs zusammenzupacken, als ich die Turquoise in langsamer Fahrt auf den Strand zuhalten sah. Ich musste lächeln. JoJo sprang wieder einmal zu den aufgeregten Rufen an Bord über das Kielwasser. Zu schön, wie er die Gesichter zum Strahlen brachte. Die

Kinder zeigten auf ihn, Pärchen standen mit offenem Mund da, Geschäftsleute aus der Großstadt schüttelten ungläubig den Kopf.

Eben wollte Nick die Maschinen auf rückwärts schalten, um ganz sanft anzulegen, als zwei der Machos aus Brooklyn über Bord sprangen und direkt auf JoJos Rücken landeten. Ihr Gewicht drückte ihn unter Wasser. In dieser Situation, zwei Männer und JoJo direkt hinter dem Boot, war es Nick unmöglich, den Rückwärtsgang einzulegen – und alle an Bord wurden sehr unsanft nach vorn geschleudert, als das Boot urplötzlich auf den Strand auflief.

Ja, waren denn diese Typen noch zu retten? Was ging bloß in ihren Köpfen vor?

»He!«, schrie ich. »Lasst ihn in Ruhe!« Ich sprang auf und pfiff mehrmals.

Sie hörten mich nicht oder wollten nicht hören. Es schnürte mir den Hals zu, als jetzt auch noch die übrigen drei Muskelmänner ins Wasser sprangen und ebenfalls auf JoJo landeten.

Das Wasser schäumte so, dass ich nicht sehen konnte, was mit meinem Freund geschah. Ich ging ein paar Schritte näher, legte die Hände um den Mund und rief: »Aufhören! Ihr tut ihm weh!«

Der Kampf tobte weiter. Ich nahm in all dem Gestrudel nur die dunklen Haarschöpfe wahr und musste mit ansehen, wie diese fünf Menschenaffen mit dem Delfin kämpften.

Als sie schließlich auftauchten, hatte einer dieser Rambos JoJo im »Schwitzkasten«, ein Arm unter seiner Kehle, der andere über das Atemloch gelegt, sodass er keine Luft bekam. Drei weitere hielten JoJos Körper und die Schwanzflosse umklammert, während der fünfte am Kopfende half. Selbst bei nicht zugehaltenem Blasloch hätte JoJo keine Chance mehr gehabt zu atmen.

Was hatten sie nur mit ihm vor?

Meine Rufe vermischten sich mit dem Geschrei von allen Seiten und vom Boot her, wo die Passagiere aufgeregt bemüht waren, diese Idioten von ihrem Vorhaben abzubringen. Aber sie beachteten uns einfach nicht. Mir war klar, dass JoJo in dieser Lage akuten Luftmangel leiden musste. Er wand sich mit aller Kraft, wurde aber von viel zu vielen Armen und Händen festgehalten.

Jetzt fingen sie an, ihn in Richtung Strand zu schleppen. Es waren wirklich lauter Riesenkerle, und im flacheren Wasser hatten sie natürlich besseren Stand. JoJo konnte seine Schwanzflosse nicht einsetzen, und das Gesamtgewicht der Männer überstieg das seine um ein Vielfaches. Hatte mein Freund überhaupt noch eine Chance? Und warum wollten diese Suffköpfe einfach nicht hören?

* * *

Ich selbst habe in meiner Kindheit einmal erfahren, wie es ist, in die Zange genommen zu werden und nicht mehr atmen zu können. Ich war zwölf, wog gerade mal vierzig Kilo, und auf der Oberschule gab es einen riesigen Kerl, der sich gern an uns Kleinere heranmachte, um uns zu piesacken. Eines Vormittags war unseligerweise ich es, der ihm über den Weg lief, als er auf der Suche nach Opfern war. Ich wollte zum Unterricht, und da ragte plötzlich dieser Blondschopf vor mir auf.

Ohne Vorwarnung packte er mich, legte mir einen Arm um den Hals und warf mich über seine Schulter, sodass ich mit den Füßen in der Luft baumelte. Ich bekam überhaupt keine Luft mehr, und nach kurzer Zeit schwanden mir die Sinne. Kurz bevor ich ohnmächtig wurde, nahm ich noch einmal alle Kräfte zusammen, riss mich los und fiel auf den Boden. Eben wollte ich mich wieder aufrappeln, als ich einen Lehrer kommen sah.

Und da hatte ich eine Idee.

Ich ließ mich zurückfallen und griff mir unter verzweifeltem, pfeifendem Keuchen an die Kehle, als sei ich dem Tode nahe. Ich erinnerte mich an die schönsten Sterbeszenen im Kino und bot mein gesamtes schauspielerisches Können auf.

Dieser Rüpel sollte mir seine Gemeinheit büßen! Ich hielt mir weiter den Hals und keuchte wie ein Asthmatiker. Bei Freunden hatte ich mitbekommen, wie ein Asthmaanfall aussieht, es war kinderleicht.

Und ich zog die Sache mit aller Konsequenz durch. Als sich der Lehrer über mich beugte, hielt ich den Atem an, umklammerte meine Kehle und tat so, als würde ich ihm unter den Händen wegsterben. Ich machte mich völlig schlapp, reagierte nicht mehr und versuchte nur, den Atem so lange wie möglich anzuhalten.

»Mist, o Mann, woher hätte ich denn wissen sollen, dass der Krümel Asthma hat«, stammelte der Raufbold entsetzt.

Der Lehrer versuchte allerlei Erste-Hilfe-Maßnahmen, aber ich tat weiter so, als bekäme ich keine Luft.

Minuten später war der Krankenwagen da, und die Sanitäter trugen mich weg. Ich zog meine Nummer durch, bis ich im Wagen auf die Liege geschnallt wurde und die Türen zu waren. Dann konnte ich natürlich weiteratmen, und im Krankenhaus wurde ich nach ein paar Untersuchungen gleich wieder entlassen.

Für meinen Peiniger ergaben sich daraus ganz schöne Kosten, denn auch für die Folgeuntersuchungen musste er (beziehungsweise sein Vater) aufkommen. Außerdem flog er von der Schule. Und ich hoffte, mein Ziel erreicht zu haben: dass er so etwas nie wieder irgendjemandem antun würde.

* * *

JoJo wand sich und zappelte und die Leute am Strand brüllten wütend auf die betrunkenen Grobiane ein. Auch Käpt'n Nick schrie, musste sich aber zugleich um die verwundeten Passagiere kümmern. Bei dem Ruck, mit dem die Turquoise aufgelaufen war, hatten sich einige tatsächlich erheblich verletzt.

Jetzt war auch noch Blut im Wasser zu sehen. Von wem es wohl stammte? Hatte sich vielleicht einer der Brooklyn Boys beim Sprung irgendwo angeschlagen?

Doch erst im weiteren Verlauf des Ringkampfs sollte sich zeigen, um wessen Blut es sich wirklich handelte.

Alles krampfte sich in mir zusammen, als ich sah, dass es JoJo war. Er hatte vier tiefe Risse am Kopf, jeder etwa dreißig Zentimeter lang. Aus den Wunden quoll das Blut, aber er kämpfte immer noch wie wild und bekam keine Luft.

»JoJo!«, schrie ich. Augenblicklich hielt er still.

Dann versuchte er sich mit einem gewaltigen Ruck aufzurichten, um Atem zu holen, aber es gelang ihm immer noch nicht, die Trunkenbolde abzuschütteln.

»JoJo!«, rief ich ein zweites Mal und rannte auf das Ende des Anlegers zu.

Ein drittes Mal schrie ich: »JoJo!«, dann hatte ich das Ende erreicht und war drauf und dran, ins Wasser zu springen und mich auf die Angreifer zu stürzen.

Doch was dann folgte, ließ mich verharren. JoJo, der mich zweifellos gehört hatte, schnellte urplötzlich mit solcher Gewalt nach vorn, dass der Mann, der seinen Kopf umklammerte, abrutschte. Es klang wie eine kleine Explosion, als JoJo endlich aus- und wieder einatmen konnte. Er hatte sich jetzt ein wenig Bewegungsfreiheit verschafft und schlug wie besessen um sich, um auch die anderen Männer abzuschütteln.

Ein ernsthaft verletztes und bedrängtes Tier kann richtig gefährlich werden. Und wie sich herausstellte, sollte es für die

Rüpel aus Brooklyn kein guter Tag werden. Denn JoJo war dabei, ihnen Delfinmanieren beibringen.

Noch einmal krümmte er sich und schnellte los, dann konnten die Hände auch seinen Schwanz nicht mehr halten.

»Oje«, sagte ich leise.

Dann schrie ich: »Raus aus dem Wasser, schnell!«

Aber es war zu spät.

Zuerst rammte JoJo die beiden, die ihn am Kopf festgehalten hatten. Die krümmten sich noch vor Schmerz, als sich der Delfin den drei anderen zuwandte. Zwei biss er und den dritten schubste er ins tiefere Wasser, wo er ihm mit der Schwanzflosse eine Salve von Ohrfeigen versetzte, dass er nur so nach Luft japste. Dann ging er wieder auf die ersten beiden los und rammte sie erneut, diesmal von der Seite statt von vorn.

Ich lief unterdessen zum Boot, um Nick mit den verletzten Passagieren zu helfen. Da war vor allem ein Mädchen mit einer tiefen Wunde am Arm. Während ich sie verband, blickte ich immer wieder zum Kampfgetümmel hin.

Einen der beiden Gerammten schubste JoJo zu dem anderen ins tiefere Wasser, wo er ihn tunkte und beim Auftauchen abklatschte, immer, immer wieder. Die anderen drei retteten sich derweil an den Strand und sahen der Strafexpedition hilflos zu.

Mitleid hatte ich keines, aber natürlich hoffte ich, dass JoJo niemanden ernsthaft verletzen würde. Zwei der Muskelprotze sprangen dann doch wieder ins Wasser, um ihren Kumpanen beizustehen, wurden aber mit solcher Geschwindigkeit gerammt, dass sie ganz schnell wieder am Strand landeten.

Die Brutalos aus Brooklyn hatten wirklich eine Abreibung verdient, trotzdem musste ich jetzt wohl eingreifen, sonst würde womöglich noch jemand ertrinken. Und dann wäre natürlich JoJo schuld. Die beiden Kerle, die er noch im Wasser bearbeitete, mochten stark und gesund sein, aber jetzt waren sie in Panik und wirklich in Gefahr.

Ich musste JoJo von ihnen loseisen. Der Arzt an Bord übernahm die weitere Versorgung des Mädchens und winkte mich weg: »Geh, hilf JoJo, wir haben das hier im Griff.«

Ich pfiff und sprang ins Wasser. JoJo ließ augenblicklich von den Männern ab, kam zu mir und umrundete mich zweimal mit großer Schnelligkeit. Er buckelte, schwenkte den Kopf, schnatterte aufgeregt. Fauchend entfuhr ihm der Atem, er ließ den Schwanz aufs Wasser knallen, dann schwamm er neben mich.

Er blutete aus vier langen und tiefen Einschnitten, die wohl die Bootsschraube verursacht hatte, als ihn die Kerle unter Wasser drückten. Armer JoJo!

Am liebsten hätte ich selbst einen Delfinschwanz gehabt, mit dem ich diese angetrunkenen Volltrottel grün und blau geschlagen hätte. So aber schwamm ich einfach vom Anleger weg und JoJo folgte mir. Die beiden Abgewatschten im Wasser waren fix und fertig und paddelten mit letzter Kraft an Land.

JoJo sollte auf keinen Fall das Gefühl bekommen, dass er etwas falsch gemacht hatte. Daher schwamm ich einfach weiter, als wäre nichts geschehen. Ich wollte ihn nur weg haben von diesem Hexenkessel, damit er sich beruhigen konnte. Allerdings machten mir seine Verletzungen erhebliche Sorgen. Er blieb bis zur Landzunge dicht neben mir, dann schwammen wir noch zu unserem Korallenspielplatz und beobachteten unsere kleinen Meeresfreunde in ihren Verstecken. Die Dinge, die er immer besonders gern tat, waren heute eine schöne Ablenkung.

JoJo war sehr darauf bedacht, mit seiner verletzten Körperseite bloß nirgendwo anzustoßen. Konnte ich irgendetwas für ihn tun? Aber er war ja kein zahmer Delfin und würde den Kontakt womöglich verweigern, auch wenn ich ihm doch nur helfen wollte.

»JoJo«, sagte ich deshalb zu ihm, »es tut vielleicht ein bisschen weh und ich fasse dich auch ganz bestimmt nicht an,

aber ich werde jetzt etwas versuchen, was dir vielleicht hilft.«
Ich wedelte mit den Händen über seinen Wunden, um wenigstens den Sand herauszufächeln. »So, und nun such dir ein sicheres Plätzchen, wo deine Wunden heilen können. Ich sehe bald wieder nach dir, okay?«

Er schien mich zu verstehen und machte sich in Richtung der Mangrovensümpfe davon.

Und ich musste allein nach Hause schwimmen und ihn seinem Schicksal überlassen. Hoffentlich würde er bald wieder ganz gesund sein.

So unglaublich es klingen mag, aber schon am Abend machten Gerüchte die Runde, ein Delfin habe ein Gruppe unschuldiger Touristen angefallen und sogar die Lebensretter verletzt, die die Leute in Sicherheit bringen wollten. Ich konnte es kaum fassen. Wenn sich diese Angeber nicht über JoJo hergemacht hätten, wäre überhaupt nichts passiert.

Aber es waren viele, die in JoJo das Problem sahen und den Gedanken, dass er sich nur gewehrt hatte, partout nicht zulassen wollten.

Ich rief meine Eltern und Freunde an und bat sie, für JoJo zu beten. Durch ein Netzwerk von Menschen, die sich mit ganzheitlichem und spirituellem Heilen befassen, verbreitete sich die Nachricht auf der ganzen Welt.

Im Laufe der nächsten Wochen beobachtete ich JoJo und musste entsetzt feststellen, dass ihn die Leute trotz seiner offensichtlichen Verletzungen einfach nicht in Ruhe ließen. Doch seine Heilung machte Fortschritte, und ich verstand besser als je zuvor, wie wichtig sein Recht auf Grenzen und auf die Verteidigung dieser Grenzen war. Auch meine Bewunderung für ihn wuchs – diese Kraft, Wendigkeit und Klugheit, mit der er sich trotz seiner erheblichen Verletzungen zu verteidigen wusste!

Meistens stehen Delfine über all den lärmenden Zudringlichkeiten, gottlob. Aber sie können sich durchaus wehren und tun es auch. Normalerweise geschieht das sofort und mit dem nötigen Nachdruck. Ich habe schon erlebt, dass sich Delfine gegen menschliche Übergriffe verbünden. Aber auch ein einzelnes Exemplar kann angesichts einer Übermacht äußerst aggressiv werden, um sich zu verteidigen.

JoJo hatte das vorgeführt.

Er rief mir wieder einmal in Erinnerung, dass in einer Welt, in der wir Hand in Hand arbeiten und uns aufeinander verlassen müssen, kein Platz für dumpfe Schlägertypen ist. Physische Gewalt kann für Tiere notwendig werden, wie es JoJo gezeigt hatte, der außerdem seinen Verstand einsetzte, um seine Verteidigung so wirksam wie möglich zu machen.

Wir Menschen verfügen darüber hinaus noch über Sprache und Vernunft, die uns weitere Kommunikationsmöglichkeiten erschließen.

Und über Mitgefühl.

Dies alles gilt es klug zu nutzen, damit wir voneinander lernen können, ohne dass auch nur ein einziges Mal die Faust geballt werden muss.

ZEICHENSPRACHE

Zeit ist relativ – wenn ich das nicht schon gewusst hätte, von JoJo hätte ich es gelernt. Delfinzeit schert sich nicht um das Treiben der Menschen und schon gar nicht um ihre Terminkalender. JoJo mag meinen Zeitplan gekannt haben, wäre aber nie auf die Idee gekommen, sich an ihn zu halten. Das brachte ein paar, nun, sagen wir, Schwierigkeiten mit sich. Immer öfter war es so, dass er ungeduldig wurde, wenn wir im Anschluss an den Tauchunterricht nicht sofort zu unserer gemeinsamen Schwimmrunde aufbrachen. Offenbar begriff er nicht, dass er umso länger warten musste, je früher er sich einstellte.

Einmal fühlte er sich beim Tauchunterricht wohl nicht ausreichend beachtet, jedenfalls begann er an meinen Flossen zu knabbern, während ich mit den Tauchschülern auf dem Meeresboden kniete, um ihnen irgendetwas vorzuführen. Für JoJo war das alles sicher nur ein Spiel, aber er beschränkte sich nicht aufs Knabbern, sondern begann, an mir zu zupfen. Er nahm eine meiner Schwimmflossen zwischen die Zähne und zog daran – wie sollte ich da unterrichten? Zusätzlich kam er auf die Idee, eines meiner Knie mit der Brustflosse unter mir wegzuschieben, sodass ich nach vorn fiel, bis er dann meine Flosse endlich wieder losließ. Für die Tauchschüler war das bestimmt recht unterhaltsam, auf diese Weise aber brauchte ich viel mehr Zeit für den Unterricht und konnte nicht so viele Schüler ausbilden wie die anderen Tauchlehrer.

»He, Dean, könntest du deinen Delfin nicht vielleicht wegschicken, bis der Unterricht vorbei ist?«, wurde ich von Daniel, François und den übrigen Kollegen immer wieder gefragt, wenn JoJo so lästig wurde, dass kein vernünftiger Unterricht möglich war.

»Das ist nicht mein Delfin«, gab ich dann zurück. »JoJo ist sein eigener Herr.« Für mich hatten solche Anfragen etwas von den Bemühungen mancher Eltern, die Zuständigkeit für ein Problemkind auf den jeweils anderen zu schieben.

Vielleicht, dachte ich, würden sie ja irgendwann einsehen, dass ich mit JoJo nur deshalb so gut zurechtkam, weil ich seine Eigenständigkeit respektierte. Ich hätte ihn mit dem Drohfinger, »Nein, nein!«, wegschicken können, unterließ es aber lieber, denn was hätte ich noch tun können, sollte er nicht darauf eingehen? Das Wasser konnte ich ja schlecht verlassen, wenn ich mit Anfängern unterwegs war, die ständige Beaufsichtigung brauchten.

In seinem Beharren auf Zuwendung ging JoJo so weit, dass er sich meinen Atemschlauch griff und daran zog. Natürlich stellte sich heraus, dass ich umso eher folgte, je stärker er zog. Ob er die Notwendigkeit meiner Atemausrüstung erkannte oder sie einfach als Spielzeug sah, weiß ich allerdings nicht. Wenn er zu sehr zerrte und ich mich dagegen stemmte, schnappte mir schließlich das Mundstück aus dem Mund. Dann blies ich feine Blasen, wie es für solche Fälle unter Wasser vorgeschrieben ist, und JoJo schien daraufhin zu spüren, dass er den Schlauch loslassen musste. Ich setzte das Mundstück wieder ein, atmete und setzte den Unterricht fort.

Meine Schüler hatten nichts gegen diese Einlagen. Grinsend genossen sie die Darbietungen. JoJo machte mich sogar zum beliebtesten Lehrer; viele Anfänger wünschten sich ausdrücklich, von mir unterrichtet zu werden. Das änderte sich allerdings, als JoJo herausfand, dass er mit seinem Flossenzupfen auch bei den Schülern einiges bewegen konnte. Sie fielen regelmäßig nach vorn, wenn er ihnen die Füße wegzog. Zum Glück ging er nicht so weit, dass er an ihren Atemschläuchen zerrte, bis sie das Mundstück verloren, trotzdem störte sein Unfug den Unterricht ganz erheblich.

»Der ganze Lebenszweck des Delfins besteht darin, das geordnete Tun des Menschen durcheinanderzubringen«, schreibt der weltweit renommierte Delfinkenner Horace Dobbs.

Das kann man wohl sagen.

»Was für ein wilder Typ du doch bist, JoJo«, sagte ich, wenn er wieder einmal einen meiner Kurse aufgemischt hatte. »Und dabei auch noch so kreativ! Man weiß nie, was dir als Nächstes einfällt. Du hast deinen eigenen Kopf, du machst einfach alles, was dir gerade einfällt, egal, was daraus wird, stimmt's?«

So begrüßenswert ich JoJos Besuche im *Anschluss* an den Unterricht auch fand, mir war durchaus bewusst, dass ich bei meinen Erziehungsversuchen aufpassen musste, wenn ich seine unerwünschten Verhaltensweisen nicht sogar noch verstärken wollte. Aber manchmal wusste ich wirklich nicht, was ich dagegen unternehmen sollte. Ich konnte ihm Handzeichen geben, aber wenn es gerade einer jener Tage war, an denen ihn der Umgang mit mir nicht sonderlich interessierte, ignorierte er sie einfach. An solchen Tagen brauchte ich auch gar nicht erst zu versuchen, ihm meine Gesellschaft zu entziehen, da sich diese Maßnahme als völlig wirkungslos erweisen würde. Mit der Zeit aber verstand ich seine »Gedankengänge« besser und stieß auf ein paar Dinge, mit denen ich ihn einigermaßen verlässlich ablenken konnte – doch auch das funktionierte nur, wenn er in der entsprechenden Stimmung war.

»JoJo, wegen dir werde ich noch meinen Job verlieren«, beklagte ich mich, wenn er den Unterricht wieder einmal empfindlich gestört hatte. »Kannst du mich nicht *einmal* in Frieden unterrichten lassen?«

Immer wenn ich an die Grenzen meiner Geduld stieß, erinnerte ich mich an die gelassene Ruhe, mit der meine Mutter das Gezänk zwischen meinen vier Geschwistern und mir immer geschlichtet hatte. Ich hatte zwar immer den Eindruck, zum Sündenbock für jede zerbrochene Vase, jedes verschüttetes Glas Limonade und jeden Streit gemacht zu werden; trotzdem, wenn ich den Finger sah, mit dem mir Mama bedeutete, einen Gang runterzuschalten, wurde ich gleich viel ruhiger. Sobald ich dann über den mit weißem Teppich ausgelegten Flur zu meinem Zimmer ging, war der Streit bereits verblasst. Und völlig vergessen, wenn ich die Tür hinter mir geschlossen hatte. Dann war ich glücklich allein und konnte auch wieder klar denken.

Der weiße Sand von Grace Bay hatte eine ganz ähnliche Wirkung auf mich und vergrößerte auch mein Verständnis für JoJo. Er mochte noch so viel dummes Zeug anstellen, es würde mir nicht im Traum einfallen, ihn von dort wegzuschicken, wo er zu Hause war. Aber ich konnte versuchen, ihn vom Tauchtraining wegzulocken, ich konnte ihm etwas noch Interessanteres anbieten, was ihn für eine Weile von mir und den Schülern ablenken würde – vorausgesetzt, er war dazu aufgelegt. Zwei Dinge waren dabei von recht überzeugender Wirkung: schöne gemeinsame Schwimmausflüge oder irgendein interessanter Gegenstand, der seine Neugier weckte.

Eine Version, die viel Spaß machte, bestand darin, mit JoJo auf die andere Seite des Anlegers zu schwimmen, wo die Segler waren. Die Leute genossen es sichtlich, ihn beim Spiel mit den Segelbooten und Windsurfern zu beobachten. Die frohen Gesichter all derer, die uns beim Planschen und Tauchen zusahen, machten mir immer großen Spaß. Diese Möglichkeit wählte ich am liebsten, da ich am Nachmittag oft frei hatte und mich JoJo widmen konnte. In dieser Zeit konnte ich auch neue Spiele für ihn erfinden, und wir tummelten uns stundenlang in den tropischen Gewässern.

Wenn ich selbst nicht weg konnte, gab es noch die Möglichkeit, JoJo auf die Suche nach Haien zu schicken. Das hatte draußen am Riff, wo gelegentlich welche gesichtet wurden, auch durchaus seinen Sinn, hier im Seichten aber war die Chance, dass er Haie finden würde, sehr gering – hoffte ich jedenfalls. Wenn ich also während des Unterrichts den Arm hob, kam es durchaus vor, dass sich JoJo eine Weile nach Haien umsah, bevor er dann mit irgendeinem anderen Spielzeug zurückkehrte. Einer Schildkröte etwa oder einer rosaroten Unterhose.

Einmal wusste ich mir wieder einmal keinen anderen Rat, als JoJo auf Haifischsuche zu schicken, worauf er auch sofort einging – die Schüler, die anderen Lehrer und mich ließ er in seligem Frieden zurück.

Reingefallen!, dachte ich voller Genugtuung.

Was für ein entspannter Nachmittag. Tauchunterricht zu erteilen war viel einfacher, wenn man nicht auch noch einen Sack Flöhe hüten musste!

Natürlich war es viel zu schön, um wahr zu sein. Ich hatte ihn mit einem wirklich schwachen Blatt geblufft und nicht damit gerechnet, dass er einen Royal Flush auf der Flosse hatte.

Der Unterricht war fast abgeschlossen, als ich ihn von Weitem kommen hörte. Ich sah ihn noch nicht, aber an seinen Lauten erkannte ich, dass er irgendetwas bei sich hatte. Vielleicht versuchte er einen Stein in unsere Richtung zu rollen oder kam mit einer Schildkröte an. Den Tauchschülern gab ich ein Zeichen, sich hinzuhocken und abzuwarten. Ich deutete auf meine Ohren; sie sollten auf die Delfinlaute achten.

Wir saßen also still da, bis JoJo in Sicht kam. Er war es wirklich, aber er hatte keine Schildkröte und auch keine Unterhose aufgetrieben. Vielmehr apportierte er genau das, was ich ihm aufgetragen hatte: einen an die zweieinhalb Meter langen Ammenhai. Er hielt direkt auf mich und meine sechs Schüler zu, die gerade einmal ihre zweite Stunde absolvierten. Unter der Leitung unseres Schutzdelfins gesellte sich nun also ein Hai zu uns.

Meine Güte! Ich hielt schnell noch meine Hände vor mich, damit der Hai mich nicht frontal rammte, dachte aber nicht daran, dass es ausgerechnet das Signal zum Abliefern von Fangergebnissen war. JoJo legte also noch zu, während zwei meiner Schüler alles Gelernte vergaßen, nämlich unbedingt zusammenzubleiben, und schleunigst auftauchten.

»Ein Hai! Ein Hai! Hilfe!«, schrien sie und machten sich hastig in Richtung Strand davon. Ich konnte ihnen nur alles Gute wünschen, hatte aber jetzt anderes zu tun, denn JoJo versuchte gerade, den Hai genau in unseren Unterwasserkreis zu treiben. Mit einem Sprung war ich bei meinen Schülern und signalisierte ihnen mit den Händen, Ruhe zu bewahren – und auch jetzt fiel mir erst viel zu spät ein, dass ich erneut die Bring-mir-den-Hai-Geste gemacht hatte.

O nein!

JoJo gluckste bestätigend und schubste den Hai doch wahrhaftig genau zwischen uns. Dann umrundete er die Gruppe wie ein Brummkreisel, damit der Fisch, der panische Angst vor JoJo zu haben schien und verzweifelt nach einem Schlupfloch suchte, nicht fliehen konnte. Wir rückten auseinander, um ein wenig Abstand zu gewinnen, während JoJos wildes Kreiseln einen Wirbel erzeugte, der die Sichtweite nahezu auf null sinken ließ.

Der Delfin war absolut begeistert, er pfiff und schnalzte ununterbrochen. Der Hai musste immer noch irgendwo zwischen uns sein – nur dass ich nicht wusste, wo genau. Außerdem musste ich auch noch Ruhe bewahren, schließlich trug ich ja hier die Verantwortung.

Irgendwann gingen meinen Schülern dann doch die Nerven durch und sie stoben auseinander, um aufzutauchen. Es war ein heilloses Durcheinander von zuckenden Flossen, beschlagenen Masken und brodelnden Luftblasen – den Kampf gegen das Chaos hatte ich verloren. Ich tauchte ebenfalls auf und fand mein versprengtes, zitterndes und japsendes Häuflein unversehrt, aber völlig verstört an der Wasseroberfläche.

»Dean, bitte, hol mich hier raus«, flehte mich eine Siebzehnjährige aus Texas durch klappernde Zähne an.

»Klar, Mädel, kein Ding«, sagte ich mit souveräner Ruhe, um die Panik aufzulösen. »Schwimmt mir einfach nach, es kann euch nichts passieren, keine Angst.« Unter uns tobten JoJo und der Hai unter Quietschlauten und allerlei anderen Geräuschen in Wirbeln und Sandwolken weiter. Es machte JoJo offenbar großen Spaß, diesen Hai herumzuhetzen.

Jetzt, da keine Menschen mehr störten, konnte er sich ihm mit voller Aufmerksamkeit widmen. Er trieb ihn zu der Leiter am Ende des Anlegers und schaufelte ihm Sand in die Kiemen, bis er ganz fügsam wurde. Dann geleitete er den nunmehr lammfrommen Hai in das Unterrichtsgebiet zurück und machte sich daran, sämtliche noch verbliebenen Taucher und Schwimmer an den Strand zu scheuchen. Wahrscheinlich wollte er den Leuten seinen Hai vorstellen.

»JoJo, JoJo, was soll das?«, seufzte ich vor mich hin und schüttelte den Kopf.

Vielleicht fand er es lustig, solch einen Aufruhr zu verursachen. Er jedenfalls amüsierte sich dabei, denn immer wenn der Hai wieder zu Kräften kam, trieb er ihn an den Anleger zurück und schaufelte ihm erneut Sand in die Kiemen, bis er sich ergab. Ich blieb noch Stunden im Wasser und sah JoJo zu, wie er immer wieder die gleiche Prozedur vollzog: Er führte seinen Hai vor und zeigte sich begeistert, wenn die Zuschauer an den Strand flohen. Der Hai war sichtlich am Ende seiner

Kräfte, und JoJo hätte ihn bestimmt töten können, wenn er es gewollt hätte. Aber er tat es nicht. Schließlich erbarmte ich mich des armen Kerls und lockte seinen Peiniger von ihm weg, sodass er, wenn auch langsam, das Weite suchen konnte.

Hätte JoJo auf solche Husarenstücke verzichtet, wären sicher alle mit seinen neugierigen und verspielten Besuchen beim Tauchunterricht einverstanden gewesen. Aber er war nun einmal etwas extremer gestrickt. Zeigte er sich heute umgänglich, ja zuvorkommend, konnte man damit rechnen, dass er morgen den größten Unsinn anstellen würde.

* * *

Einmal begegnete mir beim Joggen am Strand eine Frau mit einem Jungen an der Hand, die mir ins Auge fiel. Ihr langes blondes Haar wehte im Wind und umrahmte ein ebenmäßiges Gesicht. Sie ging so behutsam mit dem Jungen um und ihr Lächeln war so schön, dass ich beinahe stolperte. Als ich mich wieder gefangen hatte, verlangsamte ich meinen Schritt und ging auf sie zu.

»Hallo«, sagte ich so charmant wie möglich.

Sie antwortete nicht gleich, sondern musterte mich mit einem fragenden Blick, wie um abzuschätzen, was ich wohl von ihr wollen könnte.

»Sind Sie mit Ihrem Sohn im Hotel?«

»Oh, das ist nicht mein Sohn. Ich kümmere mich nur um ihn.«

Nicht ihr Sohn? Ich nickte und wartete, ob sie noch etwas hinzufügen würde. Sie war Kanadierin, stellte sich heraus, hieß Emily und war als Kindermädchen auf die Turks und Caicos gekommen.

»Das ist ein Job, den ich wirklich gern mache, wenn nur …«
Ihre Stimme wurde ganz leise, und sie sah sich um, als könnte sie belauscht werden.

»Wenn nur ...?«, fragte ich nach.

»... wenn nur Seans Eltern nicht wären«, flüsterte sie und deutete mit dem Kopf auf den Jungen. »Sie begreifen es einfach nicht. Und sie wollen mich nicht so helfen lassen, wie es richtig wäre.«

»Begreifen was nicht?« Ich hatte keine Ahnung, wovon sie sprach.

»Sie meinen, er brauche keine besondere Förderung. Man müsse ihn nur wie die anderen Kinder auch behandeln, dann würde schon alles in Ordnung kommen. So geht das aber nicht.«

Jetzt erst fielen mir das runde Gesicht des Jungen auf, seine etwas schrägen Augen, die leicht herausstehende Zunge. Downsyndrom. Sean grinste zu mir herauf.

»Hi«, sagte er.

»Hallo, Sean. Wie geht's?«

»Gut. Hunger.«

»Wir müssen los«, sagte Emily. »Es gibt gleich Mittagessen. War nett.« Sie wandte sich ab.

»Sind Sie morgen wieder hier?« Ehe ich michs versah, waren die Worte draußen. Und ich hätte gern ihre Augen gesehen, die sie hinter einer dunklen Ray-Ban-Brille verbarg.

»Bestimmt. Wir kommen eigentlich jeden Tag hierher.« Sie nahm den Jungen mit dem sandfarbenen Haar an der Hand. »Komm, Sean, gehen wir nach Hause.«

Ich sah ihr noch eine Weile nach, bevor ich weiterjoggte. Eines war klar: *Ich* würde ganz bestimmt morgen wieder hier sein. Mein Grinsen muss von einem Ohr bis zum anderen gereicht haben.

Etwa eine Woche später schwammen wir wieder einmal zu den Bootsliegeplätzen und JoJo tastete mit seinem Echolot die Gegend ab, als suchte er etwas. Ich wusste auch gleich, was. JoJo hatte ein Meeresschneckengehäuse, das er besonders liebte und immer beim Anleger deponierte. Wenn wir dorthin unterwegs waren, schwamm er gern voraus, um mir zu zeigen, wo das Gehäuse lag. Ich warf es dann weit aufs Wasser hinaus, und JoJo spürte es mit seinem Echoortungssystem wieder auf.

Heute aber lag unser Spielzeug nicht an der üblichen Stelle. JoJo machte sich auf die Suche, er umrundete den Anleger, schwamm aufgeregt hin und her. Dann kam er schnurstracks auf mich zu und sah sich meine wohlweislich ausgestreckten Hände genau an.

»Ich habe es nicht«, beteuerte ich.

Er schwamm hinter mich und tastete mit der Schnauze an meinem Rücken herum, fand aber auch da nichts. Dann kam er wieder vor und starrte mir direkt in die Augen. Sein Blick sagte: »Ich will jetzt dieses Schneckengehäuse.«

»Komm, ich such dir ein neues«, sagte ich und tauchte, um zu sehen, ob es da unten etwas Brauchbares gab. Ich fand aber nur Sand und Seegras, sooft ich auch tauchen mochte. Ich konnte nur hoffen, dass er selbst etwas finden würde, womit er sich amüsieren konnte.

Kurz darauf schwamm er plötzlich voraus, »schnüffelnd« sozusagen. Dann hielt er an und hatte offenbar irgendetwas unter dem Schnabel. Ich dachte schon, ich müsse wieder einen Junghai von ihm befreien, und sprintete zu der Stelle hin, aber was soll ich sagen – JoJo hatte tatsächlich unser Schneckengehäuse gefunden und drückte es in den Sand. Wunderbar, jetzt konnten wir spielen.

Ich überlegt, wieso das Gehäuse wohl so weit draußen lag, obwohl wir es doch immer an derselben Stelle am Anleger zurückließen. Nun, vielleicht hatte JoJo es selbst verlegt. Aber dann fiel mir ein, wie vorwurfsvoll er mich eben noch angesehen hatte. Nein, es musste eine andere Erklärung geben.

Jetzt erst bemerkte ich, dass er das Gehäuse nicht einfach zeigte, wie er es sonst immer tat, sondern es eindeutig in den Sand drückte. Was er damit wohl beabsichtigte?

Ich wollte die Schnecke aufheben, aber nein, JoJo bestand darauf, sie in den Sand zu drücken. Er drängelte sogar. Er hielt mich mit seinem Körper immer gerade so weit von dem Gehäuse weg, dass ich nicht herankam. Ich grapschte danach, aber er schubste sie schnell ein Stück weiter. Bei diesem Spiel war er eindeutig besser als ich, zumal mir immer wieder die Luft ausging. Schließlich war ich richtig erschöpft vom vielen Tauchen und dem Gerangel unter Wasser, zu dem es kam, wann immer ich das Schneckengehäuse beinahe in der Hand hatte und JoJo mich mit seinem ganzen Gewicht weg-drängte.

»Schön, du hast gewonnen«, gestand ich meine Nieder-lage ein.

Aber er schien gar nicht auf Sieg aus zu sein. Der Rückweg zu unserem üblichen Spielgelände wurde zu einer weiteren Überraschung. Ich schwamm schon einmal vor, während JoJo das Schneckengehäuse immer noch mit der Schnauze am Bo-den weiterschubste und -rollte. Als ich mich einmal zu ihm umdrehte, hielt er in der Bewegung inne und sah mir nach. Sein Blick hatte etwas Spitzbübisches.

Jetzt kam er sogar zu mir und fing an, mich mit dem Schna-bel in Richtung Schneckenhaus zurückzuschubsen, wobei er mir das Unternehmen mittels Gluckslauten zu erläutern ver-suchte. Was er wohl von mir wollte? Ich streckte den Arm zum Abschleppsignal aus. Er nahm meine Hand in den Mund und zog mich zu dem braunen Gehäuse.

Ich nahm es, steckte es mir in die Badehose und schwamm zum Anleger, wo JoJo es dann wieder suchen konnte. Unter-wegs störte mich aber ein seltsames Pieken in der Hose. Das kam mir irgendwie verdächtig vor und ich blickte nach unten.

Das Gehäuse hatte sich in meiner Hose auf Wanderschaft begeben. Und die Richtung, die es einschlug, gefiel mir gar nicht.

Ich nahm all meinen Mut zusammen, lupfte den Hosenbund und griff nach dem Schneckengehäuse. Schaute da nicht so etwas wie eine Klaue heraus? Mir wurde richtig flau im Magen. Im nächsten Moment riss ich das Ganze, was immer es auch sein mochte, aus meiner Badehose und schleuderte es von mir. Anschließend versicherte ich mich, dass an mir noch alles dran war.

JoJo konnte meine Sorgen natürlich nicht nachvollziehen. Er fand mein panisches Fingern eine Zeit lang sehenswert und kümmerte sich dann gleich wieder um das zu Boden sinkende Schneckengehäuse, das er mit Ortungslauten bearbeitete. Sobald es am Boden angekommen war, drückte er es erneut mit dem Schnabel auf den Boden, geradezu ein wenig ärgerlich, wie mir schien. Ich tauchte auf, um Atem zu holen, und sah dann, dass das Gehäuse wieder begonnen hatte zu wandern. Anscheinend war ein großer Einsiedlerkrebs eingezogen.

Der bloße Gedanke jagte mir noch einmal Schauer über den Rücken. Wieder drückte JoJo das Gehäuse in den Sand. Der Krebs suchte Deckung. Das also war der Bösewicht, der unsere Schale entwendet hatte. Wahrscheinlich war er in einer kleineren angereist und dann in unsere umgezogen.

Da meine Männlichkeit jetzt nicht mehr gefährdet war, konnte ich mich über JoJo amüsieren, der es gar nicht in Ordnung fand, sein liebstes Spielzeug einem Krebs überlassen zu müssen. Es war ein gar zu komischer Anblick, trotz meines Schnorchels musste ich immer wieder auflachen, wenn JoJo sein Spielzeug festzuhalten versuchte. Ich hätte nie gedacht, dass sich ein Delfin derart über ein Krebschen aufregen konnte.

Am nächsten Tag war der Einsiedlerkrebs mit seinem neuen Heim über alle Berge, sehr zu JoJos Missvergnügen.

»Ich hoffe, du hast deine Lektion gelernt«, sagte Emily lachend, als ich ihr die Geschichte erzählte.

»Lektion?«

»Ja. Die, dass nichts anderes als du selbst in deine Badehose gehört.«

»Stimmt«, gab ich schmunzelnd zurück.

»Schließlich könnte es ja sein«, ergänzte sie, »dass du eines Tages Kinder haben möchtest.« Sie schaute auf ihre Hände. Doch dann hoben sich ihre blauen Augen und suchten meinen Blick, und ich muss gestehen: Mein Herz setzte kurz aus.

Am nächsten Morgen ließ ich mir JoJos Verhalten noch einmal durch den Kopf gehen. Was mich daran besonders erstaunte, war, dass er überhaupt in der Lage war, ein Schneckengehäuse im Schnabel zu tragen. Ich suchte nach einem ähnlich aussehenden, um herauszufinden, ob es ihn genauso interessieren würde. Vorher vergewisserte ich mich natürlich, dass es leer war.

Zur gewohnten Zeit und an der üblichen Stelle am Strand pfiff ich nach JoJo, und als er eine Viertelstunde später erschien, warf ich dieses Gehäuse von mir wie das andere am Vortag. Er verfolgte es mit Ortungslauten, bis es im Sand landete. Ich schwamm ebenfalls hin, und jetzt begann wieder das Drängelspiel. Er ließ mich nicht nach dem Schneckengehäuse greifen. Ich tauchte zum Luftholen auf und rechnete schon mit einer stundenlangen Balgerei, als JoJo das Gehäuse plötzlich packte und blitzschnell damit verschwand. Es wäre unmöglich gewesen, ihm zu folgen, also wartete ich im Wasser ab, was er tun würde. Er kam ohne die Schale zurück und zog dann mit halb geschlossenen Augen langsam Kreise, wobei er immer wieder eine leise Melodie pfiff. Ich suchte nach dem Schneckengehäuse, fand es aber nicht.

»Du willst mich bloß beschäftigen, hm?«, sagte ich und wartete darauf, dass er mich an die richtige Stelle führte.

Das tat er aber nicht. Offenbar hatte er eine neue Art gefunden, mit den Dingen umzugehen. Er sammelte irgendwo etwas auf und ließ es dann an einer beliebigen Stelle wieder fallen. Ahmte er mich womöglich nach? Vielleicht hatte er beobachtet, dass ich alles in die Hand nahm und untersuchte, was uns beim Schwimmen so begegnete. Jedenfalls hob er von da an ebenfalls alles auf, alte Socken, Dollarnoten, kleine Muschelschalen.

»Aber in der Hose nehme ich nichts mehr für dich mit«, sagte ich, als er mir eine alte Sonnenbrille brachte. »Ich habe meine Lektion gelernt.«

* * *

Wie es anfing, weiß niemand mehr so genau, aber irgendwie hatte sich Toffy, ein Labrador-Retriever, als Welpe mit JoJo angefreundet, und seither bildeten die beiden ein ausgesprochen wunderliches Gespann. Ihre Beziehung, eine Art Hassliebe, bestand schon etliche Jahre, als ich Hund und Delfin auf der abgelegenen Insel Pine Caye zum ersten Mal beobachtete. Ich war auf einer Tour rings um die Insel, fünfundvierzig Kilometer, die ich schwimmend und laufend zurücklegte, als ich Toffy bellen hörte und sah, wie er im flachen Wasser auf JoJo losging. Ich traute meinen Augen nicht.

»JoJo«, sagte ich, »du spielst mit einem Vierbeiner?« Ich hatte zwar gehört, dass es da einen Hund gab, der JoJo am Strand nachstellte, aber ich musste es erst mit eigenen Augen gesehen haben, bevor ich es glaubte.

»Doch, doch«, hatte mir der Inhaber eines abgelegenen Hotels versichert. »Man sieht Toffy oft dasitzen und auf den Delfin warten. Er bleibt dann einfach mit seinem blonden Hintern auf dem leeren Strand sitzen, bis der Delfin auftaucht.«

Einen Besitzer hatte Toffy nicht, aber Jim und Sharon, die das exklusive Ferienhotel auf Pine Caye führten, versorgten ihn. Und alle liebten diesen Halunken; sein wohlgerundeter Bauch verriet, dass von jedem Tisch etwas abfiel. Oft sah ich ihn mit dem Kopf auf den Pfoten daliegen und sich die Lefzen lecken, Bettelblick in den Augen, immer in der Erwartung, dass ihm ein Hotelgast Fleischbrocken von seinem Teller zuwarf. Da gab es sicher Leute, die sparen mussten, um sich solch ein exklusives Mahl in einem exklusiven Hotel leisten zu können, und Toffy lag einfach nur da, blickte treuherzig drein, wedelte mit dem Schwanz und bekam alles gratis. Den Seinen gibt's der Herr eben im Schlaf.

Oft saß ich mit Toffy am Strand von Pine Cay und wartete auf JoJo. Wir blickten aufs Meer oder sahen einander an. Es muss ein sehenswerter Anblick gewesen sein, zwei Blondschöpfe, die verträumt zum Horizont und sich dann ebenso verträumt in die Augen blickten. Ein Kind hätte vielleicht gesagt: »Schau mal Mami, ein Liebespaar, und einer davon ist ein Hund!«

Und Mami würde mild erwidern: »Aber nein, Herzchen, das sind nur Dean und Toffy, die auf JoJo warten.«

Der Weg nach Pine Cay, das viele Schwimmen und Joggen, lohnte sich schon allein für den Anblick, den Toffy bot, wenn der Delfin endlich auftauchte. Staunend nahm ich wahr, wie viele verschiedene Spielvarianten sich JoJo einfallen ließ. Wenn Toffy im Schatten einer Palme lag und schlief, konnte ihn so gut wie nichts in seiner Seelenruhe stören. Kaum fiel jedoch der Name »JoJo« oder das Wort »Delfin«, schon war er auf dem Posten und lief zum Strand. Auf dem Weg zum Wasser bellte und bellte er und hielt nach JoJos berüchtigter Rückenflosse Ausschau.

Wenn der schnittige graue Körper dann durchs Wasser glitt, stürzte sich Toffy in die Wogen und setzte ihm nach. Bei all der lautstarken Aufregung wusste JoJo natürlich längst, dass der Hund ihm auflauerte. Er machte dann eine kleine Wendung und klopfte dem Hund ordentlich mit der Schwanzflosse auf die Pfoten, sofern er nicht mit den Zähnen daran zupfte. Toffy winselte zwar auf, ließ sich aber nicht abschrecken. Es kam sogar vor, dass JoJo im Sprung über den Vierbeiner hinwegsetzte. Auch Toffy flog gelegentlich, dann aber von einem Schlag mit der Schwanzflosse.

Einmal stand JoJo im Wasser kopf und fächelte verlockend mit der Schwanzflosse. Dem konnte Toffy nicht widerstehen.

»Nicht, Toffy, pass auf«, warnte ich.

Er hörte nicht, sondern schlich sich an, offenbar in der Annahme, JoJo könne ihn von da unten nicht sehen. Als er eben zuschnappen wollte, bekam er mächtig eins auf den Kopf und ging erst einmal unter. Nachdem er sprudelnd und niesend wieder aufgetaucht war, musste er auch noch JoJos Quiekser und Schnalzer über sich ergehen lassen.

Im Laufe der Zeit lernte der Hund, mit solchen Aktionen aus dem Hinterhalt zu rechnen und sich noch verstohlener anzuschleichen, aber JoJo fiel immer wieder etwas Neues ein. Wenn Toffy seinen Schwanz schon fast hatte, tauchte er manchmal weg, packte seinerseits den Hund am Schwanz und zog ihn rückwärts, bis er sich wieder losriss.

Man sollte annehmen, dass Toffy daraufhin erst einmal das sichere Ufer suchte, doch nein, sobald er frei war, setzte er JoJo wieder nach. Und das war erst der Anfang. Die Schlacht konnte sich stundenlang hinziehen.

Irgendwann war es dann aber so weit, dass Toffy erschöpft aufgeben und JoJos Feldüberlegenheit anerkennen musste. Er schwamm an Land, wo er den Heimvorteil hatte, und JoJo setzte sich dem sogar aus. Er paddelte Toffy ins wadentiefe Wasser nach, wo der Hund noch sicheren Stand hatte und hechelnd und schwanzwedelnd dastand, als wollte er sagen: »Ha, jetzt sieh mal zu, ob du mich kriegst!«

Ernsthafte Verletzungen trug keiner von beiden je davon.

Manchmal waren Toffys Krallenspuren zwar noch ein paar Wochen an JoJo zu sehen, aber die Blessuren, die er verursacht hatte, brauchten sicher auch ihre Zeit, bis sie verheilt waren.

Das Einmalige an dieser Beziehung lag darin, dass sie nicht durch menschliche Vermittlung zustande kam. Oftmals ist keine Menschenseele an den weiten Stränden von Pine Cay, und die beiden treiben trotzdem ihr Spiel, von niemandem beobachtet. Vom Flugzeug aus sieht manchmal jemand den goldbraunen Hund am Strand sitzen und auf seinen Freund aus der Familie der Walartigen warten.

JoJo hat womöglich viele Spielgefährten, aber nicht alle stehen ihm so bereitwillig zur Verfügung wie Toffy. Wer nämlich einmal erlebt hat, was dieser Delfin unter Spielen versteht, ist hinterher meistens auf weitere Begegnungen nicht mehr so erpicht. Diejenigen Lebewesen des Meeres, die nicht zu den Säugetieren gehören, legen keinerlei Interesse am Spiel mit Delfinen an den Tag – erst recht nicht mit Menschen. JoJo mochte aber beide Arten von Spielgefährten. Woher hatte er diese Aufgeschlossenheit? War es seine Natur, dass er in allen Lebewesen erst einmal potenzielle Freunde sah, oder hatte die frühe Trennung von seiner Familie und Schule ihn so weise gemacht? Ich weiß es nicht, zweifellos aber erteilt mir JoJo Tag für Tag Unterricht in der großen Kunst der Akzeptanz – was meistens Spaß macht, manchmal aber auch ganz schön wehtun kann.

Da ich sein Verhalten und Ausdrucksverhalten inzwischen ziemlich gut kenne, weiß ich meistens, ob er nur zum Vergnügen hinter etwas her ist oder ob er Hunger hat und Beute sucht. Einmal schwammen wir gerade im flachen Wasser an einer Gruppe von Leuten vorbei, als JoJo weit reichende Ortungslaute zu senden begann und dann urplötzlich mit Feuereifer davonschoss. Ich stand auf, um nach ihm zu sehen. Knapp hundert Meter weiter draußen hatte JoJo offenbar etwas Größeres aufgetan und war dabei, es in Richtung Land zu treiben. Die Rückenflosse des Fremden, dünn wie ein Rasiermesser, schnitt mit erstaunlicher Schnelligkeit durchs Wasser und näherte sich dem Strand. Die meisten Menschen hatten es jetzt ziemlich eilig, an Land zu kommen.

»Keine Sorge, Leute«, rief ich, »Ammenhaie hat er schon öfter mal mitgebracht. Er schaufelt ihnen dann so viel Sand in die Kiemen, dass sie ganz friedlich werden. Es passiert euch bestimmt nichts.«

»Na, Sie haben Nerven«, sagte ein dünner Mann mit langem rötlichem Haar. »Sie schwimmen jeden Tag mit Haien und wissen, wie man sich da verhält.«

»Wenn Sie meinen«, sagte ich nur.

Der Mann suchte das Weite.

Einige wenige blieben bei mir im Wasser. Wir warteten ab. Eine große schwarze Masse kam mit JoJo den Strand entlang auf uns zu. Dann sah ich aber noch weitere Rückenflossen, JoJo gleich daneben.

»Vielleicht gehen wir doch lieber ein bisschen zurück«, sagte ich. Ein Hai erschien mir unbedenklich, aber mehrere?

Die Masse kam näher, und ich nahm an, sie würde sich jeden Augenblick in drei auseinanderstiebende Haie aufteilen. Das geschah jedoch nicht, und als die wilde Jagd nahe genug war und die Schwimmer zur Seite sprangen, erkannte ich auf einmal, dass ich keine drei Lebewesen vor mir hatte, sondern einen Mantarochen von gut dreieinhalb Metern Spannweite, dessen Flügelspitzen ich zunächst für Rückenflossen gehalten hatte.

»Ein Manta! Toll!«, schrie ich.

JoJo pfiff seine Erkennungsmelodie, während er mit dem Rochen dicht unter der Wasseroberfläche heranschoss. Ich stellte mir vor, wie viel Spaß es machen würde, auf einem Manta zu reiten – und erst in diesem Moment realisierte ich, dass er auf Kollisionskurs mit mir war. Ich versuchte noch zur Seite zu springen, stolperte aber nur über meine eigenen ziemlich ausladenden Füße und fiel genau in dem Augenblick nach vorn, als der Manta mich frontal traf. Auch er hatte noch auszuweichen versucht, aber JoJo ließ ihn nicht.

Meine Beine klappten unter den Rochen, mein Oberkörper nach vorn über seinen Kopf, und so zog er mich unter Wasser. Ich konnte nur ganz schnell noch einmal Luft holen, dann ging es in rasender Fahrt weiter. Ich versuchte mich seitlich an den Kopfflossen vorbeizudrücken, aber der Gegendruck des Wassers war zu hoch.

JoJo unterbrach seine Nummer nicht. Er wurde immer schneller und der Manta natürlich ebenfalls und damit auch der Druck, den mein Bauch aushalten musste. Wie lange noch, bis mir die Luft ausgehen würde? Mir hatte es schon den Atem verschlagen, als der Manta mich rammte, und jetzt war der Druck des Wassers so groß, dass ich keine Chance hatte, den Kopf zu heben, um vielleicht ein bisschen Luft zu bekommen. Was, wenn der Manta in tieferes Wasser entkam und mit mir auf der Nase abtauchte? Ich versuchte alles nur Erdenkliche, um von ihm wegzukommen.

Als mir schon schwarz vor Augen wurde, machte der Rochen einen plötzlichen Ruck nach unten und warf mich ab. Ich rutschte bäuchlings über seinen riesigen glatten Rücken, bis mich seine Flügel noch einmal ordentlich in die Tiefe drückten. Dann war JoJo da, schob mir den Schnabel unter den Rücken, wartete kurz, bis ich stabil lag, und stieg dann mit mir auf, bis ich rücklings an der Wasseroberfläche schwebte.

Jetzt, da er mich in Sicherheit wusste, stupste er mich gleich wieder in die Seite, um mich zur nächsten Runde Manta-Hatz zu animieren.

»Hör auf, JoJo«, gurgelte ich, nach Luft ringend.

Unter allerlei Ortungslauten stupste er mich weiter, aber jetzt konnte ich endlich wieder atmen, wenn auch nur flach, weil mein Bauch noch völlig verkrampft war.

Man hätte denken können, dass JoJo mich an den Strand bugsieren wollte, aber weit gefehlt! Er drückte mich unter ständigen Ortungslauten hinaus und in Richtung Manta.

»Ich kann nicht atmen, wenn du das machst«, krächzte ich. »Lass es jetzt sein.«

JoJo hörte auf, sah mir direkt in die Augen, pfiff noch eine Aufforderung zum Spiel, merkte dann aber wohl, dass ich nicht die Atemkapazität eines Delfins besaß.

»Nein danke«, sagte ich. »Genug Rochenjagd für heute.« Langsam schwamm ich auf den Strand zu, JoJo neben mir.

Dass er mich an die Wasseroberfläche gehoben hatte, war eine sehr sinnvolle Maßnahme, aber ich überlegte, ob es außer dem Manta vielleicht noch andere Gründe dafür gab, dass er mich anschließend ins tiefere Wasser bugsieren wollte. Vielleicht machten Delfine das so, wenn einer den anderen retten wollte, der möglicherweise verletzt war. Für den Delfin wäre es sicher nicht zuträglich, an den Strand gespült zu werden, also sorgte man lieber dafür, dass er genügend Wasser unter dem Bauch hatte. Vielleicht war es so, aber angesichts der puren Spiellaune, die ich in seinem Blick sah, wollte JoJo wohl doch eher weitertollen – oder meine Aufgeschlossenheit für alles Leben vergrößern.

* * *

Wasser ist schon immer mein Element. Ob beim Surfen oder Bodyboarding auf den Wellen von Santa Cruz oder als Wettkampfteilnehmer in Tauch- und Schwimmmannschaften, im Wasser fühle ich mich einfach zu Hause. Aber auch die besten Schwimmer müssen sehr genau auf Gezeitenströme und sonstige Strömungen achten. Deshalb machte ich die Entscheidung über unsere nachmittäglichen Schwimmausflüge von den örtlichen Berichten über zu erwartende Strömungs- und Sichtverhältnisse abhängig. Manchmal kam es trotzdem zu Fehleinschätzungen, sodass wir in unerwartete Strömungen gerieten, die uns noch vor dem Erreichen des Randriffs zur Umkehr zwangen.

Es gab da eine Zone, in der JoJo besonders gern spielte, in der jedoch häufig sogenannte Rippströmungen auftraten. Sie entstehen dadurch, dass auflaufendes Brandungswasser verstärkt durch Kanäle zwischen Sandbänken oder Riffformationen wieder zurückfließt, wo dann lokal begrenzte Strömungen herrschen, die einen weit aufs offene Meer hinaustragen können. Hier bei uns war das vor allem jenseits der seichten Sandfläche der Fall, die wir oft überquerten. Beim morgendlichen Tauchen mochte noch alles kristallklar sein, aber schon mittags konnte es aufgrund der Gezeitenströme ganz anders aussehen, und wenn dann noch der Wind aus einer bestimmten Richtung blies, kam es beiderseits des Riffdurchlasses zu starken Strömungen, manchmal nur ganz punktuell und sehr überraschend.

Für einen Delfin sind solche plötzlichen Änderungen der Strömungsverhältnisse kein Problem, aber ein menschlicher Schwimmer, und sei er auch Olympiateilnehmer, kommt nicht gegen sie an. JoJo sah sich bei abrupten Strömungsänderungen nicht einmal veranlasst, mir eine entsprechende Warnung zukommen zu lassen, und dann merkte ich meist viel zu spät, was mir da blühte. In einem solchen Fall musste ich versuchen, quer zur Strömung zu schwimmen, um wieder in ruhigeres Wasser zu kommen, sonst zog sie mich weit aufs Meer hinaus. Ich hatte bestimmte Orientierungspunkte an Land und konnte im Wasser die Wirbelbewegungen beobachten, immer darauf eingestellt, auf meinen schnellsten Freistil umzuschalten, um mich rechtzeitig Richtung Küste zurückzuziehen.

Bei einer solchen Gelegenheit stieß ich im trüben Wasser einmal immer wieder mit der Hand auf einen Widerstand. Ich dachte schon, es sei vielleicht ein Riffteil, den ich nicht wahrgenommen hatte. Oder war es womöglich ein herumtreibendes Fischernetz, in das ich mich verfangen würde und dann keine Chance mehr hatte, der Strömung zu entkommen? Bewusst bewegte ich die Arme nun flacher, streifte dieses Ding, das ich partout nicht erkennen konnte, aber immer noch. Ich wollte gerade anhalten, um schnell abzutauchen und nachzusehen, als das Wasser am Rand dieses Strömungsgebietes plötzlich klarer wurde und ich JoJo ausmachen konnte, der mit dem Bauch nach oben direkt unter mir schwamm. Ihn also hatten meine Hände getroffen. Er bewegte seinen Kopf zwischen meinen Händen hin und her, sodass ich ihn bei jedem Schwimmstoß treffen musste. So verhalf er mir jedes Mal zu einem kleinen Rückstoß, der mich schneller machte; darüber hinaus erzeugte sein Körper einen Sog, der ebenfalls dazu beitrug, mein Tempo zu erhöhen. Ob das Absicht war oder nicht, jedenfalls verschaffte er mir so eine Geschwindigkeit, die mich rasch wieder aus der Strömung heraustrug.

»Danke, JoJo«, sagte ich, sobald ich in Sicherheit war.

Der Delfin postierte sich gleich wieder neben mir, und wir setzten unseren Ausflug fort. Den Gedanken, über das Riff hinauszuschwimmen, musste ich allerdings aufgeben, und so schwammen wir parallel zur Küste weiter. Macht nichts, dann eben ein andermal.

Wir kamen wieder ins flache Wasser, und hier sah ich JoJo über den weißen Sand streichen, hin und her. Dann stellte er sich quer und sendete Ortungslaute aus, wie er sie meiner Erfahrung nach für größere Distanzen verwendete. Er bewegte den Kopf von einer Seite zur anderen, und diese Pendelbewegungen wurden immer kleiner, ganz so, als hätte er sich auf etwas »eingeschossen«. Plötzlich schnellte er los und war schon bald außer Sichtweite.

»Was machst du da?«, fragte ich, als ich ihn wiedergefunden hatte. Er steckte mit der Nase im Sand und drehte sich um seine eigene Achse. »Bist du auf Schatzsuche?«

Mit jedem Schwanzschlag bohrte sich sein Schnabel fünf Zentimeter tiefer in den Sand. Er drehte sich weiter, dabei das Maul leicht öffnend und wieder schließend und kleine Sandwolken pumpend. Nicht lange, und er steckte bis zu den Augen im Sand. Trotzdem schlug er weiter mit dem Schwanz und bohrte sich tiefer, bis nichts mehr von seinem Gesicht zu sehen war.

»Wenn das ein Versteckspiel werden soll«, witzelte ich, »musst du dir aber eine effektivere Technik ausdenken.«

Staunend verfolgte ich das Geschehen. Ähnliches kannte ich bislang nur von Toffy, der einmal an einer Stelle, an der er einen vergrabenen Knochen vermutete, so ausdauernd gebuddelt hatte, dass er nicht mehr aus eigener Kraft aus dem Loch herauskam und ich ihm helfen musste.

»JoJo, hallo, hast du das von Toffy gelernt? Oder willst du dich ganz und gar in einen Hund verwandeln?« Ich holte tief Luft und tauchte hinunter zu ihm.

Seine Schwanzschläge waren derart heftig, dass mich die Wasserwirbel nur so herumbeutelten. Jetzt bekam ich auch mit, dass er nicht aufgehört hatte, wie wild seine Ortungslaute auszustoßen, und sich dabei weiter wie ein Bohrer drehte. Die Neugier packte mich. Ich grub meine Hand in den Sand neben JoJos Kopf und wühlte mich bis unter seine Schnabelspitze vor, um herauszufinden, was er eigentlich suchte. Offenbar spürte er etwas, denn er zog den Kopf so weit aus dem Sand, dass er sich umsehen konnte. Er musterte mich mit einem Auge, unternahm einen letzten Vorstoß in den Sand und zog den Kopf dann wieder ganz heraus.

In der glatten weißen Sandfläche blieb ein Krater zurück. JoJo machte sich davon und ich folgte ihm. Ich musste unbedingt wissen, was er da trieb; aber erst viele gemeinsame Stunden später offenbarte sich mir das Geheimnis der Sandlöcher.

An diesem Abend setzte ich mich an meinen Computer, froh, dem Lärm des Tourismusbetriebs unten in Grace Bay entkommen zu sein, und versuchte JoJos sonderbares Verhalten zu recherchieren. Mein bescheidenes Zuhause auf dem Hügel war der Ort, der mir meditativen Frieden bot. Ich schätzte mich glücklich, dieses winzige Häuschen zwischen all den teuren Villen am Hang aufgetrieben zu haben. Hier oben hatte ich einen Ausblick, wie es auf den Turks- und Caicosinseln keinen schöneren gab. Von meiner Hängematte vor der Tür aus blickte ich übers Meer und nachts in den Sternenhimmel.

Nur wenige wussten, wo ich wohnte, und das war ganz nach meinem Geschmack. Ich war ein Einzelgänger. Vielleicht nicht so wie JoJo, der möglicherweise von seiner Familie getrennt worden war, aber die Zeiten, in denen ich allein war, genoss ich jedenfalls sehr. Dies war ein meditativer Rückzugsort, an dem ich Tagebuch schrieb, im Internet das Verhalten der Walartigen erforschte, in einem meiner vielen Delfinbücher las oder einfach die tropischen Winde genoss.

Schlaf brauchte ich aus irgendeinem Grund nicht viel. Es gab ja auch so viel zu erkunden, weshalb sollte ich die Zeit verpennen? An diesem Abend ging ich meinen Recherchen nach, kümmerte mich um die E-Mails, die ich erhalten hatte, und rief zwischendurch Emily an.

»Hallo, Süße, wie war dein Tag?«, fragte ich und rechnete mit einer munteren Reaktion.

»Könnte besser sein«, lautete jedoch ihre Antwort. »Ich verstehe Scans Eltern einfach nicht. Ich versuche ihnen schonend beizubringen, dass Sean auf der Schule wohl Hilfe benötigen wird, und was passiert? Ich werde scharf zurechtgewiesen; Sean sei *absolut normal* und ich solle mir bloß keine Förderprogramme für ihn einfallen lassen. Dabei macht er sprachlich so gut wie gar keine Fortschritte und motorisch entwickelt er sich auch nur sehr langsam. Ich weiß nicht, was ich tun soll, Dean.«

»Vielleicht könntest du ja einen Spezialisten einspannen, der nicht weiter auffällt.«

»Hast du dabei jemand Bestimmten im Sinn?«

»JoJo. Wir könnten ihm Sean doch einmal vorstellen.«

»Das müsste aber heimlich geschehen. Denn wenn die Stewarts davon erfahren …«

»Ich kann schweigen wie ein Grab.«

Wir gingen es langsam an. Zunächst einmal stellte ich Emily dem Delfin vor. Als am nächsten Tag ihre Arbeitszeit zu Ende war, kam sie an den Strand. Ich hatte damit gerechnet, dass JoJo sie freundlich aufnehmen würde, doch stattdessen schien er sich in ein grünäugiges Eifersuchtsmonster zu verwandeln. Sie war kaum im Wasser, als er sich auch schon zwischen uns drängte und mir zu verstehen gab, dass ich in erster Linie ihm gehörte. Emily versuchte, auf die andere Seite zu kommen, aber er schnitt ihr den Weg ab.

»Das wird vielleicht doch ein bisschen länger dauern«, sagte ich und hob die Schultern.

»Macht gar nichts«, meinte Emily.

In dem Augenblick patschte JoJo mit der Schwanzflosse aufs Wasser und Emily bekam den ganzen Schwall ab. Prustend wischte sie sich die Augen frei. Sie tat mir jetzt wirklich leid; das Haar klebte ihr am Kopf, und ich wollte mich schon entschuldigen, als sie sich mit dem Handrücken die Locken aus dem Gesicht wischte und mich angrinste.

»Na ja, vielleicht doch ein bisschen«, sagte sie lachend.

Ich war froh und voller Bewunderung, dass sie JoJos Unarten so gut aufnahm. Auch später wurde sie nie ungehalten. JoJo mochte sie nass spritzen, sooft er wollte, sie lächelte nur und wartete geduldig auf meine Anweisungen. Eines dürfte JoJo jetzt klar geworden sein: Wenn ich nicht mit ihm im Wasser war, dann mit Emily an Land.

»Du musst aber doch zugeben, JoJo«, versuchte ich seine Eifersucht zu beschwichtigen, »dass ich einen guten Geschmack habe – nicht nur, was Delfine angeht …«

Als Emily sich eingewöhnt hatte und JoJo schließlich ihre Nähe zu mir akzeptierte, war es Zeit, Sean einzubeziehen. Wir zeigten ihm für den Anfang ein paar Videos von JoJo – und er verliebte sich augenblicklich in den köstlichen Strolch, den er auf dem Bildschirm sah. Jedes Mal wenn JoJo durch den Blasenring tauchte oder mir den Luftschlauch aus dem Mund zog, klatschte Sean begeistert in die Hände. Und jeden, der in Hörweite war, ließ er wissen: »JoJo schwimm. Delfinfreund.«

»Sean ist so von allem ferngehalten worden, dass er nicht einmal schwimmen kann«, sagte Emily, als wir überlegten, wie wir den Jungen und JoJo miteinander bekannt machen sollten.

»Eltern!«, sagte ich kopfschüttelnd. »Und die, mit denen du es zu tun hast, sind offenbar besonders engstirnig. Doch egal, ich kann Sean das Schwimmen schon beibringen.«

»Wirklich?« Emilys blaue Augen leuchteten.

Wir suchten uns einen stillen Strandabschnitt ohne Gaffer, an dem das stille, klare Wasser zum Schwimmenlernen geradezu ideal war.

»So, Sean, jetzt pass mal auf, was gleich passiert«, sagte ich mit Betonung und übertriebener Mimik. »Ich werde Blasen machen wie ein Fisch, und du und Emily, ihr macht das dann nach, klar?«

Er leckte sich mehrmals die Lippen und sagte dann: »Ja, klar.«

Ich steckte den Kopf ins Wasser und ließ es unter den unmöglichsten Lautäußerungen mächtig sprudeln. Emily machte es mir kichernd nach, und dann war Sean an der Reihe. Doch obwohl er wirklich gute Vorbilder hatte, steckte er einfach nur das Kinn ins Wasser. Nicht einmal seine Unterlippe wurde nass.

Nächster Versuch. Ich hielt ihm meine Finger aufrecht hin und ließ sie zappeln. »Siehst du das? Also, das sind die Kerzen auf deinem Geburtstagskuchen, und du musst dir jetzt was wünschen und sie ausblasen. Verstanden?«

Er nickte.

»Dann los, pusten!«

Mit seinen großen Haselnussaugen blickte er zu mir auf, atmete tief ein und blies.

»Ja, gut!« Emily und ich applaudierten, der Neunjährige strahlte. »Jetzt hast du noch einen Wunsch frei, aber das ist ein ganz besonderer, weil du die Kerzen jetzt nämlich unter Wasser ausblasen musst.«

Also ließ ich meine Fingerkerzen ins Wasser sinken. Emily und ich tauschten hoffnungsvolle Blicke. Sean ging bis zum Hals ins Wasser, dann bis zum Kinn, sogar bis über den Mund, aber den Rest verweigerte er.

»Dein Wunsch wartet auf dich, Sean. Siehst du die Kerzen? Blas sie aus. Und … los!«

Dann vergaß er seine Ängste einfach, tauchte unter und pustete, dass die Blasen einem Wal alle Ehre gemacht hätten. Wir beglückwünschten ihn lauthals, und von da an lief der Unterricht so gut, dass der Junge bald jegliche Scheu vor dem Wasser verloren hatte.

Zeit, den Delfin zu rufen. Ich legte Sean einen Arm um die Brust und hielt ihn im hüfthohen Wasser gut fest, als ich JoJo herbeipfiff. Während wir warteten, übten wir weiter das Blasen unter Wasser und glitten immer wieder zu Emily hin und zurück. Es dauerte ein paar Minuten, dann kam JoJo, und Sean geriet völlig aus dem Häuschen, er quietschte und paddelte mit den Füßen, wie ich es noch nie bei ihm erlebt hatte.

»Delfin kommt!«, schrie er und strampelte, dass ich ihn kaum noch halten konnte.

Ich hatte JoJo noch nie mit einem Kind bekannt gemacht, wusste also nicht, wie er reagieren würde. Würde er eifersüchtig werden und wie bei Emily versuchen, sich zwischen uns zu drängen? Als ich die Rückenflosse auf uns zukommen sah, packte ich Sean noch fester, aber JoJo bremste rechtzeitig, hielt vor uns an, legte sich auf die Seite und betrachtete mich aus einem seiner runden Augen.

»Keine Sorge, JoJo, das ist ein Freund«, säuselte ich in beruhigendem Tonfall. »Schau.« Ich atmete blubbernd unter Wasser aus, und Sean machte es mir sofort nach. Ich schickte JoJo freundliche Willkommensgedanken.

Er verstand wohl, jedenfalls umschwamm er uns gemächlich, ohne zu tauchen und das Wasser allzu sehr aufzuwühlen.

»JoJo Freund, JoJo Freund, JoJo Freund.« Seans Singsang war die reine Freude, er strahlte nur so. Jetzt war der Moment gekommen. Ich ließ ihn los, und er paddelte tatsächlich ein kleines Stück wie ein Hund, ganz allein! Als es schwierig wurde, griff ich ihm unter die Arme, damit er gar nicht erst das Gefühl bekam, er könnte untergehen. Wieder sprudelte er mit dem Gesicht im Wasser Blasen und rief dann: »Ich schwimm!«

JoJo kam heran und blickte Sean direkt in die Augen. Vielleicht dachte er, der Junge sei unser Kälbchen und ich würde ihm gerade beim Atmen helfen, wie es unter Delfinen üblich ist. Dieser Ablauf – halten, loslassen und wieder halten – war JoJo sehr vertraut, denn genauso war es damals für ihn gewesen, als ich ihn das erste Mal retten musste. In immer enger werdenden Kreisen schwamm er um Emily, Sean und mich herum, bis wir ganz dicht beieinander standen.

Emily schüttelte die ganze Zeit über staunend den Kopf, dann kam dieses so charakteristische Beben der Nasenflügel, das Tränen ankündigte. Sie schnüffelte, und schon glänzten ihre Augen wie Glas im Sand. Auch mich ließ Seans Freude nicht unberührt.

Es war der erste von vielen »Blasenring-Augenblicken«, die ich JoJo verdanke. Wie doch sein Delfingeist uns alle umfing!

* * *

Ein paar Wochen später hatte ich bei meinem nachmittäglichen Schwimmausflug mit JoJo Lust, über die Sandbänke mit ihren monotonen weißen Landschaften hinauszuschwimmen, als ich bemerkte, dass er zur Seite hin die Gegend mit seinen Ortungslauten abtastete. Es sind hohe Echolottöne, die parallel zum Meeresboden ausgesendet werden, wobei sich der Kopf hin und her bewegt. Auf einmal tauchte ein Torpedobarsch auf und verschwand im Sand. JoJo verfolgte ihn dabei mit Ortungssignalen und stieß den Schnabel plötzlich tief in den Sand. Er zog einen stattlichen Barsch heraus und zeigte ihn mir kurz, bevor er ihn verschlang.

»Aha«, rief ich, »jetzt weiß ich endlich, was es mit deinen Bohrungen neulich auf sich hatte. Ganz schön schlau! Aber mir war ja schon immer klar, dass an dir mehr dran ist als bloß dein hübsches Gesicht.«

Dieses Ortungsverhalten wiederholte sich später in einem Gebiet mit einigen Riffgebilden, in dem die Sicht weniger gut war. Hinter einem größeren Korallengewächs schien er irgendetwas aufgetrieben zu haben, und ich nahm an, dass es sich wohl um einen weiteren Torpedobarsch handelte. Schnell schwamm ich ganz nah heran und spähte in die Sandwolke, die er aufgerührt hatte, und ... au weia, diesmal war es kein Torpedobarsch, sondern ein knapp zwei Meter langer Bullen-

hai, den er auf die wohlbekannte Art gestellt hatte. Beim Anblick des tobenden Hais, der mit allen Mitteln zu entkommen
versuchte, schnürte sich mir dann doch die Kehle zu. Mit der
enormen Kraft seiner Schwanzflosse drückte JoJo den Fisch zu
Boden, der aber wehrte sich energisch, und wenige Augenblicke später war vor lauter Sandwolken überhaupt nichts
mehr zu sehen. Ich wusste, dass JoJo den Hai irgendwann
würde loslassen müssen, um zum Atmen aufzutauchen, aber
da wollte ich dann nicht mehr unbedingt dabei sein.

Haie gehen Unannehmlichkeiten im Allgemeinen lieber aus
dem Weg und meiden Menschen, wann immer es möglich ist,
diesen aber hatte JoJo so richtig in Rage gebracht, indem er ihn
einfach nicht wegschwimmen ließ. Und je länger der Delfin
ihn drangsalierte, desto mulmiger wurde mir. Was ich daran
merkte, dass ich beinahe das Mundstück meines Schnorchels
abgebissen hätte.

Erinnerungen an Dinge, die ich nicht noch einmal erleben
wollte, schossen mir durch den Kopf. Zum Beispiel die beiß-
freudige Muräne in Mexiko, die sich ausgerechnet in mein Gesicht verbeißen musste. Geblieben war mir davon eine Narbe
an der Wange, die wie die Lippenstiftkontur eines Kussmun-
des aussieht. Aber auf der anderen Seite brauchte ich nicht unbedingt auch noch eine.

Mir war klar: Wenn JoJo zum Atmen auftauchte, würde der
Hai erst so richtig loslegen. Also sah ich mich von der Oberfläche aus genau um und war jeden Moment auf den Angriff
gefasst. Ich ballte die Fäuste, um sie dem Hai zwischen die
Augen zu donnern, sollte er auf mich losgehen. JoJo tauchte nur
kurz auf und schon war seine Schwanzflosse wieder im trüben Wasser verschwunden. Ich tauchte ihm nach und sah, wie
er den Hai mehrmals mit dem Schnabel auf den Boden knallte.
Als sich der Fisch einmal sehr heftig wand, hatte ich plötzlich
ein klaffendes Maul voller Zähne unmittelbar vor mir.

Schlagartig fiel mir die Muräne wieder ein. Für einen Sekundenbruchteil erstarrte ich und war nicht einmal zu einer Abwehrbewegung fähig. Es blieb auch keine Zeit, mich mit Drohgebärden zum Verfolger des Hais aufzubauen. Wo also würde die Narbe diesmal sitzen? Sofern es überhaupt noch zu einer kommen sollte …

Rechts von mir wischte etwas vorbei, Wasser wirbelte auf. Weißer Schaum nahm mir die Sicht. *Komm schon, Dean, unternimm etwas!* Ich warf mich nach links. Ich hob eine Faust. Ich schlug zu und traf nur Wasser. Noch ein Schlag, wieder ins Wasser. Wild schlug ich um mich, dann kam von hinten ein Wasserstoß.

Aha, jetzt! Ich wirbelte herum, die Fäuste geballt.

Ich hörte einen dumpfen Aufprall und erkannte undeutlich einen Delfinschnabel. JoJo! Er trieb den Hai zurück. Noch ein dumpfer Schlag.

Jetzt, hoffte ich, waren die Zahnreihen wohl wieder weit genug weg.

Da ich hier offenbar nichts mehr tun konnte, schwamm ich Richtung Strand und ließ den Hai in JoJos »Obhut«. Doch zu meiner Überraschung kam der Delfin hinter mir her und trieb den Hai ungefähr so, wie es ein Schäferhund mit seiner Herde tun würde. Ich hielt an und verfolgte diese düster-bedrohliche, aber irgendwie auch anmutige Szene. Von der Oberfläche her, die Maske unter Wasser, sah ich zu, wie JoJo mit dem Schnabel auf den Rücken des Hais drückte und ihn in meine Richtung schob. Aus den Kiemen des Fisches rieselte Sand, sicher von JoJo mit seiner schlauen Technik hineingeschaufelt. Der Hai schlug jetzt nicht mehr um sich, sondern bewegte sich nur noch äußerst sparsam; offenbar stellte er im Moment keine Bedrohung mehr dar. JoJo schob den Hai erneut kräftig an, direkt auf mich zu, und drehte ab, als sich der Fisch kurz vor meinen Händen befand, die ich schützend ausgestreckt hatte.

Er landete in meinen Armen, und JoJo schob noch einmal, bis der Hai gegen meine Brust prallte. Mein einziger Gedanke war Flucht, doch dann sah ich, dass das Tier gegenwärtig viel zu schwach war, um eine Gefahr für mich darzustellen.

Endlich ließ JoJo ihn in Ruhe, sodass ich ihn von mir wegschieben konnte, um in Richtung Strand weiterzuschwimmen. JoJo bugsierte den Hai direkt hinter mir her. Auf dem Anleger standen ein paar Leute, die das Spektakel verfolgten. Sie machten große Augen, als wir zu dritt näherkamen. Einige Tauchlehrer schnappten sich ihre Kameras und sprangen ins Wasser, um das Ereignis zu dokumentieren.

»Dean«, rief Daniel mir zu, während er seine Bilder schoss, »du musst ja Nerven wie Drahtseile haben!«

»Ganz und gar nicht«, rief ich zurück und deutete mit dem Daumen hinter mich, »nur ein in Salzwasser eingelegtes Gehirn, das auch schon mal scharfsinniger war.«

Als ich aus dem Wasser steigen wollte, schob JoJo den Hai ein weiteres Mal auf mich zu. Er kam mit ziemlicher Wucht an, und ich streckte die Hände aus, um ihn abzufangen. Als ich ihn hielt, ließ JoJo von ihm ab, verfolgte aber genau, wie ich ihn ins tiefere Wasser zurückschob, wo er schwache Schwimmbewegungen zu machen begann. Sofort setzte ihm JoJo wieder zu und drückte ihn in den Sand. Ich rief meinen Freund und er kam auch, aber den Hai brachte er mit. Da er bereit schien, mir den Fisch zu überlassen, nahm ich das Geschenk an. Ich wollte nicht, dass er getötet wurde. JoJo pfiff eine ganze Folge von Tönen, bei der es sich, wie ich später herausfand, um seine Erkennungsmelodie handelte, eine ganz charakteristische Lautfolge, die jedem Delfin zu eigen ist wie uns Menschen der Name.

Er »apportierte« seine Beute noch etliche Male. Bullenhaie sind grandiose Jäger und Räuber, dieser aber war jetzt all seiner Kräfte und Fähigkeiten beraubt und entsprechend ungeschützt. Vielleicht war er alt oder verletzt, dass er so mit sich umspringen ließ. Im Moment stellte er jedenfalls keine Bedrohung dar. Außerdem tat er mir leid. Also forderte ich JoJo auf, ihn mir noch einmal vorzuführen. Dann schnappte ich nach dem erschöpften Kerl und bugsierte ihn in Richtung der Liegeplätze.

»Ich weiß, du bist der Sieger und willst ihn als Spielzeug«, sagte ich zu JoJo, »aber er ist ein Lebewesen wie du und ich, und auch ihm steht es zu, sich frei in seiner Welt zu bewegen.« Ich führte den Hai also weiter und sah mich nach einem möglichen Unterschlupf für ihn um. Ich spülte ihm so gut es ging den Sand aus den Kiemen und fand schließlich ein überhängendes Sims an einer Korallenbank, unter dem auch genügend Strömung für seine Kiemen herrschte. Hier war er vor JoJo geschützt und konnte wieder zu Kräften kommen. Ich gab meinem Freund ein sehr bestimmtes Nein!-Signal, damit er dem armen Kerl nicht weiter zusetzte.

Der Hai zog sich so weit er eben konnte in seinen Schlupfwinkel zurück. JoJo folgte mir zum Strand, wo ich mich von ihm verabschiedete, und kehrte dann noch einmal zu dem Hai zurück. Der war jetzt aber nicht mehr zu erreichen, und so ließ ihn JoJo schließlich in Ruhe. Irgendwann würde der große Fisch in die türkisblaue Weite entkommen und in der Tiefe verschwinden, um wieder zu dem unerschrockenen Räuber zu werden, der er war. Und vielleicht würden wir ihn ja sogar noch einmal wiedersehen.

Am Abend saßen Emily und ich beim Essen in meinem einsamen Felsennest. Die Sterne schienen zum Fenster herein, als wir uns über die Ereignisse des Tages austauschten und ich von der Hai-Rettung berichtete.

»Weißt du was?«, sagte ich und legte die Gabel hin. »Ich glaube, dass sogar die mundförmige Narbe auf meiner Backe lächeln musste, als dieser arme Hai endlich seine Ruhe hatte.«

»Wenn sie mal nicht jetzt noch lächelt«, erwiderte sie und strich mit dem Finger darüber, dann mit der Rückseite ihrer Hand über meine ganze Wange.

Ich küsste ihre Fingerspitzen. Sie hatte recht. Durch JoJo wurde ich von Tag zu Tag mitfühlender.

JoJo hat mir im Laufe der Zeit viele Haie »geschenkt«. Aber keiner sollte mehr so drangsaliert werden wie der erste, und deshalb übte ich mit JoJo ein entsprechendes Signal ein: ausgestreckter Arm mit einer drehenden Handbewegung. Das funktionierte sehr gut. Sobald JoJo mit einem Hai ankam, musste ich nur diese Bewegung machen, und schon lieferte er ihn bei mir ab. Dann versteckte ich den erschöpften Fisch an der bekannten Stelle, an der ihm JoJo nichts anhaben konnte.

Natürlich begegneten wir nicht nur Haien, sondern schlossen auch Bekanntschaft mit allen möglichen anderen Meeresbewohnern, von denen es in den Riffen sehr viele gab. Hier zeigte sich, dass mein Signal nicht nur bei Haien und Rochen funktionierte, sondern auch bei Schildkröten, Barrakudas, allen Arten von Fischen und sonstigen Lebewesen, sogar bei meinem Hund, wenn er zu weit vom Ufer abkam. Außerdem waren wir gut über die Lieblingsstandorte der Krebse und Hummer unterrichtet und suchten ihre Verstecke immer wieder gern auf. Sobald sich JoJo ihnen auf seine muntere Art näherte, ging manchmal eine ganze Herde von Hummern durch, bis alle ein Versteck unter den Steinen gefunden hatten. Ich fühlte mich dabei manchmal wie ein Hund, der am Strand Möwen aufscheucht, aber die großen Spinnenkrabben waren nicht annähernd so unterhaltsam, weil sie sich nur schwer aus ihren Verstecken verjagen ließen.

Die Krustentiere waren alle gut getarnt, aber JoJo kannte ihre Schlupfwinkel. Er wedelte sie aus ihren Löchern, und wir sahen zu, wie sie sich eilends ein neues Versteck suchten. Bei Krabben war er besonders hartnäckig, weil die sich so sicher verbarrikadiert fühlten. Den Hummern, die sich mit ihrem Schwanzrückstoß recht flink bewegten, setzte er gern nach, aber mit den Krabben verfuhr er anders, nämlich eher so, wie ich es bei dem Einsiedlerkrebs im Muschelgehäuse erlebt hatte. Er drückte den Schnabel mitten auf den Rückenpanzer und nagelte das Tier praktisch fest, bis es mit den Scheren nach ihm langte oder ich es irgendwie in Sicherheit brachte. Spinnenkrabben können recht groß werden und mit ihren Scheren durchaus ein menschliches Handgelenk umfassen. Ich ging immer sehr vorsichtig mit ihnen um, schon im eigenen Interesse. Was Delfine und Krabben miteinander zu schaffen haben, wusste ich nicht, da ich das Spiel erstmals beobachtete und es womöglich auch für JoJo neu war. Aber wir sollten bald etwas lernen, das sich uns beiden einprägte – und sein Interesse erheblich dämpfte.

Ein Tauchplatz, der den Namen Grouper Hole trug, enthielt ein großes Korallengewächs, in dem viele Krabben beiderlei Geschlechts lebten und das gern von Tauchern besucht wurde. Als JoJo meiner Unterrichtsgruppe einmal hierhin folgte, interessierte er sich vor allem für den oberen Teil des Riffs, denn dort lebten die meisten Krabben. Als Tauchlehrer fischte ich immer eines dieser Tiere vorsichtig aus seinem Unterschlupf und führte es der Gruppe vor, um es dann ebenso behutsam wieder zurückzulegen. JoJo hing dabei kopfunter über meiner Schulter und wartete, bis ich das Krustentier zur Vorführung absetzte. Anschließend schubste er es ein paar Mal an, bis es sich zu regen begann, und setzte es dann fest, sodass ich es mühelos ergreifen und an seinen Platz zurückbefördern konnte.

Einmal war JoJo dabei so ungeduldig, dass er schon auf die Krabbe losging, als ich sie noch gar nicht ganz aus ihrem Versteck gehoben hatte. Dieses unbedachte Vorgehen sollte sich als wenig vorteilhaft erweisen. Solange man ruhig und vorsichtig mit ihnen umgeht, sind Krabben recht umgänglich. Aber JoJo wollte unbedingt spielen und im Mittelpunkt stehen. Bereits auf dem Weg hierher hatte er immer wieder an meinen Flossen gezupft.

Und schon als es sich die Gruppe im Sand um die Krabbenkorallen bequem machte, erging sich JoJo in allerlei aufgeregten Lautäußerungen. Immer wenn ich eine Krabbe hatte, konnte ich damit rechnen, dass JoJo mir still abwartend über die Schulter blickte, bis ich sie absetzte. Diesmal aber kam er sofort pfeifend und schnalzend näher und wollte die Krabbe schon festnageln, als sie noch mit einem Bein Halt in ihrem Unterschlupf hatte. Die Schere fuhr herum, und legte sich blitzartig um JoJos Schnabelspitze.

Vor Schreck riss der Delfin die Augen weit auf und begann wie wild den Kopf zu schütteln, doch damit wurde er die Krabbe nicht los. Dann raste er wie angestochen davon, aber auch die schiere Geschwindigkeit erbrachte nicht das gewünschte Ergebnis. Infrage kamen jetzt nur noch äußerst energische Maßnahmen.

Schon am nächsten Felsen wurde die Krabbe von ihrem Schicksal ereilt. JoJo umrundete die Stelle mehrmals mit hoher Geschwindigkeit und schlug die Krabbe dabei immer wieder gezielt auf den Stein; und plötzlich sah man das arme Tierchen über den Meeresboden humpeln – ohne seine Schere. Die hing nach wie vor wie eine riesige Wäscheklammer an JoJos Schnabel. Hilfe suchend und offensichtlich ziemlich entsetzt kam er auf mich zu. Wir schwammen zur Oberfläche, wo ich ihn schmunzelnd »operieren« konnte.

»Jetzt kapierst du vielleicht, dass du deine Nase nicht in alles stecken musst.«

Meine Tauchschüler lachten blubbernd über das entsetzte Schnattern, das JoJo angestimmt hatte, als ihn die große Schere packte. Dic Krabbe hatte inzwischen wieder Deckung gesucht, auf ihre wie verwaist daliegende Schere aber schimpfte JoJo immer noch ein.

Wir tauchten alle wieder ab, und JoJo war gleich wieder bei der Korallenbank, gab hohe Summtöne von sich und klappte das Maul auf und zu. Er schlängelte hin und her und auf und ab, schickte seine Ortungslaute in alle Ritzen, um weitere Krabben aufzuscheuchen. Dann blieb er vor mir stehen und fixierte mich, bevor er weiterzwitscherte. »Ich weiß schon, was du willst, JoJo«, sagte ich. »Aber reicht es dir denn nicht für heute, brauchst du wirklich noch eine Runde?«

Mir stand überhaupt nicht der Sinn danach, eine weitere Krabbe aus ihrem Versteck zu holen, aber genau das wollte JoJo offenbar. Seine Gebärden und Laute waren so eindeutig, dass vier meiner sechs Tauchschüler ebenfalls für eine zusätzliche Vorführung votierten. Aber nein, ich ließ die Tierchen in Ruhe, vielleicht hätte JoJo das nächste ungespitzt in den Boden gerammt. Oder die Krabbe hätte ihm ein Stückchen aus seinem Schnabel herausgezwackt. JoJos Kampfgeist war ungebrochen, und vielleicht tat es ihm, wie uns allen, ganz gut, zu lernen, dass ein verlorenes Match keine Schande ist.

Im Übrigen änderte sich JoJos Verhältnis zu den Spinnenkrabben danach erheblich. Sein Interesse wurde etwas distanzierter, nach wie vor aber stöbert er sie gern aus ihren Verstecken. Wenn ich heute eine Krabbe zur Vorführung auf den Boden setze, bleibt JoJo außerhalb des unmittelbaren Aktionsradius dieses Krustentieres – was natürlich besonders für die große Beißzange gilt. Er spürt die Tierchen auf und pirscht ihnen nach, wenn er sie irgendwo ungeschützt antrifft, aber den Druck auf den Rückenpanzer, mit dem er sie früher immer festnagelte, übt er heute nicht mehr aus. Man kann ihm das Tier hinhalten, so viel man will, für Kontakte dieser Art ist er nicht mehr zu haben. Meiner Einschätzung nach ist ihm da etwas in Erinnerung geblieben, er reift und lernt – und viel-

leicht wächst auch sein Respekt gegenüber den anderen Be-
wohnern des Meeres.

Und diese Verständnisbereitschaft umfasst immer mehr
Spezies.

Der Homo sapiens aber stellte andere Erwartungen an JoJo,
und diese hatten so gut wie immer etwas mit den Verhaltensweisen zu tun, die an Delfinen beobachtet worden waren, die
in Gefangenschaft lebten. Nur zu gern hätte man ihn irgendwelche antrainierten Kunststückchen präsentieren sehen.

»JoJo ist ein wilder Meeressäuger, der führt überhaupt nichts
vor«, erklärte ich meinen Schülern. »Doch wenn ihr ihn genau
beobachtet, werdet ihr feststellen, dass er viel mehr ›kann‹ als
jeder Delfin im Aquarium.«

An der Stelle, an der ich immer den Einführungsunterricht
für Anfänger erteilte, wohnte in einer Spalte unter dem Anleger ein Hummer, den ich JoJo und den Teilnehmern auch jedes
Mal zeigte. Dabei legte ich die Zeigefinger wie Fühler an den
Kopf und deutete auf das Tier – das Taucherzeichen für die
Sichtung eines Hummers. Einmal schwamm JoJo gleich nach
dem Handzeichen voraus und lugte in das Versteck. Es sah
ganz so aus, als würde er das Signal richtig interpretieren. Er
schwebte einfach vor der Wohnung des Hummers und starrte
ihn lange an. Sein Verhalten erstaunte mich, obwohl ich mir
natürlich nicht ganz sicher sein konnte, ob er die Bedeutung
des Handzeichens nun wirklich verstand oder einfach auf der
üblichen Route vorausschwamm.

Nach dem Tauchunterricht hielten JoJo und ich uns noch eine
Weile an dem Platz auf und spielten, als Paula mit einer Gruppe von dreißig Touristen ankam, die gerade erst eingetroffen
waren. Paula arbeitet in einem Ferienhotel, und zu ihren Auf-
gaben gehört es, den neuen Gästen einen ersten Eindruck von
der Umgebung zu verschaffen. Sie nahm die Gelegenheit
wahr, die Gruppe auf JoJo und mich aufmerksam zu machen.

»Fassen Sie den Delfin bitte nicht an«, schärfte sie den Leuten ein. »Er ist zwar lieb und nett, aber eben doch ein wildes Tier. Und so besteht immer die Gefahr, dass er mal zubeißt.« Dann fragte sie mich: »Dean, ob uns JoJo wohl einen Hummer zum Abendessen besorgen könnte?«

»Aber sicher doch«, gab ich scherzhaft zurück und wandte mich zu JoJo um, der im flachen Wasser direkt neben mir lag und mich ansah. Sobald er das Hummerzeichen sah, zischte er mit einem mächtigen Schwanzschlag davon. Anfangs dachte ich noch, es bestünde überhaupt kein Zusammenhang und Jo-Jos schnelle Abreise hätte vielmehr mit einem anspringenden Bootsmotor zu tun – aber die Touristen nahmen natürlich an, ich hätte JoJo tatsächlich auf Hummerfang geschickt. Paula kam heran und fragte ganz leise, ob JoJo jetzt wirklich auf Hummersuche sei, und ich antwortete: »Quatsch! Er schwimmt einfach ein bisschen herum und ist bestimmt gleich wieder da.«

»Los, komm, wir ziehen die Nummer trotzdem durch«, flüsterte sie mir hinter vorgehaltener Hand zu.

Ich nickte, setzte eine seriöse Miene auf, um nicht laut loszulachen, und wandte mich an die wartende Menge.

»Also Leute, haltet die Augen offen und passt genau auf JoJo auf, sonst lässt er den Hummer womöglich wieder laufen, bevor ihr ihn gesehen habt.« Mit der Hand machte ich die große Geste des Zauberkünstlers, der gleich eine Taube unter einem Tuch hervorzieht. Dabei mied ich Paulas Blick, sonst hätten wir sicher laut losgeprustet.

Die Touristen wandten den Blick nicht vom Wasser, keiner wollte den großen Augenblick verpassen. Es waren aber auch leise Zweifel zu hören. Ich war für jeden Fall gerüstet und hatte mir schon eine Pointe für den Augenblick ausgedacht, in dem JoJo mit leerem Maul auftauchen würde. Und da war er auch schon. Aber er *hatte* etwas im Schnabel. Das war doch nicht etwa … Wahrhaftig, er hatte sich den Hummer vom

Liegeplatz geschnappt! Ich konnte es kaum fassen. Er verlangsamte seine Fahrt und präsentierte mir sein Mitbringsel. Eigentlich hätte ich jetzt etwas sagen müssen, aber mir stand nur der Mund offen.

Als routinierter Entertainer fasste ich mich jedoch gleich wieder, legte die Hände um das Krustentier, und als JoJo es losließ, hob ich die Arme, damit alle den Fang begutachten konnten. Die Touristen am Strand applaudierten so begeistert, als hätten wir gerade den Todessprung aus der Zirkuskuppel gewagt. Woher sollten sie auch wissen, dass JoJo noch nie einen Hummer gefangen oder gar auf mein Handzeichen hin apportiert hatte?

»Das hat er noch nie gemacht«, sagte ich zu Paula. Wir sahen uns den Hummer an und lachten darüber, dass die Leute allen Ernstes glaubten, für JoJo sei so etwas Routine.

JoJo sah mich noch einmal an wie bei der Auftragserteilung, wobei er unter Wasser leise pfiff. Ganz offensichtlich verfügte er über dieselbe erstaunliche Kombinationsgabe wie Delfine, die in Gefangenschaft leben; in der freien Natur aber war dergleichen noch nie beobachtet worden. Ich zwinkerte ihm zu und musste über mich selbst lachen, da ich ihn zweifellos wieder einmal unterschätzt hatte. Als Paula mit den Leuten weiterging und sich das Gemurmel allmählich verlor, brachte ich den Hummer zu seinem Unterschlupf zurück, während JoJo eine Melodie pfiff, die ich schon einmal gehört hatte, als er seinen Besitzanspruch auf das Gehäuse der Meeresschnecke anmeldete.

Hin und wieder gebe ich JoJo das Hummerfangsignal, und wenn wir unterwegs sind, bringt er auch manchmal einen. Befinden wir uns jedoch in der Nähe des Anlegers, dann schwimmt er nur zum Hummerversteck hin und schaut hinein. Ich weiß genau, dass er das Signal versteht, aber oft hat er keine Lust, darauf einzugehen. Doch das gehört wohl auch zu seinen bereits beschriebenen Verhaltenszyklen. Anfangs dachte ich bei seinen erstaunlichen Benehmen immer erst einmal an Zufall, bis mir dann auffiel, dass diese Zufälle einfach zu häufig auftraten. Er ließ sich eher auf neue und noch nicht eingespielte Gedanken und Erwartungen und damit verbundenes Verhalten ein als auf bereits eingeübte Signale und Abläufe. Die Initiative musste von ihm kommen, und viel hing davon ab, wie er gerade aufgelegt war. Wenn ich mich ihm ohne bestimmte Absichten nähere, einfach spielbereit, kann es zu den unglaublichsten Überraschungen kommen. Es ist dann so, als könnte er meine Gedanken lesen, wir sind keine verschiedenen Arten mehr, die nur mutmaßen können, was im anderen gerade vorgeht – wir sind dann *ein* Geist auf derselben Gedankenwelle.

AUS DER SICHT EINES DELFINS

Seit unserem nächtlichen Abenteuer außerhalb des schützenden Riffrings fasste JoJo immer mehr Vertrauen zu mir; das berührte mich, bedeutete mir viel – und ich hoffte, dass *ihm* unsere Freundschaft genauso viel bedeutete. Ich wunderte mich immer noch darüber, dass dieser Delfin gerade mich ausgesucht hatte. Ich nahm unsere Beziehung sehr ernst, ernster vielleicht sogar als den Umgang mit vielen meiner Mitmenschen.

Es war einer jener Tage, an denen JoJo am Nachmittag um fünf Uhr auftauchte. Als ich mich ins Wasser stürzte und anfing zu schwimmen, drehte er sich nach rechts, kreuzte meine Bahn unmittelbar vor mir und zeigte mir seine linke Körperseite.

»JoJo, nein«, stöhnte ich auf, als ich drei tiefe Einschnitte sah, die sich mit jeder Bewegung seiner Brustflosse öffneten und schlossen. »Was ist geschehen? Kannst du damit überhaupt schwimmen? Ich kümmere mich darum, ich bringe das in Ordnung, versprochen.«

Antworten konnte er mir darauf natürlich nicht, aber er hielt sich rechts neben mir und schwamm mit langsamen, unbeholfenen Bewegungen weiter. Rechts von mir zu schwimmen war für ihn bestimmt beschwerlich, weil dadurch mit jeder meiner Bewegungen Wasser in seine Wunden gespült wurde. Schließlich wechselte er dann auch auf die andere Seite und achtete darauf, mir nicht zu nahe zu kommen. Ich hätte mir seine Verletzungen gern näher angesehen, das war jetzt aber kaum mehr möglich. Irgendwie erinnerte er mich an ein Kind, das Mami seine Wunden zeigen möchte – nur berühren soll sie sie nicht. Sobald JoJo den Eindruck zu bekommen schien, dass ich mich nicht genügend um die Verletzungen kümmerte, schwamm er so durch mein Blickfeld, dass ich sie sehen *musste*. Ich schloss dann kurz die Augen und betete um Heilung. Meine gesamte Energie konzentrierte ich darauf.

Die Wunden sahen so aus, als wären sie von einer Bootsschraube geschlagen worden – aber vielleicht gab es noch andere Möglichkeiten. Welches von all den Booten hier mochte es gewesen sein? Ich hatte JoJo am Vortag gesehen und nahm an, dass der Unfall wahrscheinlich hier in der Bucht passiert sein musste. Gab es noch andere scharfe Kanten, die solche Wunden verursachen konnten? Ich musste unbedingt etwas gegen diese ständigen Verletzungen unternehmen! Mein Freund würde das Jahr nicht überstehen, wenn er weiterhin so zugerichtet wurde.

»Ich komme schon noch dahinter, JoJo, warte nur ab«, rief ich ihm nach, als er mit eckig wirkenden Bewegungen davonschwamm, hoffentlich zu einem ruhigen Ort, an dem er vor Haien geschützt war. »Ich werde so oft wie möglich kommen und nach dir sehen.«

Zuerst war jetzt für JoJos Sicherheit und Genesung zu sorgen. Außerdem musste ich die Leute von JoJos erneutem Unfall unterrichten. Und drittens brauchte ich einen Plan für den Fall, dass sich sein Gesundheitszustand verschlechtern sollte.

Ich überlegte weiter, wodurch JoJos Verletzung entstanden sein mochte. Ob es vielleicht Korallen waren? Der Fangrechen an einem Boot? Wasserski? Stand womöglich am Rumpf irgendeines Segelboots etwas Scharfes vor? Ich watete an Land, ging den Strand ab und sah mir die Boote an, die an Stegen oder Bojen vertäut waren. Da ich die Unterseite der meisten

Boote kannte, wusste ich ziemlich genau, welche ich mir genauer ansehen musste.

Mit Maske und Schnorchel in der Hand und großem Zorn im Herzen stapfte ich durch den weichen Sand. Diese Verletzungen mussten aufhören, zum Donnerwetter! Mein Verdacht fiel auf ein bestimmtes Segelboot. Ich watete ins Wasser, vergewisserte mich, dass ich nicht beobachtete wurde, legte Maske und Schnorchel an und tauchte ab. Am Rumpf des Bootes fand ich aber nichts, was JoJos Wunden hätte erklären können. Anschließend versuchte ich noch, unbemerkt bis zu einem in etwa hundert Metern Entfernung an einer Boje vertäuten kleinen Fischerboot zu tauchen, doch da ich nicht tief genug eingeatmet hatte, musste ich zwischendurch an die Wasseroberfläche, um Luft zu holen. Dabei sah ich mich wieder nach den Leuten am Strand um.

Doch zum Glück achtete kein Mensch auf mich. Die nächste Phase meiner Spionageaktion würde noch kniffliger werden, denn jetzt wollte ich die Boote am Anleger in Augenschein nehmen. Sollte ich mich vom Strand her anschleichen oder lieber vom Steg aus? Vor lauter Zorn war mir ganz kalt, aber ich musste unbedingt wissen, wo JoJos Verletzungen herkamen, und ging deshalb zum ersten Anleger. War mein Schritt auch unauffällig genug? In kurzen Tauchgängen untersuchte ich ein Boot nach dem anderen – stundenlang, bis ich schließlich so fror, dass ich am ganzen Leib zitterte und meine Fingernägel schneeweiß wurden. Welches Boot aber als Übeltäter infrage kam, falls überhaupt eines, wusste ich immer noch nicht. Doch die Wut in meinem Bauch machte mir zunehmend zu schaffen.

Ich stieg auf einen Steg und setzte mich mit baumelnden Füßen in die Sonne, die mich allerdings auch nicht mehr richtig aufwärmen konnte.

All die vielen Verletzungen. Und die Narben. Wir hatten beide reichlich davon.

Ich fand JoJo am späten Nachmittag in den Mangroven, wo er in solchen Fällen meistens Zuflucht suchte. Ich hatte mir einen Tauchanzug angezogen, um nicht zu frieren, und trug den geladenen »Bangstick« bei mir. JoJo war nicht zum Reden aufgelegt und auch ich sprach nicht wie sonst in Worten mit ihm. Aber ich dachte zu ihm hin, und auf diese Weise waren wir trotz allem verbunden. Keine Frage, dass ich bei ihm sein musste – als Freund, Gefährte und Beschützer. JoJo blutete immer noch, und im Dunkeln bestand die Gefahr, dass er von Haien aufgespürt wurde. Also blieb ich die ganze Nacht zugegen und wachte über ihn wie eine Mutter über ihr krankes Kind. Zum Glück war es eine laue Nacht, und auch JoJos Körperwärme kam mir zugute. Die ganze Zeit über behielt ich den Zugang zu dem runden Tümpel im Auge. Nichts und niemand würde sich unbemerkt nähern können.

Am späten Abend tummelten sich unzählige Glühwürmchen über dem Wasser, sonst war alles ruhig. In den frühen Morgenstunden sah ich dann, dass JoJos Wunden nicht mehr bluteten. Ich setzte mich neben ihn, der Himmel färbte sich orangerot und schließlich ging die Sonne auf. Die Nacht war überstanden.

Als die Sonne etwas höher stand, schwamm ich ins Freie, zu einer flachen Stelle über einer Sandbank. Vielleicht würde JoJo mir folgen, damit ich ihn untersuchen konnte. Er kam tatsächlich, wandte seine verletzte Seite aber zunächst von mir ab. Erst im Seichten nahm er eine andere Körperhaltung ein. Er legte sich quer vor mich, wie er es mitunter tat, wenn er verhindern wollte, dass ich an Land ging, zeigte mir seine verletzte Seite und begann zu glucksen. Ich näherte mich ihm mit dem Kopf auf Höhe der Wasseroberfläche und gab ihm das Abschleppsignal – in der Hoffnung, seine Wunden näher betrachten zu können.

Es funktionierte.

Er nahm meine Hand in den Mund, zog aber nicht daran. Er blieb ganz ruhig mit meiner Hand zwischen den Kiefern liegen und ich beobachtete, wie er langsam die Augen schloss und wieder öffnete. Er hatte Schmerzen. Mein armer Freund! Vorsichtig zog ich meine Hand aus seinem Maul, um mich in eine Lage zu bringen, in der ich mir seine Wunden besser anschauen konnte.

»So ist's fein, JoJo«, sagte ich, während er ganz vorsichtig etwas stärker zubiss. Gut. Er war nicht angespannt. Gegen seinen sanften Widerstand zog ich meine Hand weiter heraus, bis er nur noch die Fingerspitzen im Schnabel hielt. Der Blick aus seinem Auge sagte mir, dass er nicht vorhatte, sich zu wehren.

»Ich weiß, es tut weh, JoJo«, sagte ich, als er leicht zuckte. »Aber ich bin ja bei dir, alles wird gut.« Ich wartete, bis er sich wieder ganz entspannt hatte, und bewegte ihn dann langsam, nur mit den Fingerspitzen, ins noch flachere Wasser. Hier im nabeltiefen Wasser konnte ich mir seine Verletzungen genau ansehen. JoJo verfolgte jede Bewegung von mir, machte jedoch keine Anstalten zur Flucht.

»Oje, die sind aber wirklich tief«, seufzte ich angesichts der langen klaffenden Wunden. Er ließ mich ganz genau hinsehen. Die tiefen Schnitte öffneten und schlossen sich mit jedem Flossenschlag, ja sogar durch die bloße Bewegung des Wassers. Erleichtert stellte ich fest, dass wenigstens keine Sehnen verletzt waren oder sonstige schwer zu versorgende Teile seines Körpers. Es handelte sich um reine Fleischwunden, die heilen und ihn später nicht weiter beeinträchtigen würden.

Plötzlich wurde mir bewusst, dass wir eine für beide akzeptable Möglichkeit des engen Kontakts gefunden hatten, die mich in die Lage versetzte, notwendige Untersuchungen und vielleicht sogar Behandlungen an ihm vorzunehmen.

Einen Augenblick lang fühlte ich mich in meine Kindheit in Kalifornien zurückversetzt und diente im Rahmen einer von meinen Eltern geleiteten wunderbaren Heilzeremonie als Gefäß beziehungsweise Übermittler heilender Energien. Wie ich damals vor einer mit Wasser gefüllten Schale gestanden hatte, um mich ausschließlich auf positive Kräfte zu konzentrieren und alles Negative an mir vorbei an den dafür vorgesehenen Ort im Universum ziehen zu lassen, so stand ich jetzt vor JoJo und visualisierte weißes Licht, das seine tiefen Schnittwunden verschloss.

Da JoJo so gefasst und aufnahmebereit wirkte, wollte ich seine Zuversicht stärken und noch ein bisschen mit ihm schwimmen, um ihm dabei positive Energien und Gedanken der Heilung zu schicken. Er nahm erneut meine Hand und zog mich zum ersten Bootsanleger, ungefähr fünfzig Schritte vom Strand entfernt.

Um ihn ein wenig von seinen Verletzungen abzulenken, hob ich ein Schneckengehäuse auf und warf es ihm zu. Ein paar Minuten lang spielten wir miteinander. Dann gab ich JoJo das Abschiedssignal und wollte ins Flachwasser schwimmen. Doch er legte sich sofort quer vor mich hin. Natürlich gab ich nach, und wir spielten das Ganze noch ein paar Mal durch: intensiver Blickkontakt, bei dem ich meine Heilgebete wiederholte, dazu JoJos Lautäußerungen und dann noch ein bisschen Schneckenschalenspiel.

Entscheidend war der direkte Blickkontakt. Je mehr und intensiver wir uns in die Augen schauten, desto besser wurde unser Verständnis füreinander, das so erstaunliche Dinge zwischen uns ermöglichte. Mir wurde klar, dass jeder körperlichen Annäherung ein direkter Blickkontakt vorausgehen musste.

Ich sagte: »Ich weiß, du hättest es jetzt lieber, wenn ich bei dir bleiben würde. Im Moment aber ist es überaus wichtig, dass ich endlich herausfinde, weshalb du dich immer wieder verletzt.« Ein letztes Mal warf ich das Schneckengehäuse, dann verabschiedete ich mich. Ich sprang in meinen Wagen und fuhr heim. Während der Fahrt dachte über die vielen Verletzungen nach, die sich JoJo im Laufe des vergangenen Jahres zugezogen hatte und die ja nicht nur körperliche, sondern auch seelische Spuren hinterließen. Ich wollte mit jemandem darüber sprechen und rief Emily an.

»Na ja«, sagte sie mit ihrer sanften Stimme, »seit dem Zusammenstoß mit dem Jetboot seinerzeit ist JoJo nicht mehr besonders gut auf solche Boote zu sprechen.«

»Ich weiß«, antwortete ich. »Er ist so aggressiv geworden, dass sich kaum noch einer zu fahren traut, wenn er in der Nähe ist.«

Ich musste allerdings zugeben, dass ich auch eine gewisse Bewunderung für die cleveren Taktiken empfand, mit denen JoJo selbst die besten Wasserskifahrern von den Brettern warf. Er lauerte unter dem Anleger. Da wurde er zwar immer von fünfzig Leuten auf dem Steg gefilmt, aber er tat einfach so, als wären sie gar nicht da. Und sobald die Skifahrer im Wasser das Kommando gaben und das Boot anzog, zuckte JoJo bereits mit der Schwanzflosse, wie eine Katze den Schwanz hin und her schnellen lässt, wenn sie ein Beutetier entdeckt.

Hatte das Boot genug Fahrt aufgenommen, um den Skifahrer aus dem Wasser zu heben, steuerte ihn JoJo von schräg hinten an und sprang dann so auf die Ski, dass sie dem Sportsfreund von den Füßen rutschten und er in einer großen Gischtwolke ins Wasser platschte. JoJo umrundete ihn dann noch einmal triumphierend und ging anschließend wieder unter dem Anleger in Lauerstellung.

Die Wasserskilehrer versuchten das Ganze ein bisschen weiter hinaus zu verlegen und dafür zwei Anfänger gleichzeitig starten zu lassen, aber es nützte nichts, JoJo fegte sie beide von ihren Brettern. Das wurde so schlimm, dass manchmal tagelang kein Einziger auch nur aus den Startlöchern kam. Für JoJo und die unbeteiligten Zuschauer war das sicher sehr unterhaltsam und ich stimmte auch gern in das Gelächter ein, die Leute aber, die Wasserski fahren oder es anderen beibringen wollten, zeigten sich weniger begeistert. Am lautesten beklagte sich Maria, die das ganze Wasserskigeschäft leitete.

»Dean, kannst du nicht irgendwas machen mit deinem Delfin?«, jammerte sie.

»Erstens ist das nicht mein Delfin«, erklärte ich ganz ruhig. »Er gehört mir nicht. Er ist frei und wild. Außerdem sind wir es, die sich in seiner angestammten Heimat breitmachen, nicht umgekehrt.«

»Ja, schon, aber diese Leute machen wirklich eine Menge Kohle locker, um hierher zu fliegen, und dann wollen sie natürlich auch was haben für ihr Geld.«

»Nicht mein Problem«, sagte ich und hätte am liebsten hinzugefügt, dass für mich ihr Wasserskibetrieb das eigentliche Problem war. Ich dachte an JoJos jüngsten Unfall und fragte mich, ob ihn wohl eines der Zugboote so zugerichtet hatte.

»Das heißt, du willst gar nicht erst versuchen, mir zu helfen?«

Ich zuckte die Schultern. »Was soll ich da groß versuchen, JoJo macht sowieso, was er will.«

Sie warf mir noch einen missbilligenden Blick zu und stapfte davon.

Zwei Wochen danach erfuhr ich, dass Maria sich vorgenommen hatte, JoJo eine Lektion zu erteilen, um die ständigen Störungen zu unterbinden. Sie baute sich mit einem Wasserski in den Händen in ihrem Boot auf und wartete darauf, dass JoJo vorbeischwamm. Als es dann soweit war, holte sie mit dem Glasfiberbrett aus und ließ es auf JoJos Rücken klatschen. Er schoss aber nicht davon, wie sie es wohl erwartet hatte, sondern beschloss, die Rechnung auf der Stelle zu begleichen. Mit einem Schlenker der Schwanzflosse schlug er Maria den Ski aus der Hand, dass er nur so übers Wasser schlitterte. Und damit nicht genug, klemmte er sich den Ski unter die Flosse und verstaute ihn auf dem Meeresboden unter irgendwelchen schweren Gegenständen.

Daraus entwickelte sich ein Kleinkrieg zwischen Maria und JoJo, bei dem die junge Frau den Kürzeren zog. Während JoJo bis dahin wahllos jeden Wasserskifahrer vom Brett geschubst hatte, konzentrierte er seine Attacken von nun an ganz gezielt auf Marias Kundschaft. Im Laufe der folgenden Woche eskalierte der Konflikt. JoJo kam immer völlig überraschend und mit solcher Wucht an, dass keiner von Marias Schülern sich auf den Brettern halten konnte. Das brachte nun wieder Maria derart in Rage, dass sie keine Gelegenheit ausließ, JoJo vom sicheren Boot aus eins überzuziehen. Sie wollte sich offenbar unbedingt gegen ihn durchsetzen, was ich ziemlich dumm und gedankenlos fand. Sie begriff einfach nicht, dass ein Tier die Welt ganz anders wahrnimmt als wir Menschen.

Und auch ihr Sicherheitsgefühl sollte sich als falsch erweisen. Sie hätte wissen müssen, dass sie sich nicht immer im Boot aufhalten würde und dass das Wasser JoJos Welt war.

Ich glaube, durch ihr Verhalten brachte sich Maria selbst in die Lage, dass sie von JoJo zunehmend als die eine Person gesehen wurde, der er seine vielen unsanften Begegnungen mit harten Skibrettern zu verdanken hatte. Aus seiner Sicht war sie wohl die alleinige Ursache all seiner Zusammenstöße, auch mit Booten. Das führte dazu, dass er sich grundsätzlich in der Nähe von Marias Boot aufhielt, um ihre Kunden umzuwerfen. Die verlorenen Ski klemmte er sich dann wie gehabt unter die Flosse, um sie an einem der Liegeplätze unter eine Kette zu stecken. Wenn ein Ski nicht wieder auftauchte, musste jemand tauchen und nach ihm suchen, und das Versteck konnte überall sein.

Als Emily und ich später mit Sean und JoJo in unserer kleinen Bucht planschten, bog sich Emily vor Lachen, als ich ihr die Geschichte erzählte.

»Du meinst, er verschleppt wirklich den Ski und versteckt ihn da unten?« Die Lachfältchen um ihre blauen Augen – zauberhaft!

»Allerdings. Und die Gesichter müsstest du sehen.« Ich blickte grimmig und mit aufgeblasenen Backen drein, was Emily nur noch mehr zum Lachen brachte.

Für die Skilehrer war das alles ziemlich ärgerlich, für Maria aber sollten die eigentlichen Schwierigkeiten, wie bereits angedeutet, erst noch kommen. Wenn das Wasserskigeschäft am Abend endete, vertäuten die Skilehrer ihre Boote außerhalb der Schwimmzone an Bojen und schwammen an Land. Hier nahm sich JoJo vor der abendlichen Runde mit mir eigens Zeit, um Maria an Land zu geleiten. Da ich dann immer schon da war und auf ihn wartete, konnte ich das Geschehen genau verfolgen. Er ließ nichts aus, knabberte an ihren Zehen, spritzte ihr mit der Schwanzflosse Wasser ins Gesicht, schob sie hierhin und dahin – kurz, sie kam nur mit großer Mühe an den Strand. Ich ärgerte mich zwar über ihr Verhalten, aber sie tat mir auch ein wenig leid. Ich wäre auch nicht gern das Ziel von JoJos Rachefeldzügen gewesen.

Wenn ich zu Maria schwamm und sie begleitete, nahm sich JoJo zusammen, aber wehe, ich war einmal nicht da. Das Katz-und-Maus-Spiel begann in dem Moment, in dem Maria ins Wasser ging. Sofort setzte er ihr nach, tauchte unter ihr durch, umrundete sie. Manchmal schwamm er auch neben ihr her, als wäre nichts, aber wenn sie dann gerade ihren Rhythmus gefunden hatte, versetzte er ihr einen Schlag mit der Schwanzflosse. Manchmal ließ er sie fast bis an den Strand gelangen, sobald sie aber festen Boden unter den Füßen hatte, stellte er sich ihr in den Weg und drängte sie zurück.

Dann blieb Maria nichts anderes übrig, als wieder in ihr Boot zu steigen und zu warten, bis irgendwer sie mit dem Ruderboot abholte. JoJo zeigte ihr, wie das Leben aus der Sicht eines Delfins läuft. Und dessen wurde er nicht müde. Seine Nachstellungen ließen Maria schließlich keine andere Möglichkeit, als den Weg zu ihrem Boot und zurück tagtäglich in einem kleinen Beiboot zurückzulegen.

Das aber fand JoJo unsportlich. Jetzt fing er an, dem Dingi den Weg abzuschneiden und es mit der Schwanzflosse zu bearbeiten. Er setzte ihm derart zu, dass es sich bei jedem Schlag ein gutes Stück aus dem Wasser hob. Manchmal warf er sich auch mit dem ganzen Körper dagegen, sodass es völlig die Richtung verlor und beinahe kenterte. Nach einiger Zeit war das nicht mehr mit anzusehen. Ein neuer Plan musste her. Wenn ich nicht da war, um Maria zu eskortieren, musste sie ihr Wasserskiboot bis zum Anleger fahren, aussteigen und es dann von jemandem zu seinem Liegeplatz bringen lassen, den JoJo unbehelligt an Land schwimmen ließ.

»Ich wollte ihm doch nicht wehtun«, sagte Maria. »Es ging mir doch nur darum, dass er meine Wasserskifahrer in Ruhe lässt, damit ich meinen blöden Job machen kann. Ich konnte doch nicht ahnen, dass er es derart krummnimmt.«

Ich fragte sie, wie oft sie ihn geschlagen habe, aber sie räumte nur das eine Mal ein, das ich mitangesehen hatte. JoJos verschrammter Rücken sagte mir allerdings, dass es öfter vorgekommen sein musste.

Aber ich schluckte meinen Ärger hinunter, schließlich ging es ja darum, die Wogen zu glätten und JoJo das Leben leichter zu machen. »Also, was nun?«, fragte ich.

»Du könntest ihm doch sicher beibringen, mich in Ruhe zu lassen.«

»Das habe ich dir schon erklärt. Er ist wild und tut, was er will. Du hast dich selbst in diese Lage gebracht, und deshalb kann eine Versöhnung auch nur von dir ausgehen.«

Meine persönliche Überzeugung war, dass JoJo ihr einfach eine Lehre erteilte. Sein ganzes Vorgehen war bewundernswert intelligent, aber es konnte natürlich nicht dabei bleiben, dass er Maria ständig so zusetzte.

»Der ist doch einfach verrückt, was könnte ich da tun?«, seufzte sie ärgerlich.

»Wenn du willst, kannst du so denken. Oder aber du einigst dich irgendwie mit ihm. Wenn du mit den Feindseligkeiten aufhörst, will ich gern versuchen, zwischen euch zu vermitteln.«

»Aber ich hab doch ...«, setzte sie an.

Ich hob die Hand und sagte: »Lass das jetzt mal. Möchtest du, dass ich dir helfe, oder nicht?«

»Okay«, grummelte sie. »Was soll ich tun?«

Die nächsten Tage über arrangierte ich es wiederholt so, dass Maria, JoJo und ich uns im Wasser trafen, um das Vertrauen zwischen den Kontrahenten neu aufzubauen. Dabei hatte ich jedoch nie das Gefühl, dass Maria wirklich etwas an JoJos Freundschaft lag. Das Einzige, was sie zu interessieren schien, waren ihre Einkommenseinbußen, die sie dem Delfin anlastete.

»Es tut mir leid, JoJo«, sagte Maria mit einem schweren Seufzer, sobald sie ins Wasser kam. Doch es klang nicht so, als zeigte sie Einsicht und wollte wirklich etwas verändern.

Wann immer sie sich entschuldigte, legte JoJo für kurze Zeit ein tadelloses Benehmen an den Tag. In dem Moment aber, in dem sie aus dem Wasser wollte, hatte er sie sofort wieder beim Wickel. Ich glaube, wenn sie nur einsichtig und aufrichtig gewesen wäre, hätte er ihr verziehen. Tiere nehmen die Gefühlsregungen und wahren Absichten des Menschen genau wahr. Sie sind einem bedingungslos zugetan, wenn man ihnen ebenso begegnet. Wenn etwas die Beziehung stört, hält das nicht lange vor – nicht so lange jedenfalls wie bei Menschen, die ja sehr nachtragend sein können. Bei Tieren, die zu Vergeltungsmaßnahmen in der Lage sind, kann es allerdings schwieriger und sogar riskant sein. Was ich mir aber vor allem wünsche, ist, dass wir Menschen endlich aufhören, nachtragend und rachsüchtig zu sein, egal, wie sehr wir uns im Recht fühlen.

Leider blieben unsere Bemühungen erfolglos. Die Animositäten zwischen den beiden, die sich über einen so langen Zeitraum aufgebaut hatten, legten sich nicht. Das Ganze endete schließlich damit, dass Maria die Insel verließ.

Ich hatte den Eindruck, dass es da um viel mehr ging als um die bloße Vergeltung für ein paar Schläge mit dem Wasserski. Irgendwie schien JoJo Maria für alle Boots- und Wasserskiunfälle bestrafen zu wollen, in die er je verwickelt war. Auch unter Menschen ist es ja nicht ungewöhnlich, dass man auf Unschuldige losgeht, wenn man nur genügend unter Druck steht. Vielleicht besitzt ein Delfin also mehr menschliche Züge, als wir gemeinhin annehmen.

In der einzigen Sprache, die ihm zu Gebote stand, schrie JoJo im Grunde: »Hör auf, mir wehzutun! Lass mich endlich in Frieden leben!«

Die Sache mit Maria verriet mir viel über JoJos Persönlichkeit und sein Erinnerungsvermögen: Er vergaß es nicht, wenn man sich mit ihm anlegte. Aber, überlegte ich weiter, wenn schon ein einzelner wilder Delfin in der Lage ist, Vergeltung zu üben, könnte dann nicht irgendwann der Zeitpunkt kommen, an dem alle Meeressäugetiere endgültig genug haben von den zahllosen Misshandlungen durch den Menschen?

Was, wenn sie ein genetisch fixiertes Gedächtnis für alle Übergriffe des Menschen besäßen? Illegaler Fang, unnötige Grausamkeit, bloßes Nützlichkeitsdenken. Falls ja, dann kann ich nur hoffen, dass ihnen auch all die Gelegenheiten in Erinnerung bleiben, in denen Menschen alles daransetzen, gestrandete Meeressäuger wieder flottzumachen, Delfine aus Fangnetzen zu befreien und die Öffentlichkeit für die Leiden der Tiere zu sensibilisieren.

»JoJo«, sagte ich laut, obwohl ich allein war, »ich hoffe, du erzählst deinen Freunden, dass viele von uns auf eurer Seite stehen.«

* * *

Wieder einmal war JoJo mit einer Blessur gesichtet worden. Auf einer Körperseite hatte sich bei ihm ein baseballgroßer Knoten gebildet, wahrscheinlich ein Infektionsherd. JoJo war zuvor drei Tage nicht mehr in der Gegend von Grace Bay gesehen worden, und in dieser Zeit musste der Knoten entstanden sein. Bei unserem gemeinsamen Schwimmen wirkte der Delfin irgendwie gedämpft. Ich beobachtete ihn genau und sah, dass er in seiner Bewegungsfreiheit erheblich eingeschränkt war. Er gestattete mir, ihn genauer zu betrachten, und neben der Schwellung entdeckte ich drei Einstiche. Ich überlegte, ob wohl vor seinem Verschwinden drei Tage zuvor etwas in seinen Körper eingedrungen sein konnte, das die Infektion ausgelöst hatte. Doch dann fiel mir ein, dass wahrscheinlich der Stachel, den JoJo seit seiner Jugend im Körper hatte, für das Problem verantwortlich war.

Es lag schon etliche Jahre zurück. Ich hatte am Strand ein paar Leute mit Netzen zusammengetrommelt. Wir wollten einen verletzten Delfin einfangen, um ihn von etwas zu befreien, was ich zunächst für eine Harpunenspitze hielt. Damals hatte JoJo noch keinen Namen und war einfach irgendein Delfin. Es gelang uns seinerzeit nicht, das Jungtier einzufangen, aber immerhin kam ich nahe genug heran, um zu erkennen, dass es sich um den Stachel eines Stechrochens und nicht um eine Harpunenspitze handelte. Damals gab es auf der Insel noch keine auf Meeressäuger spezialisierten Tierärzte oder entsprechende Einrichtungen, und folglich bestand keine Möglichkeit, das Tier von diesem giftigen Fremdkörper zu befreien, ohne es einzufangen. Wir mussten JoJo also wohl oder übel sich selbst überlassen. Er war jung und wild, und wir hofften, dass sein Körper den Stachel irgendwann abstoßen oder resorbieren würde. Noch ahnte niemand, welche Spätfolgen sich für JoJo daraus ergeben sollten. Problematisch begann es erst in den folgenden Jahren zu werden, als die ursprüngliche Infektion immer wieder zu Komplikationen führte.

Die Verletzungen und die Schwellung, die ich jetzt sah, stammten sehr wahrscheinlich wieder von einem Stechrochen. Und mir war klar, dass sie medizinisch behandelt werden mussten. Ich zögerte, die Stelle zu berühren, weil ich unser Vertrauensverhältnis nicht aufs Spiel setzen wollte, das für den medizinischen Eingriff so wichtig sein würde. Zumindest die frischen Einstiche sahen aus, als würden sie sich ohne Weiteres behandeln lassen. Jetzt wollte ich erst einmal wie üblich mit JoJo schwimmen. Er folgte mir zwar, war aber sehr zurückhaltend und sah immer zu, dass seine verletzte Seite geschützt blieb.

Am Abend kontaktierte ich Dr. Mark Woodring, den ortsansässigen Tierarzt.

»Ich sehe mir den Patienten morgen an«, versprach Mark.

Am nächsten Tag berieten wir uns am Strand, bevor ich JoJo rief. Wir suchten uns ein abgelegenes Plätzchen, an dem wir ungestört waren und Mark die Beule und die Einstiche in Augenschein nehmen konnte. JoJo vertraut Fremden nicht ohne Weiteres und behält sie immer sehr gut im Auge. Wenn man sich zu schnell bewegt oder JoJo ohnehin schon nervös ist, zieht er sich sofort zurück, und dann kann es eine Weile dauern, bis er sich wieder hervortraut. Hat JoJo jedoch keine besonderen Bedenken, darf sich ihm auch ein Fremder langsam nähern. So machte es Mark jetzt, und JoJo beobachtete ihn. Immerhin war ich dabei, und da er mir vertraute, ließ er den Arzt nahe genug heran, dass er sich ein Bild vom Zustand des Delfins machen konnte.

Zu einer medizinischen Untersuchung gehört natürlich, dass der Körper abgetastet wird und dass man den Schnabel öffnet, um auch dort nach dem Rechten zu sehen. Wenn JoJo krank ist, kommt meist ein übler Geruch aus seinem Blasloch, die Augen sind weitgehend geschlossen und er hält sich – außer von mir – von Menschen fern. Aber auch bei mir war es so, dass die Initiative immer von ihm ausgehen musste. Ich konnte ihm das Signal geben, mit dem ich darum ersuchte, ihn berühren zu dürfen, dann aber musste er seine Bereitschaft bekunden, sonst ging überhaupt nichts.

»Sie müssen wissen«, sagte ich, »dass wir ihn nicht zwingen können, sich einer medizinischen Untersuchung zu unterziehen. Wenn wir das versuchen würden, wäre er sofort verschwunden. Aber vielleicht reagiert er ja auf mein Signal.« Ich wünschte es mir sehr. »Achten Sie genau auf seine Reaktionen«, fügte ich hinzu. »Wenn er zuckt, wenn sich sein Schnabel bewegt oder er die Augen aufreißt, sind das Zeichen, dass ihm irgendetwas unangenehm ist.«

»Verstehe«, sagte Mark und trat behutsam einen Schritt näher.

»Fertig?«

Mark nickte. Ich musste äußerst vorsichtig vorgehen, um JoJo in eine für die Untersuchung geeignete Lage zu bringen. Wenn der Delfin nicht ganz entspannt blieb, würden ihm sofort frühere Traumatisierungen einfallen und er würde sich nicht so kooperativ zeigen, wie es in diesem Fall unverzichtbar war. Wir mussten seine Bedürfnisse und Grenzen unbedingt respektieren, denn nur wenn er Vertrauen zu uns hatte, würden wir ihn untersuchen können.

Sobald ich den Arm ausstreckte, um seinen Körper zu berühren, sah ich, dass sich JoJos Augen weiteten. Also ließ ich wieder von ihm ab. Ich wechselte einen Blick mit Mark und atmete tief ein und aus, um die Ruhe ausstrahlen zu können, die JoJo jetzt brauchte. Ein, zwei Minuten blieben wir im hüft-tiefen Wasser stehen, bevor ich einen zweiten Anlauf wagte, doch immer wenn ich in die Nähe der schmerzenden Stelle kam, erstarrte mein Freund.

»Vielleicht tut er sich leichter, wenn Sie ein bisschen zurück-treten«, sagte ich.

»Ja, gut.« Mark entsprach meiner Bitte.

Diesmal ließ sich JoJo tatsächlich von mir anfassen. Ich drehte ihn so, dass er quer zu Marks Blickrichtung lag, und rollte ihn ein wenig auf die Seite. Dann gab ich dem Tierarzt mit dem Kopf ein Zeichen, näher heranzukommen und die Verletzungen und Schwellungen zu begutachten. Gleich ging wieder ein Ruck durch JoJos Körper, sodass ich ihn loslassen musste. Immerhin ergriff er nicht die Flucht, sondern umrun-dete mich nur ein paar Mal. Mark sollte offenbar wieder zu-rücktreten. Erst danach fand sich JoJo wieder bereit, stillzulie-gen und sich von mir anfassen zu lassen. Es kostete einige Zeit und Geduld, doch schließlich hatte sich Mark ein Bild gemacht und konnte eine Behandlung vorschlagen.

»Danke«, sagte ich. »Vielleicht kann ich Sie dafür zum Es-sen einladen.« JoJo schwamm in die türkisblaue Weite hinaus und wir wateten zurück an den Strand.

»Das ist nicht nötig«, sagte Mark. »Ich habe es gern ge-macht, schließlich komme ich nicht alle Tage so nah an einen wilden Delfin heran.«

»Ich weiß, aber es bietet sich an. Ich werde hier in den Loka-len nämlich meistens gratis verköstigt, weil die Wirte die letzten Neuigkeiten über JoJo hören möchten und sich dann auch im-mer andere Gäste dazusetzen und sich am Gespräch beteiligen.«

»Wenn das so ist, wie wär's mit Hummer?«, sagte Mark grinsend.

Lachend machten wir uns auf den Weg, erst unter die Du-sche, dann zum Essen.

JoJo litt wie jedes andere Lebewesen, wenn er krank war, und ich musste damit rechnen, dass sich auch sein Verhalten ändern würde. Deshalb informierte ich die Hotelinhaber und Bootsbetreiber am Abend über seinen Zustand und schloss die Warnung an, dass man sich nicht auf seine bekannten Verhaltensweisen verlassen könne. Auch die Gäste sollten erfahren, dass sie den Delfin unter gar keinen Umständen stören durften, falls sie ihn irgendwo sahen. Über das Lokalradio wurden die Bewohner der Gegend von JoJos Zustand in Kenntnis gesetzt und um Mithilfe bei der Beobachtung gebeten. Kranke Tiere können sehr unzugänglich und unberechenbar werden und setzen sich oft energisch gegen jede Annäherung zur Wehr.

Am nächsten Tag rief ich JoJo vom Strand aus, um seine Wunden mit dem von Mark verschriebenen Lokalantibiotikum zu versorgen. Der Abszess daneben verlangte nach einem anderen Antibiotikum, das wir aber erst bestellen mussten. JoJo wirkte immer noch sehr matt und zeigte keinerlei Interesse daran, mit mir zu spielen. Da ich jedoch allein war, kam er bereitwillig näher und ließ sich ohne Anzeichen von Unbehagen in eine Lage bringen, in der ich ihn behandeln konnte. Ich trug die Salbe auf die Wunden auf, ohne die Schwellung daneben zu berühren. Vom Strand aus erkundigten sich einige, ob JoJo wieder ganz in Ordnung kommen würde. Das wusste ich natürlich nicht, hoffte jedoch auf den bestmöglichen Ausgang. Ich sagte den Leuten, JoJo werde medizinisch behandelt und genau beobachtet.

Die Anteilnahme der Inselbewohner machte es tatsächlich leichter, die Entwicklung von JoJos Gesundheitszustand genau zu verfolgen. Sogar über den für den Bootsverkehr verwendeten Funk-Kanal wurden Neuigkeiten über den Delfin und seine letzten Standorte ausgetauscht. Und natürlich rief ich ihn jeden Tag zum Strand, überprüfte den Zustand der

Schwellung und versorgte seine Wunden mit der antibiotischen Salbe. Er wirkte jedes Mal sehr langsam und lustlos, und ich konnte nur hoffen, dass sich die Behandlung der Wunden auch auf den Abszess positiv auswirken würde.

»Es tut mir so leid für dich, JoJo, aber wir tun alles, damit es dir bald besser geht«, beruhigte ich ihn, während ich die Salbe auftrug. Wie gut, dass er sich so willig behandeln ließ – unsere Verbindung war offenbar wirklich sehr intensiv geworden. Aber es tat doch weh zu sehen, wie mühsam er mich umrundete und wie matt und eckig seine Bewegungen wirkten, wenn er anschließend wieder wegschwamm.

Es vergingen fünf Tage, in denen jedoch kein Rückgang der Schwellung zu erkennen war. Im Gegenteil, sie hatte inzwischen die Größe einer Grapefruit angenommen. Zum Glück heilten jedoch wenigstens die frischen Wunden bald ab. Seine Bewegungen wurden immer ungelenker, zunehmend beschränkte er sie auf das Notwendigste – atmen, essen und den vielen Menschen ausweichen. Er verlor auch an Gewicht und wirkte von Tag zu Tag dünner. Sogar im Umgang mit mir war nichts mehr von seiner alten Begeisterung zu sehen und Lautäußerungen hörte ich auch keine mehr von ihm. Ich fragte mich, wie schlimm es tatsächlich um meinen Freund stehen mochte.

Am sechsten Tag kam JoJo nicht, als ich ihn rief. Die letzten Meldungen besagten, dass sich sein Zustand nicht gebessert hatte und er an nichts und niemandem Interesse zeigte. Das nun fand ich wirklich besorgniserregend. Suchte er in der Einsamkeit Genesung oder ging es ihm schlechter, als ich dachte? Vielleicht war er weiter draußen und mochte nicht auf meinen Ruf reagieren. Vielleicht war er sogar so weit weg, dass er mich gar nicht hörte. Als die Sonne unterging, verließ ich den Strand und versuchte, meine wachsende Besorgnis zu verdrängen.

In dieser Nacht aber konnte ich kaum schlafen und in der nächsten auch nicht. Ich warf mich im Bett herum, sah in Albträumen JoJos entzündete Haut vor mir, sah Haifisch- und Muränenmäuler Fetzen aus seinem Körper herausreißen und sie gierig verschlingen. Völlig verschwitzt wachte ich auf. Wenn doch nur endlich der Morgen kommen wollte mit seiner frischen Brise vom Meer, von dort, wo mein Freund war.

Am dritten Tag kam JoJo wieder nicht, als ich ihn rief, und gesehen hatte ihn offenbar auch niemand mehr. Mir war das Herz auch so schon schwer genug, aber dann kamen auch noch Nachrichten von Emily, die mir vollends den Eindruck gaben, dass ich alles falsch gemacht hatte.

Mit halb erstickter Stimme sagte sie am Telefon: »Dean, die Stewarts sind dahintergekommen, dass Sean von uns einen ›Sonderkurs‹ bekommt.«

»Was ist passiert?«, fragte ich.

Sie schwieg eine Weile.

»Sprich doch bitte, Emily.«

»Sie … sie haben mir gekündigt«, sagte sie unter Schluchzen.

»Kannst du nicht mit ihnen reden?«

»Das hab ich schon versucht. Aber es bringt nichts. Sie hören mir einfach nicht zu.« Wieder schnitt ihr ein Schluchzen das Wort ab. »Und das bedeutet …«

Ich wusste genau, was es bedeutete. Aber es war zu bitter, ich mochte es einfach nicht aussprechen.

»Das kann doch nicht sein.« Meine Stimme war kaum mehr als ein Flüstern.

»Doch, es kann«, sagte sie ebenso leise. »Ich werde abreisen müssen. Bald. Was machen wir bloß?«

Darauf wusste ich nichts zu antworten. Am liebsten wäre ich sofort zu ihr gefahren, um sie in den Arm zu nehmen, aber ihre Nachricht hätte kaum zu einem schlechteren Zeitpunkt kommen können. JoJo war wirklich in Gefahr. Vielleicht sogar

BAHAMAS

Turks- und Caicosinseln

KUBA

DOMINIKANISCHE
REPUBLIK

JAMAIKA HAITI

PUERTO RICO

© TUBS

© Dean Bernal

North Caicos

Middle Caicos

Providenciales

East Caicos

Grand Turk

West Caicos

South Caicos

Salt Cay

Ambergris Cay

JoJo, wie er leibt und lebt: Er liebt das Surfen auf der Heckwelle eines Motorboots, spielt gern für sich allein, aber auch mit Dean Bernal und nicht zuletzt mit seinem vierbeinigen Freund Toffy.

Die Stunden vergehen wie im Flug beim Spiel mit Luftblasen, beim »Unterwasserballett« mit Dean und bei der aufregenden Schatzsuche.

JoJo apportiert alles, was Dean ihm aufgetragen hat: nicht nur Schildkröten ...

... sondern auch einen Hai, den er in Richtung Strand bugsiert.

© Michael Friedel

Tierfreund Dean versucht den Hai zu befreien ...

... aus größter Nähe etwas skeptisch beäugt von JoJo.

Furchtbare Wunden, zugefügt durch die Achtlosigkeit und Gleichgültigkeit von Menschen – und der Erste-Hilfe-Set zur Behandlung der Verletzungen.

© Dean Bernal

in Lebensgefahr. Ich holte tief Luft, damit meine Stimme nicht zitterte, und erklärte Emily, in welcher Zwickmühle ich mich befand. Am Abend aber würde ich ganz bestimmt zu ihr kommen. Ich wusste, dass JoJo ihr auch ans Herz gewachsen war. »Ich muss ihn suchen«, sagte ich und räusperte mich. »Seine Verletzungen sehen wirklich sehr schlimm aus.«

»Ja, such ihn, Dean. Hilf ihm. Und komm erst zu mir, wenn du ihn gefunden hast. Ich lasse so lange das Radio eingeschaltet. Ich liebe dich.« Dann legte sie auf.

Es war wirklich höchste Zeit. Ich nahm die Wagenschlüssel, fuhr zum Strand hinunter und begann mit meiner Suchaktion.

Zunächst ging ich den Strand von Grace Bay ein paar Mal ab, aber es war kein Delfin zu sehen und niemand wusste irgendetwas Neues.

Ich zog mein motorisiertes Schlauchboot aus seinem Versteck unter dem Anleger und steuerte aufs Wasser hinaus. Ich konnte keinen klaren Gedanken fassen, es war alles ein albtraumhaftes Durcheinander, Bilder von JoJos beinahe tödlichem Zusammenstoß mit dem Jetboot im Vorjahr, das tränenreiche Gespräch mit Emily … Und es gab so viele Mangrovensümpfe, Meeresarme und Korallenbänke, an denen sich JoJo aufhalten konnte – wo sollte ich bloß anfangen?

Als die Sonne sank, jagte ich wie gehetzt von Bucht zu Bucht. Wo würde er sich am ehesten etwas zu essen suchen, wenn er so verletzt und krank war? Wo war leicht an Fische zu kommen? Dann glaubte ich ein Platschen zu hören, hielt sofort an, schaltete den Motor ab und warf den Anker. Es war vollkommen windstill, ich würde JoJo also atmen hören, selbst auf einige Hundert Meter Entfernung. Inzwischen war es ganz dunkel, kein Mond am Himmel, und in dieser tiefen Dunkelheit nahm ich tatsächlich auch noch das leiseste Geräusch wahr. Als das Ankerseil einmal leicht an den Bootsrumpf schlug, kam ich auf den Gedanken, in die Tiefe zu spähen.

Wenn doch jetzt wenigstens meine Instinkte vollkommen klar gewesen wären! Meine Augen hatten sich inzwischen gut an die Dunkelheit gewöhnt, bestimmt sah ich nicht schlechter als die vielen Flamingos, die über mich hinwegzogen, in meinem Kopf aber herrschte ein einziges Durcheinander.

Mit der Taschenlampe leuchtete ich in die dunkle Tiefe des trüben Wassers und bemerkte, dass der Lichtschein nicht weit reichte. Aber der Delfin *musste* hier irgendwo ganz in der Nähe sein. Ich spürte seine Lebensenergie. Ich spürte sie dank Emily, dank meiner Freunde und Angehörigen, die fest darauf vertrauten, dass es mir gelingen würde, JoJo zu retten. Ich dachte an die Blasenringe, die ich unter Wasser machte und in denen sich mein Gesicht spiegelte, wenn sie aufstiegen. Mein gesamtes Wesen, mein ganzes Ich ließen sie im Meer aufgehen.

Könnte ich doch jetzt solch einen Blasenring bilden, der in die mondlose Nacht aufstieg, um JoJo zu sagen, dass ich bei ihm war und für ihn sorgen wollte. Wie gern hätte ich in diesem Moment meine Arme um ihn geschlungen, gleich hinter dem Kopf, und ihn gehalten. Ihm über meine Hände heilende Energien zukommen lassen. Ihm das Atmen erleichtert und die Infektion zum Besseren gewendet.

Als die Sonne aufging, befand ich mich an der Stelle, an der JoJo um diese Tageszeit gern Futter suchte. Ich war erschöpft. Vom Halten der Lampe taten mir die Arme weh, meine Augen brannten, als wären sie voller Sand. So viele Stunden hatte ich schon nicht mehr richtig geschlafen. Ich blinzelte in Richtung Sonne. Bewegte sich da nicht etwas? Ich warf den Motor an und hielt darauf zu.

Meine verklebten Augen taten sich schwer, mir ein scharfes Bild zu vermitteln, doch war mir so, als hätte ich eine Rückenflosse gesehen. Jetzt kam ein leichter Wind auf. Kurz presste ich mir die Hände vors Gesicht und ließ sie dann schnell wieder sinken. Ja, es war eine Rückenflosse. JoJo? Langsam fuhr ich näher heran, um das Tier bloß nicht zu verschrecken.

»JoJo?«, rief ich, doch der Delfin reagierte nicht. Allerdings bemerkte ich Zeichen am Rücken, die mir bekannt vorkamen. Innerlich vollführte ich einen Luftsprung. Es war tatsächlich mein bester Freund – und er lebte!

Er schwamm mit den eckigen und schmerzhaft wirkenden Bewegungen, die ich schon häufiger an ihm beobachtet hatte, wenn er verletzt war. Auch als ich mit dem Boot näher kam, zeigte er keinerlei Interesse. So teilnahmslos hatte ich ihn noch nie erlebt. »JoJo?«, rief ich noch einmal. Ich war nahe genug, er musste mich hören. Weshalb reagierte er nicht?

Ich lenkte das Boot seitlich auf etwas größere Distanz. Ich nahm an, dass er hier Futter sucht, und nachdem er schon so viel Gewicht verloren hatte, waren überlebenswichtige Dinge wie Nahrungsaufnahme und Atmung jetzt natürlich bedeutend wichtiger als der Kontakt mit mir.

JoJo wurde noch langsamer, bis er schließlich nur mehr mit der leichten Strömung im Auf und Ab der Wellen dahintrieb. Ich hoffte, dass er eingeschlafen war, aber der Neigungswinkel seines Körpers, der ihm erlaubte zu atmen, war anders als der, den ich sonst von ihm kannte. Die meisten Leute merken es übrigens gar nicht, wenn JoJo schläft. Er schwimmt und atmet dann weiter, nur ist der Körper etwas stärker geneigt und seine Schwanzbewegungen werden langsamer.

Ich beobachtete ihn vom Boot aus weiter, und dann sah ich, wie er den Schnabel in den Sand steckte und sich wie ein Kreisel drehte – ganz so, wie er es tat, wenn er im Sand etwas Essbares aufgespürt hatte. Normalerweise stößt er dann Wasser aus und spült sich so den Sand aus dem Mund, um anschließend blitzschnell seine Beute zu verschlingen. Ich beobachtete ihn weiter, um herauszufinden, ob er etwas aß, doch dann sah ich, dass er im Grunde gar nicht richtig in den Sand eindrang.

163

Es war also fraglich, ob er überhaupt etwas erwischte. Da JoJo keinerlei Zeichen von Kontaktverlangen an den Tag legte, ging ich nicht ins Wasser. Er brauchte seine gesamte Kraft, um etwas Essbares zu fangen.

Ich glaube, dass man einen Delfin immer in Ruhe lassen muss, wenn er keinen Kontaktwunsch erkennen lässt und allem Anschein nach lieber ungestört bleiben möchte. Manchmal musste JoJo einfach allein sein, und das war jetzt offenbar so ein Moment. Aber ein paar Dinge konnte ich auch vom Boot aus wahrnehmen: JoJos Haut war dunkler geworden, die Luft aus seinem Blasloch stank und die Schwellung an seiner Seite hatte zugenommen.

Auf dem Rückweg zum Strand versuchte ich weiterhin positiv zu denken. Sicher, er war krank, aber er lebte.

»Ich wusste, dass ihm nichts Ernsthaftes geschehen ist«, sagte Emily später, als sie mit dem Kopf auf meinem Oberschenkel lag, ihr weiches blondes Haar rings um sie her ausgebreitet. Sie strich mir übers Knie, drehte dann den Kopf und sah mich an. »Aber was ist mit uns?«, fragte sie. »Wie soll es jetzt weitergehen?«

»Kanada ist ja nicht aus der Welt«, sagte ich und versuchte ihr und mir einzureden, dass ja nur eine Flugreise zwischen uns liegen würde. »Es wird schon gehen, bestimmt, du wirst sehen.« Aber irgendwie klangen meine Worte hohl.

»Gut«, sagte sie und drehte sich wieder zur Seite, machte die Augen zu und kuschelte sich an meine Beine. Ich strich ihr über das seidige Haar, während sie einschlief, und wünschte mir, ich könnte selbst an meine Worte glauben.

Am nächsten Nachmittag ging ich wieder, um nach JoJo zu schauen, und für den Abend hatte ich vor, mich mit dem Tierarzt zu verabreden. Ich wollte JoJo sehen, bevor ich mich mit Mark traf, aber das Wetter versprach nichts Gutes, als ich den kleinen Hafen verließ. Dicke Wolken kamen auf mich zu. Vor mir lag eine ziemlich lange Strecke, denn zuletzt war JoJo mit Kurs gen Osten gesehen worden, in Richtung Pine Cay. Ich konnte nur hoffen, dass ich wieder daheim war, bevor das Unwetter losbrach.

Ich erreichte Water Cay und sah mich in den wogenden Wellen nach JoJos Rückenflosse um, hatte aber kein Glück. Da die Wolken nach wie vor bedrohlich wirkten, beschloss ich nach Pine Cay weiterzufahren. Sicher war bei diesem Wetter niemand draußen, um JoJo Gesellschaft zu leisten.

Vielleicht aber würden er und Toffy ja am Strand spielen und sich gar nicht um das Wetter kümmern. Ich stellte mir vor, dass es ihm besser ging, und sah die beiden im strömenden Regen vor mir. Doch die Hoffnungen zerschlugen sich, als ich Pine Cay erreichte und weit und breit kein Lebewesen zu sehen war.

Es begann zu regnen, die Luft wurde merklich kühler, und ich drehte um. Zuerst fielen kleine Tropfen, dann wurden sie immer größer, und das Meer schien zu kochen. Immer noch hoffte ich irgendwo unterwegs nach Providenciales auf JoJo zu stoßen und ihn bei besserer Gesundheit kraftvoll schwimmen zu sehen, aber es wurde richtig finster, und die Sichtweite betrug bald nur noch ein paar Meter. Da ich bei diesen Sichtverhältnissen ohnehin nicht weiterfahren konnte, überprüfte ich im strömenden Regen und bei böigen Winden noch einen von JoJos Futterplätzen. Ob er wohl spürte, dass ich nach ihm suchte? Wusste er, dass mein Boot da war und ich Anker geworfen hatte? Trugen meine Gedanken und Gebete dazu bei, dass seine Wunden schnell verheilten?

Mein Schlauchboot tanzte auf den Wellen, der Wind peitschte mir die Haare ins Gesicht. Ich gab die Suche ungern auf, aber JoJo war wirklich nirgendwo zu sehen. Ich wischte mir ein paar nasse Strähnen aus dem Gesicht und versuchte durch die dicken Regenschwaden etwas zu erkennen, aber da waren nur graue Wasserwände. Ich war entmutigt und voller Zweifel. Ein letztes Mal ließ ich den Scheinwerfer kreisen, dann gab ich auf und ging an Land. Ich zog das Boot bis über die Hochwasserlinie auf den Strand und legte es umgedreht ab. So wurde daraus ein halbwegs trockenes und warmes Nachtlager.

Im Morgengrauen ließ ich mein Boot wieder zu Wasser. Ich wollte nach Hause und freute mich auf Emilys lächelndes Gesicht. Ich telefonierte noch einmal mit zwei Tierärzten in den Vereinigten Staaten, die auf Meeressäugetiere spezialisiert waren und mit denen ich schon Tage zuvor gesprochen hatte. Offenbar können Rochenstachel ernste Komplikationen verursachen, und viele Meeressäuger sterben an ihnen. Dr. Greg Bossard vom Miami Seaquarium hatte mir eine Arbeit über die Sterblichkeitsrate von Delfinen zukommen lassen, die solche Stachelverletzungen erlitten hatten.

Darin hieß es: »In Gefangenschaft können die Tiere medikamentös behandelt werden, nachdem der Stachel entfernt wurde. Dennoch hängt ihre Überlebenswahrscheinlichkeit von Faktoren wie Alter und genereller gesundheitlicher Verfassung ab. Wilde Delfine mit Rochenstacheln sind zumeist dem Tod geweiht.«

Das hörte sich alles andere als ermutigend an. Kein Zweifel, JoJos Abszess war lebensbedrohlich.

Ob sich die Schwellung inzwischen womöglich noch vergrößert hatte? Nach Ansicht der Tierärzte handelte es sich um einen fluktuierenden Prozess mit Schwellungs- und Rückbildungsphasen, und wir konnten nur hoffen, dass die Rückbildung schließlich überwiegen und die Entzündung abklingen würde. Sollte sich JoJos Zustand allerdings verschlimmern, konnten wir ihm nur noch die bestellten starken Antibiotika verabreichen, sobald sie eingetroffen waren. Mark und ich besprachen die Möglichkeiten, die uns für diesen Fall offenstanden. Da JoJo ein wild lebender Delfin war, bot sich eigentlich nur der Einsatz des Betäubungsgewehrs an. In Gefangenschaft lassen sich Medikamente viel einfacher verabreichen.

»Betäubung funktioniert bei JoJo vermutlich nur ein einziges Mal«, sagte ich. »Danach wird er dermaßen traumatisiert sein, dass er sich davonmacht und überhaupt nicht mehr zu finden ist.«

»Vielleicht ist er aber nur so zu retten«, erwiderte Mark. »Und in Ihnen wird er den Täter bestimmt nicht sehen.«

»Vermutlich«, räumte ich ein. »Den Betäubungspfeil wird er wohler eher für den Zusammenprall mit einem Boot halten. Aber dann hält er sich vielleicht grundsätzlich von Booten fern und meidet seine Futterplätze. Solche Assoziationen stellen sich bei ihm sehr schnell ein, und ich kann Ihnen nur raten: Unterschätzen Sie ihn nicht. Was ich im Zusammenhang mit dem Wasserskifahren und meiner alten Freundin Maria erlebt habe, sagt mir, dass er sehr wohl sieht, wer im Boot ist, und blitzschnell kombiniert.«

»Ja, aber was bleibt uns anderes übrig? Dean, Sie müssen die Dinge sehen, wie sie sind. Wenn Sie ihn retten möchten, müssen Sie wohl oder übel das Notwendige tun.«

Überzeugt hatte mich Mark noch nicht. Aber es war ganz beruhigend, zumindest diese Möglichkeit zu haben, sollte sich JoJos Zustand als wirklich ernst erweisen.

Ein weiterer Tag verging, bis ich JoJo schließlich in einer äußerst abgelegenen Gegend aufspürte. Er war mittlerweile noch dünner geworden. Sein rapider Gewichtsverlust machte Mark und mir enorme Sorgen. Der Entzündungsherd war so groß und JoJo vielleicht schon so schwach, dass er womöglich an den Strand gespült wurde. Seine Augen hatten etwas Dunkles und waren meist geschlossen. Der Atem aus seinem Blasloch roch nach Aas. Als ich ihn so erlebte, bedurfte es meiner gesamten Willenskraft, ihm heilende, positive Gedanken zu übermitteln.

Aber wie sollte ich ihn mit weißem Licht umgeben können, wenn so viele dunkle Schatten auf meiner Gedankenwelt lagen?

Entscheidungen. Abschiede. Tod.

An diesem Abend, als JoJos Antibiotikum per Luftpost-Expressgut ankam, bestieg Emily das Flugzeug, das sie nach Hause bringen würde. Ich hatte kaum Zeit, mir auch nur die Tränen aus den Augen zu wischen, denn es musste jetzt schnellstens geklärt werden, wie wir JoJo das Medikament verabreichen wollten. Am besten wäre es natürlich, er würde das Mittel von sich aus schlucken. Theoretisch bestand auch die Möglichkeit, es in Fischen zu verstecken, die JoJo verabreicht würden. Aber es ging ihm so elend, dass er vermutlich gar nichts mehr zu sich nahm. Die Chancen, ihn mit toten Fischen zu füttern, standen also denkbar schlecht. Und selbst ein gesunder Delfin würde eine solche Kost vermutlich ablehnen. Kurz, aller Wahrscheinlichkeit nach blieb uns keine andere Wahl, als JoJo zu seinem Glück zu zwingen.

Am nächsten Tag rief ich ihn ins flache Wasser vor dem Strand. Meine lieben Freunde Dave und Debbie waren bei mir; sie wussten, welche schwierige Aufgabe mir heute und an den nächsten fünf Tagen bevorstand. Sie hatten die Beziehung zwischen JoJo und mir über die Jahre beobachtet und kannten die Intensität, die sie mittlerweile angenommen hatte. Auch war ihnen bewusst, dass schwierige Entscheidungen anstanden, die sich womöglich langfristig auf unsere Verbundenheit auswirken würden. Gemeinsam wateten wir also ins brusttiefe Wasser. Fast hoffte ich, JoJo würde nicht kommen, dann hätte ich einen weiteren Tag, um mir alles noch einmal genau zu überlegen. Aber in den letzten beiden Tagen war es mit seinem Zustand so steil bergab gegangen, dass mir alle Tierärzte, mit denen ich in Kontakt stand, übereinstimmend geraten hatten, schnellstmöglich zu handeln.

Gelegenheit, die Pläne zu überdenken, bot sich auch gar nicht mehr, denn wenige Minuten später erschien JoJo und stupste mir leicht den Fuß an. Er wirkte sehr schwach und die Schwellung war so groß und dunkel geworden, dass man ein Übergreifen der Infektion auf innere Organe befürchten musste.

Ring und Armbanduhr hatte ich abgelegt, dafür hielt ich fünf in weiche Tintenfischhaut verpackte Kapseln in der Hand. Der entscheidende Augenblick war gekommen. Dass ich ihm dem Mund öffnete und mit der Hand über seine Zunge strich, war für JoJo nichts Ungewöhnliches. Weiter aber hatte ich mich bislang noch nie vorgewagt. Von Joan, die im Meeresaquarium in Miami arbeitete, wusste ich schon seit Langem einiges über den Umgang mit Delfinen und über eventuell notwendige medizinische Behandlungen.

Sie war es auch, die mir geraten hatte, JoJo an das Streicheln seiner Zunge zu gewöhnen – für den Fall, dass ich ihm je etwas gegen seinen Willen einflößen musste. »Auf diese Weise entsteht einfach eine größere Vertrautheit«, hatte sie gesagt. »Und nur so wird JoJo Sie überhaupt weit genug vorlassen, dass Sie ihm ein Medikament verabreichen können.« Obwohl ich nie damit gerechnet hätte, dass dieser Tag je kommen würde, hatte ich Joans Rat befolgt und jetzt war es überhaupt kein Problem, JoJos Zunge zu berühren.

Die meisten Delfintrainer würden es nicht im Traum für möglich halten, dass man so mit einem wild lebenden Delfin umgehen konnte, wie ich es tat – und schon gar nicht, dass er sich anfassen ließ. Einem in Gefangenschaft lebenden Delfin kann man ohne Weiteres beibringen, das Maul zu öffnen; aber bei einem wilden Delfin, und dann auch noch die Zunge berühren – nein, völlig unmöglich. Soweit ich wusste, war es nirgendwo je versucht worden. Die Beziehung zwischen JoJo und mir war offenbar einzigartig.

Jedenfalls erlaubte mir sein Vertrauen, ihm in den Mund zu fassen und sogar regelmäßig die Zähne zu untersuchen. Der nächste Schritt – nie dagewesen und im Grunde ein Ding der Unmöglichkeit – bestand nun in der oralen Verabreichung des Antibiotikums durch »kooperative Zwangsernährung«, wie Joan es genannt hatte.

Ich rief JoJo an meine Seite. Seine Körpersprache und die Blicke, mit denen er mich bedachte, verrieten mir, dass er genau wusste, dass ich etwas im Schilde führte. Entsprechend langsam und vorsichtig kam er auf mich zu. »JoJo«, sagte ich, »du musst mir jetzt einfach vertrauen. Und nimm es mir bitte nicht übel.«

JoJo hatte mir gegenüber noch nie Anzeichen von ernsthafter Gegenwehr erkennen lassen, doch jetzt konnte sich das ganz schnell ändern. Ich blickte ihm tief in die braunen Augen, und da war es ganz unzweifelhaft, dieses auf Gegenseitigkeit beruhende Verständnis, das uns verband. Versuchsweise legte ich ihm einen Arm über den Rücken. JoJo präsentierte sich wie vorgesehen für die Untersuchung und reagierte, wenn auch lethargisch, auf die Signale, die sich zwischen uns im Laufe der Zeit herausgebildet hatten. Er zeigte keinerlei Anzeichen von Widerstand.

Als ich ihn so hielt, spürte ich deutlich, wie krank er war. Beide Augen hatte er fast geschlossen, und seine Muskeln wirkten schlaff. Er zuckte nicht einmal, als ich ihn auf die Seite wälzte und sein Maul öffnete, wie ich es schon so oft getan hatte. Ich blickte ihm die rosige Zunge entlang in den Schlund und zögerte.

»Weiter, Dean, los«, rief mir Dave über die Schulter zu. »Er braucht die Arznei doch.« Debbie nickte und hob den Daumen.

Ich drückte die Tintenfischhaut mit den Kapseln, holte tief Luft und fuhr JoJo mit dem Arm bis über den Ellbogen in den Schlund. Schließlich spürte ich den Knorpelring, an dem ich

das Medikament nach Auskunft der Tierärzte loslassen konnte. Ich tat es, und als ich den Arm herauszog, schluckte JoJo
mit lautem Glucksen.

»Ja!«, riefen Dave und Debbie wie aus einem Mund und fielen sich um den Hals.

Auch mir entfuhr ein Seufzer der Erleichterung, doch dann
ließ mich JoJo wissen, dass ihm die Prozedur überhaupt nicht
gefallen hatte. Er schimpfte mich an wie noch nie und schüttelte heftig den Kopf, so unangenehm war ihm die Sache. Ich
rechnete mit verdienter Vergeltung und suchte sicheren Stand,
um mich für einen Angriff zu wappnen. Doch JoJo rammte
mich nicht und schlug auch nicht mit der Schwanzflosse, wie
er es bei den Brooklyn Boys gemacht hatte. Er schimpfte und
wetterte nur eine Weile pfeifend und quietschend und funkel-
te mich aus seinen kaffeebraunen Augen an.

Mir fiel ein Stein vom Herzen und etwas hob sich in mir
wie ein Blasenring. Wie viel Energie er in dieser elenden Verfassung noch besaß! Ich grinste Dave und Debbie dankbar
an. Wie gut, dass sie da waren. Ich weiß nicht, ob ich es ohne
ihre Rückendeckung geschafft hätte. Zumal Emily nicht mehr
da war.

»Ich dachte schon, ich würde dich verlieren, JoJo«, sagte ich
und sah ihm weiter zu. »Hoffentlich kannst du irgendwie einsehen, dass es einfach sein musste. Und hoffentlich behältst
du dein Vertrauen zu mir.«

JoJo quäkte und gl
uckste noch ein wenig weiter, aber dann
legte er seinen Unmut ab und ließ die ganze Sache auf sich be-
ruhen. Jetzt brauchte er Ruhe und Erholung, und ich war ganz
froh, dass er sich abregte und in sein langsames, gedämpftes
Verhalten zurückfiel. Aber er schwamm nicht weg. Ich hatte
sein Vertrauen aufs Spiel gesetzt und trotzdem hatte er nicht
die Flucht ergriffen. Doch wie würde es am Nachmittag laufen,
wenn die zweite Dosis fällig war?

Um drei rief ich JoJo wieder zum Strand, und wir schwammen zusammen zu einer etwas abgelegenen Stelle, an der David und Debbie auf uns warteten. Bei der ersten »Einnahme« waren einfach zu viele Zuschauer am Strand gewesen, die uns nur nervös machten. Diesmal öffnete der Delfin den Schnabel zwar schon nicht mehr ganz so bereitwillig, doch obwohl er wusste, womit zu rechnen war, und mich genau beobachtete, konnte ich ihm das Medikament genauso verabreichen wie am Vormittag.

Am nächsten Tag sollte er das Mittel wieder zweimal bekommen. Jetzt wirkte er schon weniger vertrauensselig, ließ die Behandlung aber willig über sich ergehen. Die Frage war nur wieder, was anschließend kam. Ich wusste nie, wie er reagieren würde.

Am nächsten Vormittag lief wieder alles glatt, aber am Nachmittag ging gar nichts. Alles schien so weit in Ordnung, aber er ließ nicht zu, dass ich ihm den Mund öffnete. Immerhin war es inzwischen wohl so, dass er nicht mehr mich, sondern die Umstände für die Unannehmlichkeiten verantwortlich machte. Und irgendwie wusste ich auch, dass er mir nichts tun würde. Er sah ja, dass die Prozedur für uns beide schwierig war. Am späten Nachmittag war dann alles vergeben und vergessen, und ich konnte JoJo seine letzte Tablettendosis verabreichen.

Endlich war die schwierige und unser Durchhaltevermögen strapazierende Aufgabe bewältigt. Ich hatte unsere Beziehung aufs Spiel setzen müssen, und umso schöner war es jetzt zu sehen, wie schnell es mit JoJo aufwärts ging. Schon wenige Tage nach der letzten Gabe des Medikaments begann seine Schwellung zurückzugehen. JoJo kam wieder zu Kräften, er sah besser aus und wurde agiler. Er war sicher noch nicht ganz gesund, aß aber wieder. Zum ersten Mal seit Wochen spielten wir sogar wieder miteinander, und sein Pfeifen und Schnalzen war wieder zu hören. Er spielte mir zu meiner Freude sogar schon wieder kleine Streiche, wenn er mir etwa mit der Schwanzflosse Wasser ins Gesicht spritzte.

Kein Zweifel, JoJo war auf dem Weg der Besserung. Aber ich bemerkte auch Verhaltensänderungen an ihm. Er hielt sich auf sicherer Distanz von Leuten, die ihm nicht vertraut waren, und vermied jeden Kontakt, der ihn – wie in der Zeit, als es ihm so schlecht ging – in eine unsichere Position hätte bringen können. Außerdem rechnete er offenbar mit weiteren Medikamentengaben, denn als ich ihn an diesem Tag rief, blieb er auf der Hut und hielt immer eine Armlänge Abstand. Ich verstand sein Misstrauen und war nur froh, dass er das Mittel genau nach Verordnung bekommen hatte. Zudem gab mir die Verbesserung seines Zustands das sichere Gefühl, dass alles in Ordnung war. Ich hoffte nur, dass sich seine Scheu vor engem Kontakt wieder legen würde. In den kommenden Wochen wollte ich mich ganz der Wiederherstellung seines Vertrauens widmen.

Sollte es jedoch zu einem Rückfall kommen, der weitere Antibiotikagaben erforderlich machte, würde JoJo sicher nicht mehr so leicht zu behandeln sein. Ich wagte gar nicht daran zu denken, wie es sein würde, wenn wir JoJo betäuben oder irgendwie festsetzen mussten, um ihm die Arznei zu geben. Aber unterschätzte ich ihn da nicht? Vertrauen hatte ihm schon einmal das Leben gerettet, warum also sollte es nicht wieder so sein?

Jedenfalls wurde mir klar, wie empfindlich intensive Beziehungen sind, zwischen Liebenden, zwischen Eltern und Kindern, zwischen Freunden und eben auch zwischen einem Menschen und einem Delfin. Manchmal strapazieren wir die Grenzen des Vertrauens. Aber wenn wir die Welt mit den Augen des anderen zu betrachten versuchen und ihn genau dann unterstützen, wenn er es braucht, sind Wunder möglich, Wunder wie das Schwimmen mit einem wild lebenden Großen Tümmler.

Aber JoJo war krank, und deshalb war die Beobachtung seines Zustandes genauso wichtig wie der Aufbau von neuem Vertrauen. Sorgen machten mir die Leute, die sich in dieser Phase an ihn heranmachten. Ich war ständig bemüht, die ganze Welt wissen zu lassen, dass JoJo in Ruhe gelassen werden musste, aber es gab Zeitgenossen, die selbst die aufgestellten Schilder, »Bitte den Delfin nicht anfassen«, einfach ignorierten. Zum Glück kam es jedoch nicht zu Zwischenfällen, vor allem wohl deshalb, weil sich JoJo vom Strand fernhielt. Als er dann zu Kräften kam, näherte er sich den Menschen, die sich in seinem Lebensraum aufhielten, auch wieder vorsichtig an.

JoJo tauchte nicht mehr so zuverlässig auf wie zuvor und hielt auch von mir etwas mehr Abstand als früher. Kam er doch einmal näher, war er sofort wieder weg, sobald irgendetwas an meiner Körperhaltung auf eine weitere Medikamentengabe hinzudeuten schien. Die Erneuerung des Vertrauens würde wohl ihre Zeit brauchen, und es war an JoJo, das Tempo zu bestimmen.

Seine Genesung machte offenbar gute Fortschritte. Der durch den alten Rochenstachel ausgelöste Abszess ging zurück, obgleich der Stachel immer noch im Gewebe sein musste.

»Ich kann mir vorstellen, dass es immer noch wehtut«, sagte ich, nicht zuletzt, um ihn wissen zu lassen, dass ich Mitgefühl für ihn empfand. »Irgendwas müssen wir gegen diesen Stachel unternehmen – aber natürlich gemeinsam.«

Wann immer ich vernehmbar oder auch nur in Gedanken mit ihm sprach, sah er mich an. Irgendwie, fand ich, ging das tiefer als beispielsweise bei einem Hund, der sich im Unterholz einen Dorn eingetreten hat und jetzt Hilfe suchend zu einem aufschaut. JoJos Blick ist ein anderer. Fast wie von

Gleich zu Gleich oder als drücke sich darin das Wissen um eine tiefer gehende Gemeinsamkeit aus.

Ich betrachte JoJo als meinen besten Gefährten. Ich schwimme viel öfter mit ihm als mit allen meinen Freunden unter den Menschen. Ich habe gelernt, dass jeder Tag, den wir in guten wie in schlechten Zeiten miteinander verbringen, bedeutend ist, nicht nur für uns beide, sondern auch für andere. JoJo berührt viele, und je mehr es werden, desto mehr wissen auch um die Einzigartigkeit wild lebender Delfine und um die Notwendigkeit, sie zu schützen. Wenn JoJo und ich unterwegs sind, denke ich manchmal an unsere letzte gemeinsame Schwimmrunde, die unweigerlich eines Tages kommen wird. So schwer dieser Gedanke zu ertragen ist, ich habe die Unabwendbarkeit dieses letzten Mals angenommen.

Als gegen Ende der ersten Woche nach den Antibiotikagaben deutliche Anzeichen der Genesung zu erkennen waren, schwamm JoJo bis nach Pine Cay, um seinen Freund Toffy zu besuchen. Nach all den Wochen, in denen er sich nur so dahingeschleppt hatte, lebte er sichtlich auf, als er seinen alten Spielgefährten wiedersah. Ich beobachtete, wie Toffy zur Attacke blies und ins Wasser rauschte, während JoJo wartend in den Wellen dümpelte.

»Schnapp ihn dir!«, rief ich ihm zu und konnte kaum glauben, dass sie tatsächlich wieder miteinander toben würden, als wäre nichts geschehen. Ich stand nur lachend da. Und es war mir, als schiene erst jetzt die Sonne wieder.

Es kam, wie es kommen musste. Toffy rannte aufgeregt bellend in die Wellen, während JoJo auf Rammgeschwindigkeit beschleunigte. Er traf Toffy mittschiffs, und unter lautem Kläffen und Zwitschern balgten sie sich zwei Stunden lang in schäumenden Kreisen.

Handeln tut not

Es war nur eine Frage der Zeit, bis die Leute scharenweise kamen, um JoJo zu sehen. Anfangs konnte ich mir nicht erklären, woher so viele von ihm wussten, bis ich dann erfuhr, dass der *National Enquirer* eine Farbreportage über JoJo und Toffy gebracht hatte. Die Zeitung hält sich viel darauf zugute, das größte Boulevardblatt der Vereinigten Staaten zu sein, mir aber kamen die Geschichten darin oft so weit hergeholt vor, dass ich das Blatt lieber mied. Doch vielleicht habe ich den Machern der Zeitung auch unrecht getan. Die Story über JoJo und Toffy jedenfalls stimmte in allen Einzelheiten, und ich fragte mich, ob das bei den anderen Reportagen nicht auch der Fall war.

In einer zweiten Zeitung, der *Chicago Tribune*, wurde für einen Tauch-Kongress mit einem Artikel geworben, der den Titel »Tauchen mit Delfinen, das ultimative Erlebnis« trug. Dummerweise wurde JoJo darin als abgerichteter Delfin dargestellt, der Taucher bei ihren Tauchgängen begleitet. Promotion dieser Art wurde auf den Turks- und Caicosinseln als sittenwidrig abgelehnt. Der Schreiber des Artikels, der aus JoJo ein Geschäft machen wollte, hatte weder eine Ahnung von dessen Erkrankung noch von den Auswirkungen, die sein gedankenloses Machwerk auf das Tier haben würde.

Ich konnte nur staunen, wie viele Touristen mit diesem Artikel in der Hand auf mich zukamen. Manche waren direkt stolz darauf, ein Foto von JoJo zu besitzen, auch wenn es nur aus der Zeitung stammte. Und jeder, der einen der beiden Artikel gelesen hatte, brannte darauf, den berühmten Delfin möglichst hautnah kennenzulernen. JoJo selbst hatte natürlich keine Ahnung, was es bedeutete, eine vom *National Enquirer* gefeierte Berühmtheit oder ein für die Werbezwecke von spezialisierten Reiseveranstaltern erfundenes Tauchmaskottchen zu sein. Was wussten diese Leute denn, was JoJo alles durchgemacht hatte?

Probleme gab es immer dann, wenn sich die Urlauber an JoJo heranmachten oder er sich ihnen näherte. Zu den Seglern und Windsurfern zog es ihn nicht nur, um sie aus der Ferne zu beobachten. Nein, er schob an den Booten das Steuerruder hoch oder warf die Windsurfer um, wenn sie vom Strand aus losbretterten. Es wurde viel gespielt und alle hatten ihren Spaß dabei, doch dann gab es auch wieder schwierige Tage. Ärger kam auf, wenn jemand sich JoJo näherte und ihn handgreiflich von irgendetwas abzubringen versuchte, mit dem er gerade beschäftigt war. Dieses unbedachte Verhalten hatte dann einen Biss in die Hand oder den Arm oder eine Ohrfeige mit der Schwanzflosse zur Folge. Und sobald es zu juristischen Auseinandersetzungen und Versicherungsansprüchen kam, war natürlich immer JoJo der Beschuldigte.

Man kann sich vorstellen, dass unter den sechshundert Gästen am Strand nicht gerade viele über die Verhaltensweisen eines in küstennahen Gewässern schwimmenden wilden Delfins unterrichtet waren. Die Leute ignorierten einfach die Warnsignale, die JoJo gab, wenn er sich gestört oder gereizt fühlte. Die Töne, die er dann von sich gibt, sowie seine Bewegungen mahnen in aller Deutlichkeit zur Vorsicht, und wer ihn anschließend trotzdem nicht in Ruhe lässt, muss mit einem Biss, einem Schwanzschlag oder einem unsanften Rempler rechnen. Und das sind noch die milderen Maßnahmen.

Jedenfalls konnte JoJo jedes Hotel, das mit ihm als Maskottchen oder Attraktion warb, in arge Verlegenheit bringen. Einmal verletzte er etwa eine Touristin, nachdem sie einen Finger in sein Blasloch gesteckt hatte. Ich kann mir kaum vorstellen, dass irgendjemand einem Lebewesen bewusst die Atemöffnung verschließt, also ist es ihr vielleicht versehentlich passiert, als sie dem auftauchenden JoJo über den Kopf streichen wollte, und er hat aus einem Reflex heraus darauf reagiert. Aber wer würde schon tatenlos zusehen, wenn man ihm die Atemwege verstopft? JoJo wird es als lebensbedrohenden Angriff aufgefasst haben, und da wir ihn inzwischen ein wenig kennen, können wir uns leicht vorstellen, dass er sehr entschieden protestiert und dann zurückgeschlagen hat.

Wie gesagt, vielleicht war es einfach nur der ahnungslose Versuch eines Hotelgastes, einen Delfin zu tätscheln, den sie für zahm hielt. Warum sie aber später beschloss, den Rechtsweg einzuschlagen und das Hotel zu verklagen? Nun ja, im Gegensatz zu einem Delfin verfügen Hotels über die finanziellen Mittel, einen Schaden zu begleichen.

Das Hotel verkaufte in seinem Souvenirshop ein T-Shirt, auf dem drei Frauen und ein Delfin abgebildet waren. Eine der Frauen streichelte dem Delfin den Kopf, genau da, wo das Blasloch sitzt. Darunter stand: »JoJo, unser Spieldelfin«, gefolgt vom Namen des Hotels. Irgendwer musste nun die Verantwortung für diese unrichtige Darstellung übernehmen. Es war nicht in Ordnung, JoJo als Hausdelfin anzupreisen. Der Prozess regte das Hotel jedenfalls zum Nachdenken über JoJos Vermarktung an und bekam eine Vorbildfunktion für viele andere Fälle.

Es gab dann noch mehr Verfahren, in denen dieses Hotel für JoJos Missetaten verantwortlich gemacht wurde, und die Hotelleitung musste sich über mögliche Lösungen Gedanken machen. Unter anderem wurde ernsthaft erwogen, die Gäste nicht mehr ins Wasser zu lassen, JoJo einzufangen und weit entfernt wieder aussetzen zu lassen, ihn in ein Delfinarium zu geben oder zu erlegen.

Es war nicht zu glauben. Ging es denn nur noch um Profit? Diese Gegend war schon mindestens seit 1974 JoJos Lebensraum. Er ist hier geboren und aufgewachsen und deshalb formal gesehen ein Bewohner des Archipels. Aber Heimatrechte galten offenbar nicht für Delfine. Ebenso wenig schienen Schutz und Erhaltung der Tierwelt zu zählen. Wenn die genannten vier Überlegungen zeigten, was die weitere Erschließung für die Bewohner der Inseln und die Ressourcen des Landes bedeuten würde, dann konnte man den Leuten auf den Turks und Caicos nur raten, keinen Finger mehr zu rühren. Vielleicht konnte man so die Entwicklung noch aufhalten.

Die einfliegenden Menschenmassen wurden mit jedem Tag größer. Als sich die Kunde vom freundlichen Delfin immer weiter verbreitete, strömten die Leute nach Grace Bay und an die Strände, um JoJo zu sehen. Und wenn er kam, stand ich da und machte mir Sorgen, dass sie ihm schaden könnten.

»Bleiben Sie bitte zurück«, musste ich wieder und wieder rufen. »JoJo ist krank und braucht seine Ruhe.« Und ich konnte von Glück sagen, wenn meine Worte bei den Urlaubern, die sich im Wasser tummelten, nicht auf taube Ohren trafen. »Sie dürfen ihn aber gern vom Strand aus beobachten«, fügte ich hinzu.

Die meisten blieben dann im seichten Wasser stehen und sahen zu, wie JoJo weiter draußen seine Kreise zog. Aber leider gab es auch immer wieder einige, die unbedingt zu ihm hinschwimmen mussten. Die ermahnte ich dann einzeln, ihm nicht nachzusetzen und ihn vor allem nicht zu berühren, weil er sich noch nicht wieder ganz von seiner Erkrankung erholt hatte.

Eines Nachmittags machte sich eine Frau immer näher an JoJo heran und wollte ihn unbedingt streicheln, ja sogar auf ihm reiten. Nicht im Mindesten dachte sie daran, Rücksicht auf seine Bedürfnisse zu nehmen. Sofort sprang der Funke auf andere über, die meinten, dann sei es für sie wohl auch in Ordnung. Es war eine ganze Gruppe, die da ins tiefere Wasser vordrang, und ich musste ihnen ganz schnell den Weg abschneiden. »Bitte halten Sie an«, bat ich die Anführerin noch einmal eindringlich. »Sie sehen doch, dass er krank ist und in Ruhe gelassen werden möchte.«

»Für mich sieht er total gesund aus«, hielt sie dagegen. »Und jetzt lassen Sie mich durch.« Entrüstet schnaubend schwamm sie weiter in die Bucht hinaus, während JoJo mit einem Schwanzplatscher abdrehte. Das war eine deutliche Warnung. Aber ähnlich wie sich angetrunkene Männer an der Bar manchmal hartnäckig weiter an Frauen heranmachen, die absolut nichts von ihnen wissen wollen, fühlte sich diese Touristin offenbar aufgefordert, ihren Einsatz zu verdoppeln.

»Einem Hund, der sich knurrend zurückzieht, würden Sie doch auch nicht nachlaufen«, versuchte ich es noch einmal.

»Ich bin hier auf Urlaub und kann verdammt noch mal machen, was ich will«, erwiderte sie mit einer ärgerlichen Handbewegung.

Ich wollte ihr gerade antworten, als ich sah, wie ein Mann ein kleines Mädchen auf JoJos Rücken heben wollte. Sicher wusste er nicht, dass er damit einen deftigen Schlag mit dem Schwanz auslösen konnte. Als der Mann das Kind hochhielt, wölbte JoJo den Rücken und präsentierte die Schwanzflosse. Der zu erwartende Schlag konnte das Mädchen durchaus ernsthaft verletzen.

»Halt! Nicht!«, schrie ich.

Der Vater erstarrte genau in dem Augenblick, in dem JoJo die Schwanzflosse schnalzen ließ. Paff! – und eine Gischtfontäne schoss in die Luft. Ich konnte nicht erkennen, ob jemand getroffen worden war oder nicht. Hatte das Kind etwas abbekommen? Jedenfalls schrie es. Dann beruhigte sich das Wasser und ich sah mit Erleichterung, dass der Vater das Mädchen gerade noch rechtzeitig weggezogen hatte.

Ich bedeutete ihm, der aufdringlichen Frau und den anderen Beteiligten, mir zum Strand zu folgen. Ich zwang mich zur Ruhe und erklärte der anwachsenden Menge sehr eingehend die Warnzeichen, die JoJo gegeben hatte und die man im eigenen Interesse besser beachtete. Der Mann sagte, er habe seine Tochter doch bloß reiten lassen und selbst einen Blick auf JoJo werfen wollen. Viele der Anwesenden hatten den irreführenden Artikel in der *Chicago Tribune* gelesen und hielten JoJo für lammfromm. Andere waren in Aquarien gewesen und glaubten sich mit Walartigen auszukennen.

»Wir sind doch schon mit Delfinen geschwommen«, sagte die Frau, die ich dringend gebeten hatte, sich von JoJo fernzuhalten. »Da gab es nie auch nur das kleinste Problem.«

»Ja, aber das waren abgerichtete Delfine in Gefangenschaft«, gab ich zurück. »Sie müssen wissen, dass sich ein wild lebender Delfin ganz anders verhält.«

Sie ließ nicht locker. Sie schnaubte, gestikulierte und sagte: »Also, ich habe schon an vielen solchen Schwimmprogrammen teilgenommen, aber dass mich ein Delfintrainer zurückpfeift, das ist mir noch nie passiert.«

Ich biss mir auf die Zunge und sagte so neutral ich konnte: »Ich bin nicht JoJos Trainer. Ich bin sein Freund. Er sucht meine Nähe, weil er das möchte, und nicht, weil ich ihm dafür tote Fische zum Fraß hinwerfe. Noch einmal: Er ist wild und außerdem im Moment nicht ganz gesund.«

»Sie wollen ihn doch bloß für sich allein! Keiner außer Ihnen soll etwas von ihm haben.«

»Sie können glauben, was Sie wollen, nur halten Sie bitte einfach Abstand.« Nach einer kleinen Kunstpause ergänzte ich mit besonderer Betonung: »Zu Ihrer eigenen Sicherheit.«

Aber jetzt wurde ich ernsthaft kribbelig und entfernte mich lieber. Offenbar wollte die Frau nicht begreifen, dass JoJo kein abgerichteter Schmusedelfin war, sondern ganz einfach tat, was er wollte.

Und tatsächlich, ich hatte mich noch keine zwei Schritte entfernt, als sie bereits zum nächsten Versuch ansetzte. Es ist wirklich nicht zu glauben. Mir war klar, dass da mit Vernunft nichts zu machen war, also winkte ich JoJo auf die stillere Seite des Anlegers und gab ihm dort das Zeichen, sich davonzumachen, bevor doch noch etwas passierte. JoJo war immer noch lädiert und auf Abstand bedacht, aber zum Glück nahm er das Signal auf und schwamm vom Strand weg. Meine Freunde und viele Touristen hatten Verständnis für diese Maßnahme, andere murrten enttäuscht.

»He, schicken Sie ihn nicht weg, die Leute wollen ihn doch sehen«, rief ein an einem Zigarrenstumpen paffender Mann mit dünnen Beinen und einer Brust, die aussah wie eine mit dürrem Strandhafer bewachsene weiße Düne.

Genau diese Wichtigtuer sind es in der Regel dann auch, die Schrammen abbekommen. Dabei ließen sich Verletzungen so leicht vermeiden. Wenn diese Leute nur hinsehen würden, könnte ihnen nicht verborgen bleiben, dass JoJo wie die meisten Tiere rechtzeitig warnt, bevor er anfängt, sich zu verteidigen.

Wer dagegen aufgeschlossen bleibt und sich damit begnügt, JoJos Gesellschaft aus respektvoller Entfernung zu genießen, den erwartet etwas wirklich Neues. Jeder Atemzug in seiner Nähe erfüllt einen mit tropischer Wärme und Schönheit.

Ein paar Tage danach erfuhr ich, dass JoJo einer Frau mit der Schwanzflosse ins Gesicht geschlagen und ihr die Nase gebrochen hatte. Lisa, die Tauchlehrerin, hatte es beobachtet und sagte, es sei die Frau gewesen, die mit mir gestritten hatte. Das überraschte mich nicht. Ich schüttelte nur den Kopf. Manche lernen es einfach nie.

An diesem Tag erzählte mir Lisa außerdem von einer Touristin, die sehr unter etwas litt, was JoJo betraf, und mit der ich unbedingt reden sollte. Sie habe die letzten Tage immer weinend unter einer Palme gesessen.

Tatsächlich fand ich sie genau da, wo Lisa gesagt hatte. Sie saß mit um die Knie verschränkten Armen da und die Tränen kullerten ihr übers Gesicht. Sie mochte Anfang dreißig sein, ihr kastanienbraunes Haar umrahmte ein rundes Gesicht, das einem fröhlichen Buddha hätte gehören können, wären da nicht die schnüffelnde Nase und die bebende Oberlippe gewesen. Ich fragte, ob mit ihr alles in Ordnung sei.

»Sind Sie der Mann, der sich um JoJo kümmert?«, vergewisserte sie sich.

Als ich nickte, erzählte sie, es sei etwas passiert, was sie nicht verstehen könne. Sie war hergekommen, um JoJo kennenzulernen. Sie wollte so gern mit ihm in Verbindung treten, mit ihm meditieren.

»Ich habe nichts getan, was ihn provozieren könnte, wirklich nicht.«

Ich glaubte ihr und forderte sie auf zu erzählen.

»Ich habe mich einfach langsam neben ihm treiben lassen, ganz ruhig, immer auf Wahrung seiner Grenzen bedacht. Keine schnellen Bewegungen, nichts Bedrohliches. Und dann schlägt er mich plötzlich richtig fest mit dem Schwanz.« Sie unterbrach und wischte sich die Tränen aus den Augen.

»Und weiter?«

»Ich versteh das einfach nicht. Ich habe diese Reise unternommen, um mit einem der schönsten und spirituellsten Wesen überhaupt zu schwimmen, und dann das. Es tut so furchtbar weh.«

Ich wusste, dass JoJo nie von sich aus auf einen Menschen zuschwimmen würde, um ihm Schläge zu versetzen. Wahrscheinlich war die Frau ihm doch zu nahe gekommen.

»JoJo hatte eine schlimme Verletzung«, erklärte ich ihr, »und war in letzte Zeit sehr auf Distanz bedacht.«

»War meine Energie irgendwie falsch platziert?«, fragte sie.

»Also, selbst bei bester Gesundheit kann es sein, dass sich JoJo nicht gern über längere Zeit mit Blicken fixieren lässt. Er reagiert dann wie Leute, die sich angestarrt fühlen, ärgerlich.«

»Aber ich bin doch so vorsichtig auf ihn zugegangen«, sagte sie und runzelte ratlos die Stirn. »Ich war die ganze Zeit in einer völlig ruhigen meditativen Verfassung.«

»Seine Reaktion hat nichts mit Ihrer spirituellen Verfassung zu tun«, erklärte ich. »Er wollte sicher einfach allein sein. Vielleicht hat er Sie geschlagen, weil er sich von zu viel Blickkontakt bedrängt fühlte.« Dass sich JoJo wahrscheinlich aus ihren romantischen Vorstellungen von gemeinsamer Meditation nicht viel machte, ließ ich lieber unerwähnt.

Vielen Menschen ist nicht klar, dass Delfine und andere Tiere genauso eine Persönlichkeit besitzen wie sie selbst. Sie haben gute Tage und schlechte. Da genügt es nicht, JoJo als Wildtier zu respektieren. Man muss ihn als ein Lebewesen mit ganz eigenem Charakter sehen und schätzen lernen, dessen Stimmungen wechseln können wie das mit der Strömung fächelnde Schildkrötengras.

Es war wohl nicht der Schlag selbst, der diese Frau so wurmte, sondern seine Bedeutung für das, was sie als ihren spirituellen Weg sah. Sie hatte sich seelenvolle Blicke von JoJo erwartet, die ihr zu einem tieferen Verständnis des Kosmos verhelfen sollten. Und stattdessen hatte ihr dieser »ganzheitliche spirituelle Führer« eins auf die Birne gegeben.

Ich versuchte ihr den Gedanken nahezubringen, dass dieses Zeichen, das sie aus der physischen Welt empfangen hatte, womöglich auch spirituell von Bedeutung war.

»Sie können durchaus mit JoJo kommunizieren, ohne sich ihm körperlich zu nähern«, begann ich behutsam. »Ich tue das auch, sogar im Traum.« Ich legte ihr eine Hand auf die Schulter. »Vielleicht können Sie es auch.«

»Glauben Sie wirklich?«, fragte sie und wischte sich eine letzte Träne aus dem Augenwinkel.

»Aber ja. Lassen Sie einfach Ihr Bewusstsein ganz weit werden. Und sehen Sie ihn mit dem inneren Auge.«

Jetzt blickte sie mir ins Gesicht und lächelte. Sie hatte offenbar sofort verstanden. Und ich bin zuversichtlich, dass sie etwas von bleibendem Wert gelernt hatte.

Nicht nur Amerikaner zeigten Interesse an JoJo. Bald erschienen auch in den Zeitungen anderer Länder Berichte über den einzeln lebenden und die Gesellschaft des Menschen suchenden Delfin, die durchaus den Tatsachen entsprachen. Nach dem ersten Zustrom von Schaulustigen, die sich von marktschreierischen Berichten hatten anlocken lassen, die in der US-amerikanischen Presse erschienen waren, empfing ich zu meiner Erleichterung auch erste Briefe von Menschen, die JoJo als echtes Wildtier erkannt hatten. In einem dieser Schreiben hieß es: »Ich hoffe, es geht JoJo wieder besser. Als ich dort war, hat er gerade Antibiotika von Ihnen bekommen. Und wenn ich wieder einmal nach Providenciales kommen kann, freue ich mich schon auf JoJo.«

Dieser Brief und andere, die ich in der Zeit von JoJos Krankheit bekam, riefen mir in Erinnerung, dass JoJo nicht immer da sein würde. Die lange Folge von Tagen in einer Meerlandschaft von solcher Schönheit und heiteren Beschaulichkeit wiegten mich in einer Sicherheit, die es in Wirklichkeit nicht gab. In dieser noch weitgehend naturbelassenen Umgebung kann jeden Tag etwas Endgültiges passieren, und dieser Gedanke machte mir JoJos Dasein noch wertvoller.

* * *

185

Ich fiel aus allen Wolken, als ich ein Fax der Regierung der Turks- und Caicosinseln an einen leitenden Hotelmanager gezeigt bekam, in dem es hieß, JoJo müsse eingefangen werden und bis zu seinem Lebensende in Gefangenschaft bleiben. Hatten diese Leute überhaupt eine Ahnung von den Folgen, die ein solcher Plan haben würde? Zwar kämen dann künftig weniger Gerichtsverfahren auf das Hotel zu, aber JoJo würde lernen müssen, sich wie ein Zootier zu benehmen, wenn er etwas zu essen haben wollte. Er würde abhängig sein und bis zu seinem Tod in einem Becken dümpeln müssen. Das freie Leben im offenen Meer wäre bald nur noch eine ferne Erinnerung.

Und den Delfin, den ich kannte, würde es nie mehr geben.

Als ich von diesem Plan und anderen sogenannten Lösungen des »JoJo-Problems« erfuhr, hatte ich seinetwegen ohnehin schon schlaflose Nächte. Dass jemand allen Ernstes auf die Idee kommen könnte, ihn ganz aus seinem natürlichen Umfeld herauszureißen, hätte ich allerdings nicht gedacht. Er war ein ausgewachsener frei lebender Delfin, und dieses Gewässer war seine Heimat. Andererseits war mir natürlich auch bewusst, dass der Tourismus eine der wichtigsten Einnahmequellen der Inseln ist.

Wenn sich die Menschen gegen JoJo verschworen, sah es wirklich nicht gut für ihn aus. Aber warum eigentlich sollte die missliche Lage nicht auch dazu dienen können, auf den Inseln ein Bewusstsein für diese Dinge zu wecken? Man brauchte dafür nur einen zugkräftigen Plan, und vielleicht würde sich JoJos Schicksal dann doch noch wenden lassen. Kein Zweifel, es war an der Zeit, mich zum Kampf zu rüsten.

Dieser Kampf, das wusste ich, barg Risiken und konnte viele Querelen mit sich bringen. Meine Gegner hatten nur ihren Profit im Sinn, und darin waren sie auch noch höchst widersprüchlich: JoJo kurbelte den Tourismus an, das war erwünscht;

er wurde zum Anlass für Schadensersatzforderungen, das war nicht erwünscht.

In schönster Unverblümtheit sagte einer der ausgesprochen teuer gekleideten Manager einmal zu mir: »Es ist Zeit, dass JoJo erlegt wird, verhindern lässt es sich ja doch nicht. Sie werden schließlich nicht immer da sein, um auf ihn aufzupassen.«

Das erschütterte mich zutiefst, zumal ich wusste, dass seine Firma einen riesigen Prozess am Hals hatte, weil sie mit JoJo geworben hatte und ein Urlaubsgast durch eine von JoJos Abwehrmaßnahmen erheblich zu Schaden gekommen war.

Mir war klar, dass ich Hilfe brauchen würde, ich konnte nicht überall gleichzeitig sein.

So aufgewühlt, voller Sorgen und allein auf weiter Flur tat ich das in dieser Lage einzig Sinnvolle: Ich ging mit meinem besten Freund schwimmen. Doch selbst im warmen Wasser von Providenciales wurde ich ein Frösteln nicht ganz los. Als wir den äußeren Riffwall passiert hatten, machte ich Wasser tretend halt, um mir zu überlegen, was jetzt zu tun war. Ich schob die Maske hoch. JoJo legte sich neben mich.

»Wie kann ich dich bloß beschützen?«, fragte ich, und er blies eine Fontäne. Ich wischte mir den Sprühregen aus dem Gesicht und bedankte mich mit einem milden Lächeln: »Danke, JoJo, aber ich glaube nicht, dass man diese Leute damit nachhaltig beeindrucken kann.«

Wie konnte ich auf den Inseln etwas in Bewegung bringen, ohne dass eine Atmosphäre von Hass und Zwietracht entstand? Ich wollte die Leute zusammenführen, ich wollte sie JoJos Zauber spüren lassen, wie Emily und Sean ihn gespürt hatten. »Wenn ich sie doch nur dazu bringen könnte, die Dinge mit Kinderaugen zu sehen, mit Unschuld und liebevoller Aufgeschlossenheit.«

JoJo kam ganz nahe an mich heran, ich spiegelte mich in seinen Augen, und in diesem Moment wünschte ich mir, der

Mann, den ich da in diesen braunen Augen sah, könnte sich in ein Kind zurückverwandeln. Viel Verantwortung kam auf mich zu, viel würde von mir abhängen.

»Wieder ein Kind sein, JoJo, das wäre jetzt schön.« Wieder ein Kind! Wieso blieb dieser Gedanke so haften? Kinder können doch nicht viel ausrichten. Oder etwa doch?

»He, vielleicht muss man den Kindern nur eine Stimme geben, eine kräftige!«, rief ich und setzte die Maske wieder auf. »Danke, JoJo.« Ich schob den Schnorchel in den Mund, und ab ging es nach Hause. An die Arbeit!

Im Nu war ich wieder bei meinem Haus auf dem Hügel und saß mit dem Notizblock auf den Knien in der Hängematte, fieberhaft Notizen kritzelnd, Listen, Ideen, Sturzbäche von Lösungsansätzen.

Schulen!

Ich brauchte die Unterstützung der Öffentlichkeit, so viel war klar. Und die beste Idee, die ich hatte, bestand darin, die Schulen der Inseln für den Gedanken zu begeistern, JoJo zu ihrem Maskottchen zu machen. Ich würde Präsentationen in den Grundschulen geben. Die Kinder würden doch sicher schier platzen vor Stolz auf ein Schulmaskottchen, das seinesgleichen auf der ganzen Welt nicht hatte. JoJo war ja viel mehr als ein beliebiges abstraktes Symbol. Er war ein wilder Delfin *in ihren Gewässern*. Ein Delfin, der ihre Hilfe brauchte.

Und wenn zunächst einmal die Kinder für JoJos Lage im Besonderen und für Umweltfragen im Allgemeinen sensibilisiert waren, vielleicht würde es dann auch möglich sein, einen generellen Wandel einzuleiten. Und im Laufe der Zeit könnten sich immer mehr Menschen engagieren.

So nahm also mit der Hilfe meiner Inselfreunde und vieler anderer das JoJo-Schutzprojekt Gestalt an. Ich wollte Menschen in allen Bereichen ansprechen, auch auf der Verwaltungsebene, um ihnen vor Augen zu führen, wie wichtig

JoJo für die Kinder war – und für das Ökosystem der Insel insgesamt.

Des Weiteren musste ich mich um internationale Unterstützung bemühen, ich musste Sachkundige und Organisationen ansprechen, bei denen ich mir Rat holen konnte und die mir bei der Entwicklung eines Schutzprogramms für JoJo helfen konnten.

Vier Ziele formulierte ich für das JoJo-Schutzprojekt: Erstens war es wichtig, über die Verhaltensweisen eines wild lebenden Delfins aufzuklären, denn nur so würden sich weitere Verletzungen und Schadensersatzforderungen verhindern lassen. Zweitens musste die Kommunikation zwischen Mensch und Tier verbessert werden; dazu mussten die kommunikativen Verhaltensweisen dokumentiert und möglichst mit internationalen Wissenschaftlern erörtert werden. Drittens musste ein tierärztlicher Dienst eingerichtet werden, und viertens wollte ich JoJo juristisch unter Schutz gestellt sehen.

All das sollte ein Bewusstsein für die generelle Notwendigkeit des Naturschutzes schaffen, und zwar für alle Delfine und Walartigen, für die die Turks und Caicos ein Durchzugsgebiet sind (einigen Arten dienen sie sogar als Paarungs- und Aufzuchtsgebiet).

Zunächst aber kam es jetzt darauf an, JoJo zu schützen und auf dem Wege der Aufklärung weitere unerfreuliche Zwischenfälle nach Möglichkeit zu verhindern. Die Leute sollten lernen, ihn als einen festen Bestandteil ihres Lebensraumes und zugleich als wilden Delfin zu sehen, und das wollte ich über die Schulkinder erreichen. Also fing ich an, mit Diavorträgen über die Insel zu tingeln, und die Kinder griffen den Gedanken, JoJo zu ihrem Schulmaskottchen zu machen und als einzigartiges Symbol der schutzbedürftigen Natur zu verstehen, begeistert auf.

Damit war mein erster Punkt bereits erfolgreich umgesetzt.

JoJo war für alle sichtbarer geworden; von jetzt an würden sich mehr Leute für ihn interessieren und seine besondere Schutzwürdigkeit erkennen.

Sehr wichtig war es mir auch, die Touristen besser aufzuklären, die JoJo nach wie vor für einen abgerichteten handzahmen Delfin hielten, wenn sie ihn in Strandnähe schwimmen sahen. Dadurch kam es immer wieder zu unerfreulichen Zwischenfällen. Ich hatte spezielle Schilder entwerfen lassen, die an den Strandzugängen aufgestellt wurden. Sie unterrichteten über die wichtigsten körperlichen Gegebenheiten an einem Delfin, rieten dringend davon ab, ihn zu berühren, und gaben die generelle Empfehlung, das wild lebende Tier in Ruhe zu lassen.

Außerdem erstellte ich eine kleine Informationsbroschüre, die in Hotels und Geschäften ausgelegt wurde und auch über JoJos Schutzstatus innerhalb der Nationalparks und über seinen Status als nationales Kulturgut informierte. Außerdem wurde das nie ganz berechenbare Delfinverhalten erklärt und besonders erläutert, zu welchen Verhaltensweisen es in der Gegenwart von Menschen kommen kann. Das war der beste Weg, um möglichst viele Touristen zu informieren. Darüber hinaus fanden in den Hotels und Schulen Diapräsentationen statt.

Leider gab es ein Problem, bei dem Informationskampagnen einstweilen noch nicht viel halfen: JoJo wurde immer wieder von Booten mit und ohne Motorantrieb angefahren. Doch ich hoffte, die Zahl solcher Vorfälle reduzieren zu können, indem ich die Bootsleute darüber aufklärte, wann und wo JoJo normalerweise schlief.

Ich suchte auch den Kontakt und Informationsaustausch mit Delfinspezialisten und Delfinliebhabern, um den Menschen das Verhalten wild lebender Meeressäuger besser verständlich zu machen. Ich entwickelte ein Datenblatt, das bereits einige der immer noch zahlreichen Fragen zum Verhalten von Delfinen beantwortete. Mittelfristig war mir daran gelegen, eine umfangreiche Dokumentation aller relevanten Beobachtungen und Informationen zu erstellen, die unser Verständnis der Delfine und Wale vertiefen würde.

JoJo hatte gezeigt, dass er an Beziehungen zu Menschen in einer Weise interessiert war, die man bei wild lebenden Delfinen so noch nicht beobachtet hatte. Für die Erforschung der Mensch-Delfin-Interaktion hätte ich also keinen besseren »Probanden« finden können als ihn. Außerdem würde JoJo als Muster für künftige Annäherungsversuche an Delfine dienen können. Die weitere Interaktionsforschung würde bei seinem Verhalten in seinem natürlichen Lebensraum ansetzen, und man würde dabei besonders auf seine Fähigkeit achten, neue Verhaltensformen und Kommunikationsmethoden auszubilden und bestehende zu erweitern beziehungsweise abzuwandeln.

Es hat schon viele Situationen gegeben, in denen die Frage akut wurde, wie man am besten für JoJos Gesundheit und Wohlergehen sorgen könne. Da waren ja nicht nur die gefährlichen Verletzungen durch Rochenstachel, sondern auch die tiefen Wunden durch Bootsschrauben, Wasserski, Jetboot und Haie sowie andere Gesundheitsgefährdungen durch Menschen und sonstige Ursachen. Wenn JoJo krank oder verletzt war, genoss er nicht die Unterstützung von Artgenossen, die in solchen Fällen einen engen Verbund bilden und das betroffene Tier vor Räubern schützen und notfalls mit Nahrung versorgen.

Um all das hatten sich also im Falle von JoJo die Menschen zu kümmern. Vor allem ich musste ihm Gesellschaft leisten und ihn mit der Hilfe der ortsansässigen Tierärzte medizinisch versorgen. Dafür stellte ich eine Liste von Notfallmaßnahmen zusammen, die unter anderem die wichtigsten Telefonnummern enthielt. Auch für den Fall lebensgefährlicher Verletzungen, die eine vorübergehende Isolierung notwendig machten, musste vorgesorgt werden. Dazu holte ich den Rat von Experten ein und studierte die bereits beschriebenen Rettungs- und Notfallmaßnahmen, denn diese sollten ja so wenig wie möglich in JoJos natürliche Abläufe eingreifen.

Und während ich mich all dieser Dinge annahm, spürte ich, dass sich auch JoJos wahrer Daseinszweck gerade erst abzuzeichnen begann.

Doch bevor das »JoJo-Delfin-Projekt«, wie ich es nannte, in vollem Umfang anlaufen konnte, musste ich mit ausgewiesenen Fachleuten in den USA über alle Einzelheiten diskutieren. Dafür nahm ich mir mehrere Monate Zeit.

»JoJo«, sagte ich, »jetzt wird dein Erinnerungsvermögen auf die Probe gestellt. Wirst du mich überhaupt noch erkennen, wenn ich zurückkomme? Aber ja, ganz bestimmt wirst du das. Doch falls nicht, kann ich dir jetzt schon verraten, dass dein Freund darüber ziemlich gekränkt sein wird.«

Ich bereiste die Nordostküste der Vereinigten Staaten und besuchte jedes Delfinarium, jedes Forschungszentrum für Meeressäuger. Das Gleiche tat ich dann entlang der kalifornischen Küste und schließlich auch in Florida.

Viele Forscher und Trainer, die mir auf diesem langen Weg begegneten, beneideten mich um die Chance, Erfahrungen mit einem einzeln lebenden Delfin zu sammeln. Sie steuerten gute Ideen zum Aufbau eines Hilfsprojekts für JoJo bei und versorgten mich mit den neuesten Veröffentlichungen über wilde und in Gefangenschaft lebende Delfine. Wie nicht anders zu erwarten, war die Ausbeute bei den wild lebenden Delfinen eher dürftig. Zumindest aber hatte ich jetzt den Grundstock zu einer Delfin-Bibliothek, aus der vielleicht eines Tages eine internationale Forschungseinrichtung werden konnte.

Viele meiner Fragen über die Verhaltensweisen wilder Delfine blieben jedoch unbeantwortet. Für meine Art des Umgangs mit JoJo gab es keine Beispielfälle, und überhaupt war nur sehr wenig über einzeln lebende wilde Delfine bekannt. Ich stellte den Fachleuten Fragen, die von meinen unmittelbaren Beobachtungen ausgingen, doch wie sich herausstellte, sind viele von JoJos Verhaltensweisen und Intelligenzleistungen an domestizierten Delfinen einfach nicht zu beobachten. Meiner Einschätzung nach liegt das am eintönigen Lebensumfeld der in Gefangenschaft lebenden Delfine, das einem akustisch orientierten Tier einfach viel zu wenig Anregung bietet. Kurzum, meine Ausbeute war enttäuschend.

In den meisten Aquarien werden die Delfine gut versorgt und knüpfen enge Beziehungen zu ihren Trainern, von denen sie auch gefüttert werden. Solche Beziehungen sind oft von ähnlicher Art wie unsere Beziehungen zu Haustieren. Diese Delfine können antrainierte Kunststücke vorführen und halten still, wenn sie tierärztlich untersucht werden. Aber alle Delfine, die ich beobachtet habe, waren ganz anders als JoJo. Sie zeigten kaum je ein nicht antrainiertes Verhalten oder ein ganz eigenes Interesse an Fremden. Es gab zwar Interaktion, aber die sah anders aus als bei JoJo. Von sich aus waren diese Delfine offenbar nur am Spiel mit Artgenossen und an den Fütterungen interessiert. Den Blickkontakt, den JoJo immer hielt, habe ich an diesen Delfinen nicht beobachtet. Dafür beobachteten sie meine Hände genau und erwarteten offenbar Signale und Belohnungshäppchen. Zwischen diesen Delfinen und JoJo konnte ich nur ganz grundsätzliche Verhaltensähnlichkeiten ausmachen. Im Unterschied zu ihnen besaß er vollkommene Bewegungsfreiheit, und Nahrungszuwendungen oder Nahrungsentzug spielten in seinen Beziehungen zu Menschen überhaupt keine Rolle.

Niemand, die Trainer eingeschlossen, wusste, wie JoJo Verhaltenseigentümlichkeiten hatte ausbilden können, die es bei Delfinen in Gefangenschaft einfach nicht gab. Und da ich nur ihn als wild lebenden Delfin kannte, wusste ich nicht einmal, ob sein Verhalten repräsentativ für alle wilden Delfine und ihren normalen Umgang innerhalb einer Schule war. Da wurde mir klar, dass Gespräche mit Delfintrainern für meinen Informationsbedarf eigentlich nichts brachten. Die Forschung auf dem Gebiet wild lebender Delfine steckte noch in den Kinderschuhen, und das galt für allein lebende Exemplare noch mehr als für ihr Verhalten in Schulen.

Natürlich mussten JoJos Antriebe ganz andere sein als bei Delfinen in Becken. Er ernährte sich selbst und bestimmte ganz allein über die Art seines Umgangs mit Menschen. Ich musste einfach fragen und forschen, fragen und forschen und so allmählich eine Datensammlung zum Delfinverhalten zusammentragen. Dabei halfen mir interessanterweise wieder einmal die Kinder.

Meine Freundin Laurie war Lehrerin an einer kalifornischen Grundschule. Im Laufe einiger Monate hatte ich mehrere Briefe von ihr bekommen, in denen sie mich bat, etwas für ihre Schüler zu schreiben und Fotos von JoJo beizulegen. Das tat ich sehr gern und besuchte diese Schule später auch, um den Kindern von JoJo zu erzählen. Sie arbeiteten damals an einem Klassenprojekt über Delfine. Laurie lud mich ein, weil sie fand, es gebe für die Kinder doch sicher keine bessere Einführung in das Thema als JoJos Geschichte.

Im Rahmen ihres Klassenprojekts hatten die Schüler eine Pinnwand aufgehängt, an der sich auch meine Berichte und die Fotos von JoJo befanden. Das empfand ich als große Ehre. Und genau wie daheim auf der Insel hatten auch diese Kinder JoJo bereits zu ihrem Maskottchen erkoren.

Meine Präsentation fand großen Anklang, und im Anschluss erkundigten sich die Schüler sehr engagiert nach JoJos Lebensraum und seinen Verhaltensweisen. Die Themen, die sie ansprachen, waren zum Teil grundlegender Natur, es gab aber auch recht anspruchsvolle darunter. Da den Kindern keine

Kenntnisse über antrainiertes Delfinverhalten im Weg standen, stellten sie in ungebremster Wissbegier sehr kreative Fragen – Fragen, die wohl so mancher Delfintrainer auch stellen würde, hätte er es nicht sein Leben lang mit gefangenen Delfinen zu tun gehabt.

Die Kinder erkundigten sich etwa: »Was tut JoJo den ganzen Tag? Wo schläft er? Wie schläft er? Was isst er? Spielt er mit anderen Delfinen?« Das waren alles sehr naheliegende Fragen, die aber von den Profis nicht gestellt werden.

Manche davon konnte sogar ich nicht oder nicht erschöpfend beantworten. »Wie weit schwimmt er an einem Tag? Wohin geht er, wenn er krank ist? Wie kann er Beute machen, ohne dass ihm andere Delfine dabei helfen?«

Ich war so beeindruckt von diesem Forschergeist, dass ich die Fragen der Kinder zum Ausgangspunkt für meine Stoffsammlung zum Delfinverhalten machte.

Ah, Kindermund, dachte ich, als ich all die Ideen in meinem Notizbuch festhielt und über die Weisheit der Unschuld nachdachte.

Während meiner Informationsreise für das JoJo-Projekt bin ich nicht nur den Fachleuten des Delfingeschäfts begegnet, sondern auch Kämpfern für die Rechte der Tiere, die sich für die Freilassung aller gefangenen Delfine einsetzen. Und beide Seiten bekundeten Interesse am JoJo-Projekt, einfach weil JoJo als wilder Delfin etwas so Einmaliges war.

Ich habe auch Ric kennengelernt, den Trainer der Titelfigur aus der Fernsehserie »Flipper«. Er ist inzwischen Tierrechtsaktivist und bekämpft »das milliardenschwere Geschäft mit gefangenen Delfinen«, wie er selbst es nennt. Sein Ziel ist es, alle Delfine wieder auszuwildern. Sollte sich zeigen, so seine Überlegung, dass sich Delfine auch nach Jahren in Gefangenschaft wieder in der freien Wildbahn zurechtfinden, dann sollten sie dort wieder freigelassen werden, wo sie eingefangen wurden. Ric bezeichnete JoJo als den einzigen ihm bekannten Fall, in dem sich ein wilder Delfin aus freien Stücken auf Menschen einlässt. Die Beziehung zwischen JoJo und mir betrachtete er als »perfektes Studienobjekt«, nur müsse ich JoJo unbedingt vom Kommerz der Delfinindustrie fernhalten.

Wie richtig er damit lag, sollte die Zukunft zeigen.

Als ich wieder nach Hause kam, zeichneten sich gerade neue Entwicklungen ab, gegen die ich dringend etwas unternehmen musste. Jemand steckte mir die Kopie eines vertraulichen Schreibens zu, in dem sich ein Regierungsvertreter an eine Privatfirma wandte und darum ersuchte, alles in die Wege zu leiten, damit JoJo eingefangen und einem Delfintraining unterzogen werden konnte. Sie wollten JoJo aus seinem angestammten Lebensraum nehmen und zum Schmusedelfin umschulen! Es hieß, JoJo werde womöglich auf die Bahamas verschickt oder sogar in Florida landen.

Wie konnte so ein Brief überhaupt zustande kommen und wer stand hinter dem Plan, JoJo aus dem Weg zu räumen? Was für Gründe gab es dafür? Wir mussten augenblicklich reagieren, bevor der in dem Brief erteilte Auftrag ausgeführt werden konnte. Ich wusste nicht im Einzelnen, für wann das Unternehmen geplant war und was womöglich schon alles in Bewegung gesetzt worden war. Ich wusste nicht einmal, in welcher Einrichtung JoJos Training stattfinden sollte, hatte also keinen konkreten Gegner. Wieder einmal blieb mir nichts anderes übrig, als möglichst viele Leute zu informieren und zu mobilisieren, um die Ausführung des Plans zu unterbinden.

Ich musste die öffentliche Meinung so beeinflussen, dass genügend Gegendruck entstand. Dabei musste ich jedoch äußerst vorsichtig vorgehen, denn solche Bemühungen wurden schnell als politisches Taktieren hingestellt, und damit wäre mir sicher nicht gedient. Im Übrigen schien mir aber, dass JoJo nicht gerade politischer Sprengstoff war und ich einfach möglichst viele hohe Entscheidungsträger informieren und ihnen klarmachen musste, wie wichtig es war, JoJo sein Leben in Freiheit zu erhalten.

Meine Informationsreise hatte mir deutlich gemacht, dass der menschliche Umgang mit Delfinen und anderen Walartigen in erster Linie aus kommerziellen Interessen und aus einer wissenschaftlichen Forschung bestand, die nicht auf Rücksichtnahme beruhte. Das Projekt, das mir vorschwebte, hatte mit beidem nichts im Sinn; die wissenschaftliche Forschung sollte einen untergeordneten, lediglich begleitenden Stellenwert haben. Ich musste das Projekt schleunigst vorantreiben, JoJos Zukunft hing davon ab. Es ging um nichts weniger als darum, zu erreichen, dass JoJo sein Leben in den hiesigen geschützten Gewässern weiterführen durfte, ohne dass ihm Menschen nachstellten, die ihm schaden konnten. Er musste unter Schutz gestellt werden, das war das Ziel.

Eigentlich hatte es mit JoJos Schutz als einem einzigartigen und zu diesen Inseln gehörendes Wildtier sehr gut begonnen, als Prinzessin Alexandra unser abgelegenes Inselreich besuchte und den Princess Alexandra National Park offiziell einweihte, wodurch ungefähr ein Viertel von JoJos Lebensraum unter Schutz gestellt wurde. Sie bekam ein großes Poster vom Nationalpark mit einem herrlichen Foto von JoJo geschenkt. Hier wurde er zum ersten Mal als eine der einzigartigen Attraktionen herausgestellt, deren Schutz der Park in Zukunft dienen würde.

JoJo sollte noch oft stellvertretend für den Geist der Turks- und Caicosinseln, für ihre Bewohner und ihre Regierung präsentiert werden. Noch wussten die Leute freilich nicht, wie sehr JoJo die Herzen der Menschen im Land und anderswo gewinnen würde und dass es ihm bestimmt war, weltweit zur Symbolfigur unserer Bemühungen um die Erhaltung des Lebens im Meer und der Umwelt überhaupt zu werden.

Eigentlich ging es bei meiner Aufklärungskampagne also darum, JoJo als »nationales Kulturgut« und Symbol für die Tierwelt der Turks- und Caicosinseln in den Blick zu rücken. Das würde allen Versuchen seiner Vermarktung den Wind aus den Segeln nehmen. Sollte mein Plan aufgehen, würde JoJo künftig unter dem Schutz des für Umwelt- und Naturschutz zuständigen Ministeriums und des JoJo-Projekts stehen und folglich vor Ausbeutung geschützt sein. Dabei kam es darauf an, dass ich wirklich alle Menschen erreichte. Wenn die Leute, die sich gegen JoJos Freiheit verschworen hatten, auch nur ein bisschen über die Einzigartigkeit seines Daseins und seine Bedeutung für die Kinder der Insel gewusst hätten, wären sie sicher gar nicht erst auf solche Ideen gekommen.

Deshalb wollte ich auf jeden Fall die Verantwortungsträger erreichen, die bei allen Entscheidungen über JoJo mitzureden hatten. Aber auch die Drahtzieher der Regierungsinitiative zu JoJos Gefangennahme sollten informiert werden. Ich hatte etliche Stunden Videomaterial über JoJo gesammelt, das seine Verhaltensweisen und seinen Umgang mit Menschen dokumentierte. Daraus stellte ich einen Lehrfilm zusammen, der den Leuten zeigen sollte, wer JoJo überhaupt war und welch einen erhaltenswerten Schatz er für das Land darstellte.

Das fertige Video schickte ich mit individuellen Begleitschreiben an die verschiedenen zuständigen Ministerien und an den Chief Minister. Auch die für den Tourismus zuständige Behörde wurde informiert und mit Material versorgt. Diese Leute mussten vor allem wissen, dass JoJo nicht zu einem Marketinginstrument werden durfte, dem man ganze Bootsladungen von Touristen auf den Hals hetzte. Berühmt war der Delfin schon, jetzt kam es darauf an, ihn als freien, wild lebenden Meeressäuger herauszustellen – was er auch bleiben sollte.

Gerade die Tourismusbehörde wollte ich für die Idee gewinnen, JoJo als nationales Kulturgut zum Symbol der einzigartigen Inselfauna zu machen. Deshalb stellte ich für sie ein besonders umfangreiches Informationspaket zusammen und verfasste ein ausführliches Begleitschreiben, in dem ich darlegte, dass ein einzeln lebender wilder Delfin wie JoJo unbedingt vor den unerfreulichen Begleiterscheinungen eines rasch anwachsenden kommerziellen Tourismus geschützt werden musste.

Ich arbeitete buchstäblich Tag und Nacht und kam kaum zum Schlafen. Nach meinen nachmittäglichen Schwimmausflügen mit JoJo traf ich mich meist noch mit Weltenbummlern, Aktivisten oder Inselbewohnern zum Essen und versuchte sie für das JoJo-Projekt zu gewinnen. Ich unterhielt sie mit Geschichten über JoJo, verteilte Postkarten und Broschüren über unsere Arbeit. Darin ging ich so vollkommen auf, dass an ein Privatleben kaum mehr zu denken war. Bis eines Abends das Telefon klingelte.

»Warum rufst du denn nicht an?«, fragte Emily. Ich hörte ein leichtes Beben in ihrer Stimme.

»Haben wir denn nicht gestern erst telefoniert?«

»Dean, das war vor zwei Wochen.«

»Tut mir leid. Es ist nur wegen JoJo«, wandte ich matt ein.

»Ich weiß. Wie immer.«

»Du liebst ihn doch auch.«

»Ja, das tue ich.« Sie schwieg einen Moment lang. Dann fügte sie hinzu: »Aber ich fühle mich einsam.«

»Was ist mit deinen Freundinnen?« Etwas Besseres fiel mir nicht ein.

»Das ist kein Ersatz, das weißt du doch.«

Natürlich nicht. Aber was hätte ich sagen können? Sie hatte ja recht.

»Dean, bist du noch dran?«

»Ja, Liebes. Es tut mir leid.«

»Ruf einfach öfter an, okay? Du fehlst mir.«

Ich versprach es. Aber jetzt musste ich erst einmal das Projekt für meinen Freund zum Laufen bringen. Danach konnte ich einen Besuch bei Emily planen.

Bei meinem Bemühen, JoJo juristisch unter Schutz zu stellen, würde unser Naturschutzministerium die Schlüsselrolle spielen, das war mir klar. Das Ministerium musste die Schirmherrschaft übernehmen. Von da aus konnten wir dann weitere Umweltschutzprojekte in Angriff nehmen.

Von diesen Gedanken geleitet, stellte ich ein umfangreiches Dossier über Fälle auf der ganzen Welt zusammen, in denen es gelungen war, für besondere Arten einen rechtlichen Schutz zu erwirken. All das, stellte ich mir vor, sollte Vorbildfunktion für den Fall JoJo bekommen.

Ich erstellte neue Diashows und konzentrierte meine Bemühungen wieder auf die Schulen. Wenn ich die Kinder über JoJos Leben auf dem Laufenden hielt, würden sie immer wissen, weshalb es sich lohnte, ihn zu schützen – und wie man respektvoll mit ihm umging. Mir die Unterstützung der Schüler zu sichern war leicht, schließlich hatten sie JoJo bereits als Schulmaskottchen. Und wie stolz sie waren, sagen zu können, dass Turks und Caicos eines von ganz wenigen Ländern war, die sich als Heimat eines einzeln lebenden wilden Delfins bezeichnen konnten, der die menschliche Gesellschaft suchte.

Außerdem verfasste ich für die Lokalzeitung ein paar Artikel über JoJo, und daraus wurde bald eine Kolumne. Alles, was ich darin schrieb, beruhte auf meinen persönlichen Aufzeichnungen über meinen Umgang mit JoJo und versuchte zu erklären, weshalb eine Begegnung gerade so verlaufen war, wie ich sie beschrieben hatte. Am Ende meiner Artikel forderte ich die Leser auf, sich für das JoJo-Projekt zu engagieren und zu erkennen, wie selten und kostbar dieser Delfin war.

Ich beabsichtigte, JoJo zu so hohem Ansehen zu verhelfen, dass niemand mehr auch nur daran dachte, ihn abzuschieben oder gefangen zu nehmen. Ich begreife bis heute nicht, wie irgendwer je auf solche Gedanken verfallen konnte. Dennoch bin ich geneigt, keine allzu üblen Motive dahinter zu vermuten, sondern den Betreffenden eher schlichte Unwissenheit zu unterstellen.

Jedenfalls musste ich bei dieser Kampagne sehr vorsichtig vorgehen. Der erwähnte Brief mit Überlegungen zu JoJos Gefangennahme war, wie bereits gesagt, vertraulich und hätte den Verfasser, einen Regierungsbeamten, kompromittieren können. Also arbeitete ich zunächst mehr oder weniger allein und im Verborgenen. Und war eigentlich ganz froh, Emily so weit ab vom Schuss zu wissen, denn hier nahm das öffentliche Interesse allmählich zu, auch in der Form von Behördenwillkür und verbalen Angriffen. Letztere bestärkten meinen Verdacht, dass es wohl um Geld gehen musste. Und wie sich später herausstellte, ging es tatsächlich um Geld. Um sehr viel Geld sogar.

Ich musste all die Leute umstimmen, die meinten, es sei besser, JoJo wegzuschaffen. Und ich musste den Leuten, die es ernsthaft vorhatten, klarmachen, dass ich ihre finsteren Pläne an die Öffentlichkeit bringen würde. Das alles waren Akutmaßnahmen, die dazu dienten, für den Moment das Schlimmste zu verhindern. Aber wie sollte ein langfristiger Plan aussehen, der JoJo auf Dauer vor allen erdenklichen Eventualitäten schützen konnte?

Ich musste alle Fragen durchspielen, die im Verlauf des Projekts auftauchen könnten. Ungefähr so, wie man beim Schach jeden einzelnen Zug auch auf seine möglichen späteren Konsequenzen hin abklopft.

Zum Beispiel: Wenn ich alle Firmen auf der Insel anschrieb, die an den Plänen für JoJos Gefangennahme beteiligt sein konnten, würde das meine Chancen möglicherweise vergrößern. Aber nur, wenn sie noch nicht wussten, dass ich plante, an die Öffentlichkeit zu gehen. Wie sollte ich das Schreiben so formulieren, dass es überzeugend wirkte, aber niemanden verärgerte? Dass es nachdenklich machte, aber nicht zu Gegenschlägen animierte?

Alles Fragen, die genau zu bedenken waren.

Ich schrieb damals alle Einrichtungen in erreichbarer Nähe an (also in Florida und auf den Bahamas), die für JoJos geplante Domestizierung infrage kamen, und erklärte ihnen die Hintergründe dieser Machenschaften, nämlich dass man sich anstehenden Schadensersatzforderungen entziehen und möglichst noch einen stattlichen Gewinn erzielen wollte.

Neben allem, was ich so in Gang brachte, musste ich weiter an die Bewusstseinsbildung und an den Aufbau der erforderlichen Infrastruktur denken. Das, dachte ich, sei vielleicht am besten zu erreichen, wenn ich mir in England Aufmerksamkeit und Unterstützung sicherte. Schließlich sind die Turks- und Caicosinseln lokal verwaltetes britisches Überseegebiet. Doch wer käme dafür als Ansprechpartner infrage? Prinz Charles und Prinz Philip fielen mir ein, aber die kannte ich bloß dem Namen nach. Persönliche Kontakte zu den britischen Royals zu knüpfen war eine hochkomplizierte Angelegenheit, und wer würde sich in Großbritannien schon um das Wohlergehen eines einzelnen Delfins im Westatlantik kümmern wollen?

Manchmal aber nimmt sich das Schicksal der Dinge an, wenn man es am wenigsten erwartet. Von meinen Eltern hatte ich gelernt, zuerst zu meditieren und zu beten und mich dann mit klarem und möglichst leerem Kopf darauf zu konzentrieren, dass sich das zur Lösung eines Problems Notwendige schon zeigen werde. Meine Gedanken waren dann eine Vorwegnahme dessen, was zu JoJos Wohlergehen geschehen musste. Ich setzte es nur in Bewegung.

* * *

So arbeitete ich also beinahe ununterbrochen an meinem Projekt, doch auf die Freude des gemeinsamen Schwimmens mit JoJo mochte ich trotzdem nicht verzichten. Er war die letzten Wochen nicht gesehen worden, aber ich war mir sicher, dass er sich nur herumtrieb und anderen Dingen nachging. David und Leslie hatten ihn hin und wieder gesehen, sowohl weit draußen als auch nahe am Strand. Leslie fürchtete jedoch, dass JoJo krank sein könnte, denn sie hatte ihn als langsam und lustlos empfunden.

Als ich damals angefangen hatte, mit JoJo zu schwimmen, waren mir auch manchmal Änderungen in seinem Verhalten aufgefallen, die ich für Anzeichen einer möglichen Krankheit hielt. Er bewegte sich dann träge, und wenn ich ihn rief, dauerte es lange, bis er auftauchte. Das kam aber so häufig vor, dass ich mir sagte, er sei wohl einfach schläfrig und brauche Ruhe.

Eine Woche verging, bis wir von Freunden erfuhren, dass JoJo erneut gesichtet worden war, und zwar in North Caicos – an die fünfunddreißig Kilometer weiter östlich, als er sich unseres Wissens je von Grace Bay entfernt hatte. Ob er sich aber auch jetzt noch dort in der Gegend aufhielt, wusste niemand.

Ich notierte das alles, denn ich wollte dokumentieren, wo sich JoJo aufhielt und wie groß sein »Revier« war. Er wurde erwachsen, vielleicht weiteten sich die Grenzen seines Lebensraums ja mit den Jahren aus. Ich fuhr also nach Middle Caicos und erkundigte mich überall, ob JoJo dort war, aber niemand konnte mit Sicherheit sagen, dass es sich tatsächlich um ihn handelte.

Meine Bestätigung bekam ich schließlich doch, nämlich an einer abgelegenen Stelle, die Bottle Creek heißt. Das ist der Durchlass zwischen Middle Caicos und North Caicos, eine Gegend, in der sich nur wenige Menschen aufhalten. Hier stieß ich auf eine mit zwei Personen besetzte kleine marikulturelle

Forschungseinrichtung, die an Verfahren zur kommerziellen Anzucht von Weichschalenkrabben arbeitete.

Die Meeresbiologin Kim hatte einen Delfin gesehen, und dessen Äußeres brauchte sie mir gar nicht erst zu beschreiben. Denn als sie erzählte, dass dieser Delfin ihr bei der Arbeit an den Krabbenreusen glucksend und schnalzend über die Schulter geschaut hatte, wusste ich: Das konnte nur JoJo gewesen sein. Er war ungefähr eine halbe Stunde bei ihr geblieben, um ihr bei der Arbeit zuzusehen, und war dann wieder davongeschwommen. Seither hatte Kim ihn nicht mehr gesehen.

Auch in North Caicos, bei den Fischern und an anderen Stellen der Insel war JoJo in letzter Zeit gelegentlich gesehen worden.

Was mochte mit ihm sein?

In Pine Cay, dachte ich, seien die Chancen, ihn zu treffen, wohl am besten, aber auch da war es schon etwa eine Woche her, dass er beim Spiel mit Toffy gesehen worden war. David, Leslie und ich machten uns allmählich Sorgen, denn JoJo ließ sich unsere gemeinsamen Schwimmrunden sonst höchstens einmal für einen Tag entgehen. Leslie fürchtete immer noch, dass er krank sein könnte, aber David und ich blieben optimistisch und trösteten sie. JoJo würde sicher bald wieder auftauchen. So machte ich meine Schwimmtouren jetzt allein, hoffte aber immer, dass er neben mir auftauchen würde, um zu spielen.

Doch die Tage vergingen, und er blieb aus.

Am zehnten Tag verließ auch mich der Optimismus. Wir überlegten, ob wir eine regelrechte Vermisstensuche starten sollten.

»Ja, ich finde, das solltest du, Dean«, sagte Leslie von der Veranda aus. Sie lehnte den Kopf an den Türrahmen und nickte. »Ich glaube nämlich wirklich, dass er krank ist.«

Ich widersprach nicht mehr, sondern winkte sie herein, zog das reichlich gebraucht aussehende Telefonbuch heraus und blätterte nach den Nummern von Piloten auf der Insel, bis ich auf eine Frau stieß, von der ich wusste, dass sie ein Fliegerass war. Gerade wollte ich ihre Nummer wählen, als David anrief.

»JoJo ist eben gesehen worden, er schwimmt hinter einem Boot her in Richtung Grace Bay«, sagte er. »Genau da, wo wir sonst immer zusammen im Wasser sind. Ich mache mich sofort auf den Weg.«

Wir wechselten keine weiteren Worte. Ich raffte meine Sachen zusammen, lief aus dem Haus und warf alles in den Wagen. Leslie kam hinter mir her.

»Was ist los?«, fragte sie.

»Er ist da. Komm, steig ein.« Ich ließ den Motor an. »Halt dich gut fest, das wird jetzt etwas rasanter.« Kaum hatte sie sich angeschnallt, ging es auch schon im Eiltempo den holprigen Weg nach Grace Bay hinunter.

Wir sahen David schon von Weitem am Strand stehen, die Flossen in der Hand und bereit, sofort zu unserem üblichen Treffpunkt hinauszuschwimmen. Wir nickten einander kurz zu, dann hatte ich nur noch den Horizont im Blick, an dem mein Freund jetzt jeden Moment auftauchen musste.

Ich sah ihn noch nicht, spürte aber schon seine Energie über die Wellen heranwehen. Kurz schloss ich die Augen und lauschte mit einem Ohr in Richtung Meer. War da nicht gerade sein Ausatmen zu hören? Oder trug mir der Wind einfach seinen Geist zu?

Ich wusste, er war da. Etwas wie Blütenduft lag plötzlich in der Luft, ganz so, als würde JoJo ihn mitbringen. David und Leslie schienen den Duft auch zu bemerken, sie sogen die Luft ein wie in einem botanischen Garten voller Orchideen und Passionsblumen.

Mit Taucherbrille und Schnorchel schwammen wir in die türkisblaue Bucht hinaus. Ein paar Hundert Meter weiter draußen suchten wir das Meer nach Bewegungen ab und warteten auf Delfinlaute. Doch es blieb still. Kein Delfin. Selbst die typischen Geräusche der Schnorchelatmung waren verstummt. Wir hielten den Atem an.

Ich wollte gerade das Wort an Leslie richten, als Unglaubliches geschah. Aus dem Augenwinkel sah ich, wie in ungefähr fünfzig Metern Entfernung etwas aus dem Wasser schoss. Es war JoJo, der da in einer riesigen glitzernden Gischtfontäne in weitem Bogen durch die Luft flog und wieder eintauchte. In immer weiteren Luftsprüngen kam er mit Höchstgeschwindigkeit genau auf uns zu. JoJo hatte mir auch früher schon einiges geboten, aber dieses Spektakel hatte etwas so Gewaltiges, dass ich wie vom Donner gerührt war und sogar das Wassertreten vergaß.

Erst als ich in den Wellen versank, wurde mir klar, dass es kein Traum war. Wir machten uns auf die ganze Wucht seiner Begeisterung gefasst. Was mochte er noch in petto haben? Mit trillerndem Pfeifen und Schnalzen kam er in Wolken von glitzernden Wassertropfen wie ein Wirbelwind daher.

Wir alle kannten das umfangreiche Repertoire seiner Verhaltensweisen, aber einen Freudentaumel wie diesen hatte noch keiner von uns erlebt. Kein Zweifel, JoJo war überglücklich, dass er seine Schwimmfreunde wiedergefunden hatte, mit denen er fast jeden Tag spielte.

Die nächsten vier Stunden gehören zu den intensivsten Gemeinschaftserlebnissen, an die ich mich überhaupt erinnern kann. Wir spielten in engem Verbund, und JoJo entging keine äußere oder innere Regung unserer Freude, er griff jeden auch noch so kleinen Impuls auf wie ein guter Tanzpartner, doch mit mehr Eleganz und intuitivem Feingefühl, als man es sich von einem menschlicher Tänzer oder einer noch so genialen Choreografie je versprechen dürfte.

Und im Spiegel dieses tropischen Miteinanders wurden auch wir zu Abbildern seines Delfinwesens.

Als es Zeit wurde, an Land zu gehen, verlegte uns JoJo den Weg, wie wir es alle gut kannten. Heute aber blieb das Ganze spielerisch und hatte nichts von dem trotzigen Beharren, das wir auch schon an ihm erlebt hatten. Er bat einfach mit unhörbar unter Wasser klatschenden Brustflossen um »Zugabe«.

»Es ist uns eine Ehre, dass du uns so nah bei dir haben möchtest«, sagte ich. »Aber die Sache ist die, dass wir uns auch mal wieder aufwärmen müssen.« Ich täuschte einen linken Bogen an, damit Leslie und Dave am anderen Ende an ihm vorbeikommen konnten, und danach fand ich für mich selbst einen Fluchtweg.

Dann standen wir im warmen Sand, aber JoJo blieb vor uns im flachen Wasser und ließ Grunzlaute hören, die etwas anders klangen als das mir vertraute Glucksen. Dann kam noch ein klagendes Pfeifen dazu, das uns sehr überraschte.

»Was das wohl bedeutet«, sagte ich zu Dave. Der hob die Schultern. Mir kam es so vor, als wollte JoJo uns mitteilen, wie einsam er in der Zwischenzeit gewesen war.

»JoJo erzählt von Freudentränen, die er vergoss, als er uns wiedersah«, rief Leslie und hatte dabei selbst Tränen in den Augen.

Das konnte man nicht einfach übergehen.

So müde und unterkühlt Leslie und ich waren, wir gingen wieder ins Wasser und spielten eine weitere Stunde mit JoJo. Kreisen. Platschen. Saltos von der Boje, dann wieder durchs Wasser schnellen. Aber schließlich waren wir so erschöpft, dass nur noch Ausstieg und Dusche infrage kamen. JoJos stimmliche Mitteilungen waren wieder dieselben, aber diesmal ließ er uns gehen. Wir winkten ihm, und er schwamm langsam in die Weite hinaus.

Von da an stellte sich JoJo wieder jeden Tag zum Spielen ein. David, Leslie und ich wurden seine »Schule«, und das machte uns die Verantwortung, die wir trugen, deutlicher bewusst als je zuvor.

Wir waren sein Kreis, seine Familie. Was ich und meine menschlichen Freunde in Zukunft unternehmen würden, konnte über sein Schicksal bestimmen.

ARBEIT

Eines Nachmittags hieß es, Dr. Horace Dobbs werde für ein paar Tage auf den Turks- und Caicosinseln zu Besuch sein. Horace Dobbs ist Gründer der in Großbritannien beheimateten Organisation International Dolphin Watch. Er ist Delfinexperte und interessiert sich besonders für die Beziehung der Meeressäuger zu den Menschen, auch unter historischen Gesichtspunkten. Bei seinem Besuch wollte er vor allem JoJo kennenlernen und sich über seine Beziehungen und besonderen Verhaltensweisen informieren. Dr. Dobbs war zunächst Chemiker gewesen, hatte dann auf dem Gebiet der Veterinärmedizin geforscht und widmet seine Zeit jetzt ganz dem Studium der Kommunikation zwischen Delfinen und Menschen.

Sein Delfinbeobachtungsprogramm brachte ihn auch in Kontakt mit einzeln lebenden Delfinen wie JoJo. Einzeln lebende Delfine sind sehr selten und extrem schwer aufzufinden, aber er kann von sich sagen, dass er alle bekannten Exemplare besucht hat. Ich habe ihn mit den Worten zitiert gefunden, dass es ein seltenes Glück sei, eines dieser Tiere kennenzulernen, und dass er sich besonders glücklich schätze, so viele von ihnen näher betrachten zu können. Auf diesem Weg sollte ich ihm, wie sich dann zeigte, bald folgen.

Ich notierte mir den Termin seines Besuchs im Kalender,

und dabei realisierte ich plötzlich, was für eine Chance sich mir da bot. Hochrangige britische Kontakte – genau darauf war ich ja aus. Wenn es in England jemanden gab, der meine Bemühungen um JoJos Schutz unterstützen konnte, dann war es Dr. Horace Dobbs.

Als meine Crew und ich ein paar Tage später zum verabredeten Treffen mit ihm aufbrachen, legte ich mir in Gedanken die Worte zurecht, mit denen ich ihn um Mithilfe bitten würde. Aus meiner Sicht stellte sich das JoJo-Projekt immer mehr als eine Aufgabe dar, die die Kräfte eines einzelnen, auf der Anhöhe einer Insel lebenden jungen Mannes überstieg. Aber ich habe auch festgestellt, dass die Hoffnung immer siegt.

Wenn Dr. Dobbs hier war, um JoJos innige Verbundenheit mit den Menschen zu dokumentieren, fürchtete ich anfangs, könnte es ein Problem sein, dass JoJo aufgrund der geschilderten Antibiotika-Behandlung selbst mir gegenüber im Moment noch etwas vorsichtig und distanziert war. Deshalb wusste ich nicht, ob er bereit sein würde, eine neue Bekanntschaft zu schließen. Trotzdem würde ich versuchen, Dr. Dobbs für meine Sache zu gewinnen. Im Kampf um die Freiheit meines Freundes musste ich einfach jede Chance nutzen.

An Bord des Bootes, auf dem wir unterwegs waren, befanden sich außer Dr. Dobbs nur JoJos engste Verbündete, und wir hofften alle auf ein gutes Treffen. Jeder von uns hatte seine ganz eigene Beziehung zu JoJo, und wenn JoJo von lauter Bekannten umgeben ist, kann man normalerweise mit gesteigertem Interesse seinerseits rechnen.

Zudem ist er immer für Überraschungen gut. Alle waren hingerissen von seinem absolut entzückenden und liebevollen Verhalten. In einem seiner Bücher berichtete Dr. Dobbs später:

Ich sah JoJo nur zweimal, aber die Begegnungen waren von solcher Intensität, dass sie mir Zeit genug boten, seine Persönlichkeit und die Tiefe seiner Beziehung zu Dean einzuschätzen.

Ich bin nicht gleich ins Wasser gegangen, da ich JoJo und Dean erst einmal beobachten wollte, bevor ich mich in ihr fröhliches Wiedersehen einmischte. Mir fiel auf, dass es viel Körperkontakt gab, und ein paar Mal schoss Dean plötzlich davon, von JoJo gezogen. Als ich ins Wasser ging, nahm JoJo erst einmal wenig Notiz von mir – bis Dean von hinten seine Hände an meine Seiten legte. So präsentierte er mich JoJo, er hielt mich wie einen Schild zwischen sich und den Delfin. Dann machte er ein paar Handbewegungen und umarmte mich, und damit war ich in aller Form als Freund vorgestellt. JoJo wiegte anerkennend und zustimmend den Kopf. Wir waren Freunde.

JoJo hing ganz offensichtlich sehr an Dean, es hätte mich überrascht, wenn er jetzt weggeschwommen wäre. Nach einigen Stunden kletterten wir alle ins Boot, um ein bisschen zu verschnaufen, und als wir wieder ins Wasser wollten, war JoJo weg. Wir überlegten zusammen, ob wir ihn suchen sollten, zumal ich noch weitere Fotos machen wollte, aber Dean, immer darauf bedacht, dass für JoJos Bedürfnisse gesorgt war, nahm an, dass JoJo auf Futtersuche war und nicht gestört werden durfte. Wir wussten zwar alle, dass Dean ihn durchaus zu weiterem Spiel hätte animieren können, gaben aber nach und machten uns auf den Heimweg.

Wegen Dr. Dobbs war ich versucht, JoJo zum Boot zurückzurufen, damit wir weiter mit ihm schwimmen konnten, aber dann wäre es seinerseits kein natürliches Verhalten mehr gewesen. Wenn JoJo eine Gruppe von Menschen verlässt, hat das seine Gründe. Vielleicht sucht er dann Nahrung, ruht sich aus oder geht anderen Interessen nach. Da sich JoJo von sich aus entfernt hatte, wollte ich diese Entscheidung respektieren und ihn nicht zurückrufen. Wir befanden uns ganz in der Nähe von einem seiner Futterplätze, und ich nahm an, dass er dort war.

Ich habe JoJo schon manchmal gerufen, obwohl ich wusste, dass er sich gerade etwas zu essen suchte oder ruhte oder sogar mit einem Hai spielte. Er kam dann auch, umkreiste mich mit hoher Geschwindigkeit und quäkte mich an – um gleich darauf wieder zu seiner Beschäftigung zurückzukehren. Ich denke, er wollte mir auf die Art vermitteln, dass er sich nicht gern von einer Tätigkeit wegrufen ließ. Manchmal nahm er mich dann auch bei der Hand, zog mich blitzschnell an den Ort der Handlung und machte sofort da weiter, wo er unterbrochen worden war. Der Fall trat selten ein, aber JoJo reagierte grundsätzlich so, wenn er bei etwas gestört wurde, auch beim Schlafen. Hatte er an einem Tag schon viel Umgang mit Menschen, war es einfach besser, die erneute Kontaktaufnahme ihm zu überlassen.

Auf dem Boot sprachen wir dann noch über die Verhaltensweisen einzeln lebender Delfine. »Wenn JoJo allein sein möchte«, berichtete ich, »sucht er ganz bestimmte Plätze auf. Da ist er dann zu finden, wenn er krank ist oder einfach keine Lust auf Kommunikation hat.«

Weiter überlegten wir, wie JoJo in Zukunft zu schützen war. Wir kamen zu dem Schluss, dass Delfine wie JoJo eigentlich einen durch Gesetze geschützten Lebensraum brauchen, in dem ihm niemand zu sehr auf den Pelz rücken darf. Solch eine Zuflucht, in die er sich zurückziehen konnte, wenn er Nahrung suchte oder krank war oder sich ausruhte, konnte man ihm nur wünschen.

»Hm«, sagte Dr. Dobbs, »vielleicht habe ich da ein paar Verbindungen, die sich als hilfreich erweisen könnten.«

»Ich tue mich immer ein bisschen schwer damit, um Unterstützung zu bitten, aber da es um JoJo geht, nehme ich Sie gern beim Wort«, antwortete ich.

»Wissen Sie, Dean«, sagte Dr. Dobbs, »Sie sind so wach und haben ein so klares intuitives Gespür für JoJos Verhaltensweisen. Das ist wohl eine grundsätzliche Begabung, ich beobachte sie bei Ihnen nämlich auch gegenüber Tieren an Land.«

»Komisch, ich dachte immer, dass wir uns mehr zufällig so gut verstehen, aber es ist uns wohl doch irgendwie angeboren, dass wir die Gefühle und Verhaltensweisen des anderen so gut erfassen«, überlegte ich laut. »Auch deshalb mache ich mir Sorgen, dass sein Lebensraum so klein ist. Wenn hier immer mehr Leute herkommen, wird er vielleicht eines Tages ganz verdrängt.«

Dr. Dobbs nickte. »Über einzeln lebende Delfine aus der Vergangenheit wissen wir, dass sie sich in abgelegenen Gebieten aufhielten, bis die Region erschlossen wurde und sie irgendwo anders unterkommen mussten.«

»Wollen Sie damit etwa sagen, dass JoJo gezwungen sein könnte, sich ein neues Zuhause zu suchen, wenn sein angestammter Lebensraum nicht geschützt wird?«, fragte ich, ohne wirklich eine Antwort hören zu wollen. »Aber die anderen Inseln bieten ihm bedeutend weniger Fanggründe, und es treiben sich da auch viel mehr Haie herum.«

»Ja, das wäre sicher schwierig für ihn«, räumte Dr. Dobbs ein. Traurig schüttelte er den Kopf.

Ich fuhr fort, ihm die ganze Tragweite des Problems darzulegen: »Die Leute sind vielfach so auf das Schwimmen mit Delfinen versessen, dass sie überhaupt keinen Blick für die Bedürfnisse der Tiere haben. JoJo schwimmt durchaus gern in Bereiche, in denen er eine Menge Menschen zum Spielen findet, und wenn er sich weiter vom Strand entfernt aufhält, handelt es sich meistens um seine Futter- und Ruheplätze. Würde man diese Bereiche jetzt kennzeichnen, dann wüssten die Touristen doch gleich, wo sie ihn am besten finden. Ich kenne die Stellen, an die sich JoJo zurückzieht, wenn er krank oder verletzt ist, und auch da wird er schon oft zufällig von Touristen aufgespürt, die nicht wissen, dass es ihm schlecht geht und er Ruhe braucht. JoJo schwimmt dann weg, aber die Leute verfolgen ihn mit ihren Booten und springen vor ihm ins Wasser, um schnell ein paar Fotos zu schießen.« Ich holte tief Luft und fügte abschließend hinzu: »Wir brauchen Kontakte in England, um zu erreichen, dass für JoJo ein Schutzgebiet ausgewiesen und dann auch überwacht wird.«

»Da bin ich ganz Ihrer Meinung«, stimmte Dr. Dobbs zu. »Und nachdem ich JoJo nun erlebt habe, unterstütze ich Sie gern so gut ich kann.«

In seinem Buch schrieb er darüber:

Nach der Begegnung mit JoJo fühlte ich mich nicht nur selbst an einem Neubeginn, sondern sah die ganze Welt vor einer aufregenden Entdeckung stehen. In den Gewässern um die Karibikinsel Providenciales fand offenbar ein Quantensprung in der Partnerschaft von Mensch und Delfin statt, ein inniges Miteinander von Geist und Geist.

Dr. Dobbs wollte sich zuerst an Margaret Thatcher sowie die Entwicklungsbehörde für die britischen Überseegebiete wenden. Und sobald die Korrespondenz zu diesem Thema erst einmal angelaufen war, würde es wohl niemand mehr wagen, JoJo einzufangen und zu verkaufen.

Nach Dr. Dobbs' Besuch ging es mit meiner Beziehung zu JoJo weiter aufwärts. Sein seit der schweren Erkrankung und der notwendigen Behandlung mit Antibiotika etwas angeschlagenes Vertrauen mir gegenüber erreichte schnell wieder den alten Stand. JoJo entwickelte auch weiter neue Verhaltensweisen und stellte bei Objekten, die wir während unserer Schwimmausflüge besuchten, neue Verknüpfungen her. All das machte mir viel Freude und gab mir Kraft für die bevorstehenden politischen Kämpfe.

Im Laufe der nächsten Monate und aufgrund der Unterstützung durch Menschen wie Dr. Dobbs begannen sich verschiedene neue Entwicklungen abzuzeichnen. Dr. Dobbs und seine Mitstreiter sorgten dafür, dass das JoJo-Schutzprojekt immer in Bewegung blieb. Ich erhielt Kopien der privaten Schreiben an die Premierministerin, an Prinz Charles, die Overseas Development Administration sowie an das hiesige Ministerium für natürliche Ressourcen – alle mit der Anregung, ja dringenden Aufforderung, JoJo unter besonderen Schutz zu stellen.

Es schien alles sehr gut zu laufen, und ich dachte schon, dass ich das Schlimmste hinter mir hatte.

In diese Zuversicht hinein platzte ein Artikel in der Lokalzeitung, der mit der Schlagzeile »Vorsicht vor JoJo« erschien. Im Untertitel hieß es: »Chinesischer Schwimmer von JoJo angegriffen.« Abgedruckt war dann unter anderem ein vom Opfer verfasster Brief an die Redaktion:

Ich schreibe diesen Brief, der im allgemeinen Interesse sein dürfte, um alle Schwimmer in der Bucht von Grace Bay zu warnen. JoJo kann ungemein gefährlich werden. Wir alle kennen diesen Delfin. Es trifft zu, dass er verspielt und freundlich ist, wir alle haben es selbst gesehen oder darüber gelesen. Nun stellen Sie sich Folgendes vor: Sie schwimmen für sich allein ein wenig abseits der Menge, und plötzlich werden Sie von etwas gerammt, sehr heftig gerammt, und zwar von hinten, was für sich schon eine Herzattacke auslösen kann. Sie drehen sich um und sehen unmittelbar vor sich das weit aufgerissene Maul dieses großen Delfins. Sie wollen wegschwimmen, aber er ist natürlich schneller. Er kommt heran und stößt Ihnen heftig gegen die Brust, immer wieder. Sie schreien um Hilfe, aber es kommt niemand, und dann heißt es auch noch: »Nur keine Angst, er tut nichts.« Sie sind in Panik, alles tut Ihnen weh, und Sie wissen nicht, wo JoJos nächster Stoß Sie treffen wird. Genau das ist mir heute Nachmittag passiert. Ich kann von Glück sagen, dass ich mit ein paar Blessuren davongekommen bin. Der Nächste hat dieses Glück vielleicht nicht mehr.

Mei Wah Yee
(Urlauber aus Hongkong)

Darauf musste ich natürlich sofort antworten. Der Höhepunkt der Tourismussaison stand bevor, und nichts konnte dem JoJo-Projekt so sehr schaden wie Gerüchte über seine angebliche Angriffslust. Ich wollte mit meinem Artikel aufklärend wirken, doch leider titelte die Zeitung »Delfinliebhaber verteidigt JoJo«. Ich schrieb:

Lieber Mei Wah Yee,
ich schreibe diese Antwort, um Ihren in den *Turks and Caicos News* veröffentlichten Brief ins rechte Licht zu rücken.

Denken wir zunächst an die schwierige Lage, in der sich die Delfine befinden. Tausende fallen jedes Jahr dem Thunfischfang zum Opfer oder werden vor der Küste der japanischen Insel Iki und anderswo abgeschlachtet. Alle diese Delfine kämpfen um ihr Leben, werden aber selbst in dieser Lage nicht zu »Angreifern«.

Delfine sind intelligent und legen in der Gegenwart von Menschen, vor allem von Kindern, ein durchweg zahmes Verhalten an den Tag. Hätte JoJo Sie in der Weise angegriffen, wie ich ihn Haie habe angreifen und töten sehen, wären Sie nicht mehr dazu gekommen, Ihren Brief zu schreiben. Ich möchte damit sagen, dass JoJo Menschen nicht »angreift«. Er warnt sie nur, wenn er sich beengt und bedroht fühlt. Um die Dinge zu klären, müssen wir das Wort »angreifen« streichen und uns klarmachen, dass JoJo sich lediglich verteidigte.

JoJo wird sich *immer* zuerst mit Lauten mitzuteilen versuchen, bevor er seinen Bedürfnissen mit einem Rempler oder Flossenschlag Nachdruck verleiht. Das kann man beobachten, wenn jemand auf ihn herunterspringt oder nach ihm greift oder wenn er eingekesselt wird.

Sicher haben Sie Ihren Brief gleich nach dem Vorfall geschrieben, als Sie noch sehr aufgeregt waren. Sehen wir uns die Situation am besten einmal genau an. Ich habe JoJo über viele Jahre beobachtet und sein Verhalten in für ihn übersichtlichen und unübersichtlichen Situationen dokumentiert.

Sie haben sich meines Wissens im Club Med befunden. Für den Fall dürfen wir wohl annehmen, dass es sich um eine unübersichtliche Situation gehandelt hat. Sie befanden sich in Strandnähe und in der Nähe einer Menschenmenge, bei der sich JoJo aufhielt. Dann wurden Sie von JoJo gestoßen. Ich weiß, dass er es überhaupt nicht verträgt, ringsum von Menschen umgeben zu sein, die ihm womöglich auch noch nachsetzen. Sie werden wissen, dass Fluchtimpulse normal sind, wenn man sich eingekesselt fühlt, und das gilt nicht nur für Menschen, sondern auch für Tiere, insbesondere für ein Wildtier wie JoJo.

Wenn JoJo von Menschen umgeben ist, behält er immer einen möglichen Fluchtweg im Auge. Er sorgt für seine Sicherheit. Solange er sich dieses Flucht- oder Rückzugsweges sicher ist, spielt es keine Rolle, wie viele Leute um ihn herum sind, seien es Erwachsene oder Kinder. Normalerweise besteht dieser Fluchtweg in einer geraden Linie zum tieferen Wasser. Solange er diesen Weg als für sich offen ansieht, kann man sich stundenlang mit ihm vergnügen.

Wichtiger als sein Interesse an Menschen ist natürlich sein Überlebensinstinkt. Wenn sein Fluchtweg versperrt und er von lauter Menschen umgeben ist, kommen Fluchtimpulse auf. In diesem Fall waren leider Sie es, der JoJo seinen geplanten Fluchtweg unwissentlich abschnitt. JoJo lässt in solch einem Fall zuerst eine Art Pfeifen hören und schwenkt den Kopf, um zu zeigen, dass er sich bedrängt fühlt. Wird das nicht verstanden oder nicht beachtet, schiebt er das Hindernis aus dem Weg. Das macht er mit seinem Schnabel. Hilft das nicht gleich, wird er stärker schubsen oder sogar beißen. Hat er damit seinen sicheren Rückzugsweg frei gemacht, wird er anschließend liebend gern weiterspielen.

Dieses Verhalten JoJos hat nichts mit einem Angriff zu tun. Entnehmen Sie seiner Aktion bitte einfach, dass ihm Ihre Gesellschaft angenehm ist, dass aber seinem Selbsterhaltungsinstinkt als Wildtier Rechnung getragen werden muss. Achten Sie also immer darauf, dass sein Fluchtweg frei bleibt, bedrängen und berühren Sie ihn nicht, und Sie werden seine Gegenwart unbeschwert genießen können.

Nun kann ich natürlich kaum erwarten, dass jeder JoJos Kommunikationsversuche und Verhaltensweisen versteht – manches ist selbst mir noch rätselhaft. Aber der beschriebene Fall ist uns nur allzu vertraut bei Menschen, die sich über das Schwimmen mit JoJo keine Gedanken machen. Unter Tausenden Besuchern der Turks- und Caicosinseln, die schon ihre Freude an diesem frei lebenden wilden Meeressäuger gehabt haben, sind leider immer einige, denen nicht auffällt, wenn sie JoJos Abwehrinstinkt auslösen.

Mit freundlichen Grüßen

Dean Bernal, JoJos »Verteidiger«

JoJo Dolphin Project

Ich benutzte die Bezeichnung »Verteidiger« mit einigem Stolz, denn es galt ja, ihn vor der Unwissenheit der Öffentlichkeit *und* vor öffentlichem Druck auf die Regierung zu beschützen. Falsche Vorstellungen sind eigentlich JoJos schlimmster Feind. Als meine Erwiderung erschienen war, wurde ich von vielen Leuten beglückwünscht, die schon lange hinter meiner Arbeit standen. Sie sicherten mir, was JoJos Schutz anging, jede Unterstützung zu.

Auch die nächsten Monate blieben meine Nächte sehr arbeitsam – Briefe aufsetzen, Videos verschicken, Notizen zusammentragen. Ich setzte meine bescheidenen Mittel ein, um weitere Poster und Videobänder herzustellen und das Aufklärungsziel des JoJo-Projekts voranzutreiben. Manchmal fühlte ich mich einsam ohne Emily. Niemand da, der mir einmal über die Schultern strich und auch mal ein Ohr für all meine Nöte hatte. Sie hatte immer so ganz und gar hinter meiner Arbeit gestanden. Oft hätte ich sie gern angerufen. Aber es brachte sie nur zum Weinen und tat uns beiden weh. Ich war hier und sie in Kanada – und es bestand wenig Hoffnung, dass sie je zurückkommen konnte.

Also stürzte ich mich umso mehr in die Arbeit.

Für die unmittelbare Zukunft sah ich JoJo erst einmal noch in Sicherheit, weshalb ich im Juli nach Grand Turk ging, wo ich die Installation der Begrenzungsbojen für den Nationalpark leiten sollte. Es machte mir richtig Spaß, mit den Tauchunternehmern auf den anderen Inseln zusammenzuarbeiten und sie bei ihren Umweltschutzbemühungen zu unterstützen. Zugleich konnte ich überall die Neuigkeiten über JoJo loswerden. Auf Grand Turk hatten sie zwar eine eigene »ortsansässige« kleine Delfinschule, so etwas wie JoJo aber gab es dort nicht.

Die Bewohner der Inseln wussten alle über JoJo Bescheid. Jeder hatte zumindest einmal von ihm gehört und wollte unbedingt Näheres wissen. JoJo war einfach *der* Inseldelfin und Tagesgespräch. In meinen Artikeln erwähnte ich immer wieder, dass JoJo als »Einheimischer« zu betrachten war. Der Ausdruck sollte besagen, dass er in den Gewässern der Inseln geboren und damit ein »Staatsbürger« war, dem es auf Lebenszeit zustand, hier zu sein.

Nach einigen Tagen der Arbeit auf Grand Turk bekam ich die Nachricht, JoJo sei am Morgen beim Zusammenstoß mit einem Boot ernsthaft verletzt worden. Ich übergab den Rest der Arbeit schnell an die örtlichen Mitarbeiter, die sofort verstanden, dass ich nach Providenciales zurückkehren musste, um JoJo medizinisch zu versorgen.

Am Nachmittag kam ich an und fuhr schnellstens zum Wasserskisteg. Ein paar Angestellte des Hotels erzählten mir, was passiert war. Sie wirkten so aufgelöst, dass ich mir größte Sorgen machte. JoJo war beim Auftauchen unter ein Wasserskiboot geraten, ziemlich nahe am Strand. Ich sprach mit dem Fahrer, einem Wasserskilehrer, dem JoJo sehr am Herzen lag.

Er berichtete: »Ich sah gerade nach hinten zu meinem Skifahrer, als etwas unter den Bug rummste und ihn anhob.« Er sah mir lieber nicht in die Augen, sondern deutete aufs Wasser. »Dann hob sich das Heck und man hörte die Schraube aufschlagen. Als ich nachsah, war es … JoJo.« Jetzt drehte er sich zu mir um, und es war ihm anzusehen, wie sehr ihn die Sache mitnahm. »Es tut mir so leid, Mann.«

Dann erfuhr ich noch, dass JoJo in diesem Bereich kurz zuvor schlafend gesehen worden war. Nach dem Unfall hatte er sich sofort davongemacht und wurde seither nicht mehr gesichtet.

Ich ging an den Strand und rief JoJo. Nichts. Mir fiel eine andere Stelle ein, an der ich ihn suchen konnte, aber sie lag weit entfernt und nach dem Unfallbericht war es zweifelhaft, ob er überhaupt noch so weit schwimmen konnte. Also wartete ich lieber ab. Vielleicht kam er ja doch noch und war nur langsamer als sonst. Lange Minuten vergingen. Strandgänger fragten nervös, ob schon etwas zu sehen sei.

Als JoJo schließlich kam, hielt er sich ein Stück weit draußen bei den Liegeplätzen, wo eines der Boote, bei denen er gern schlief, festgemacht hatte. Ich ging ein Stück den Strand entlang, weg von all den Leuten. JoJo sah mir nach und kam dann auch langsam hinter mir her. Hier, wo es stiller war, schwamm er auf mich zu. Ich richtete mich auf, holte tief Luft und ging mit dem Schnorchel ins Wasser, um mir JoJos Verletzungen anzusehen.

Die ganze linke Körperseite entlang lief eine gut sieben Zentimeter breite Abschürfung, die hinter dem Auge begann und bis zum Schwanz reichte, wohl durch den über ihn hinwegrutschenden Bootsrumpf verursacht. Gleich hinter dem linken Auge sah ich zwei große Vertiefungen von je ungefähr fünfzehn Zentimetern Durchmesser. Ich konnte nicht beurteilen, ob unter der Haut wichtige Körperteile betroffen waren, ließ aber Ängste gar nicht erst aufkommen, weil ich jetzt vor allem einen klaren Kopf brauchte. Senkrecht zu der Abschürfung verliefen quer über die beschriebenen Eindrücke drei lange Einschnitte der Bootsschraube, je etwa dreißig Zentimeter lang. Der größte Aufprallpunkt war offenbar die Stelle hinter dem Auge, gleich über der Brustflosse und bis fast zur Rückenflosse.

Der Unfall hätte ihn offensichtlich auf der Stelle töten können – aber er lebte! Bei einem derartigen Aufprall hätte er bewusstlos werden können und wäre dann ertrunken. Zum Glück hatte die Bootschraube sein Auge nicht verletzt und wohl auch keine Hauptschlagader getroffen. Die Eindrücke lagen allerdings bedenklich nah an seinem Kopf. Angesichts der offenbar hohen Wucht des Zusammenpralls war mit Komplikationen zu rechnen.

Ich rief den Tierarzt an und beschrieb ihm die Verletzungen. Er meinte, JoJo habe durchaus eine Chance, wenn er nicht verblutete und ich seine Verletzungen behandelte. Sorgen machten ihm vor allem die beiden tiefen Eindrücke, hinter denen sich Beschädigungen innerer Organe oder Skelettteile verbergen konnten.

JoJo litt nach wie vor unter den Folgen der Verletzungen durch die Rochenstachel, einer befand sich sogar noch in seinem Körper, und jetzt hatte er sich schon wieder neue Wunden zugezogen. Ein weiteres Mal schaltete ich mein Heilernetzwerk ein. Als Erstes rief ich meine Mutter an.

»Tag, Mama«, sagte ich, als sie abnahm, »wie geht's?«

»Dean, wie schön, dich zu hören«, antwortete sie mit ihrer melodischen Stimme, die nicht nur auf mich beruhigend wirkte, sondern auch auf all die kranken und verletzten Menschen, mit denen sie es bei ihrer Arbeit als ganzheitlich orientierte Heilerin zu tun hatte. Mit untrüglichem Gespür fügte sie hinzu: »Aber du rufst doch bestimmt nicht nur an, um dich nach deiner Mama zu erkundigen, stimmt's?«

Meine Mutter arbeitete unter anderem mit Aromatherapie und Reiki, und mit ihrer erstaunlichen Intuition vermochte sie vielen Menschen in der von ihr betreuten Hospizstation zu helfen. Darüber hinaus stand sie mit Heilern auf der ganzen Welt in Verbindung, lernte neue Methoden und verband sich mit ihnen, um die Energien des Universums gezielt für Gesundheit und Heilung einzusetzen.

»JoJo ist wieder einmal schlimm verletzt worden, Mama, von einem Boot. Medizinisch tun wir alles Menschenmögliche für ihn, ein paar Heilgebete der Weltgemeinschaft könnten aber sicher nicht schaden.«

Mama versprach, Freunde, Bekannte und spirituelle Führer der verschiedensten Traditionen einzuschalten und sie für Gebete, Meditationen und Heilgedanken in Richtung JoJo zu gewinnen. Ich würde weiter das medizinisch Notwendige veranlassen und durchführen, und zugleich würden all diese lieben Menschen meinem besten Freund gute Energien schicken.

»Ich werde JoJo visualisieren – in Licht und die Energie der Gebete getaucht«, versprach mir Mama. »Und deinem Vater sage ich auch Bescheid. Alles Liebe. Sei gesegnet.« Sie legte auf. Ihre Worte machten mir die schwere Aufgabe, JoJos entsetzliche Wunden zu versorgen, um vieles leichter.

Am nächsten Tag sah ich mir JoJo wieder an. Die Schnittwunden schienen sich schon ein wenig geschlossen zu haben, doch die beiden Eindrücke waren nach wie vor sehr deutlich zu erkennen. Die Abschürfung sah aus, als müsste sie scheußlich wehtun, und die Stachelverletzung machte den Eindruck, als bildete sich dort Wasser, das aus der Wunde sickerte. Sie war apfelgroß.

Sollte das ewig so weitergehen? Würde JoJo immer wieder neue Verletzungen davontragen, während die alten gerade angefangen hatten zu heilen? Und was konnte ich bloß tun, um das zu verhindern?

Man denkt doch, ein Delfin müsse intelligent genug sein, einem Boot auszuweichen. Aber bei tot angeschwemmten Delfinen oder Walen finden sich häufig Verletzungen durch Boots- oder Schiffsschrauben. Die Tiere meiden Wasserfahrzeuge nicht oder weichen ihnen erst aus, wenn es zu spät ist. Bei JoJo hatte ich das mehr als einmal erlebt.

Dagegen musste ich dringend etwas unternehmen. Es gab bereits Schutzbereiche, in Grace Bay aber waren die schnellen Boote, die JoJo so gefährlich werden konnten, nach wie vor willkommen. Einstweilen konnte ich nichts anderes für ihn tun, als in seiner Nähe zu bleiben, um ihn weiterhin medizinisch zu betreuen und mit liebevollen Heilenergien zu umgeben.

Einige Zeit danach schwammen JoJo und ich wieder einmal in den türkisblauen Wellen, vielleicht zweihundertfünfzig

Meter vom Strand entfernt. Es war ein herrlicher Tag. Unter Wasser glitt ich neben meinem Freund dahin und strahlte nur so vor Freude.

Plötzlich durchbrach ein dumpfes Wummern die friedvolle Stille. Aus dem Augenwinkel sah ich über uns etwas Weißes aufblitzen.

Ich erschauerte. Ein Vibrieren wie von tausend Volt Starkstrom erfasste meinen Körper, donnernd, klirrend, scheppernd wie eine Totenglocke. Ich konnte mich nicht mehr rühren. War ich schon tot? Trieb nur noch reglos dahin?

Aber ich hatte doch gar keinen Aufprall wahrgenommen. War alles so schnell gegangen, dass ich nichts mehr hatte spüren können?

Ich bewegte meine Finger. Nein, ich war noch am Leben. Langsam stieg ich höher, um nachzuschauen, was da oben los war.

Als ich rechts von mir so etwas wie einen Bootsrumpf sah, zog ich den Kopf gleich wieder ein und versuchte mich in die Tiefe zu retten. Das schien aber nicht schnell genug zu gehen, und ich machte mich schon auf den Aufprall gefasst. Der Rumpf oder die Schraube würde mich treffen. Ich schaufelte mächtig mit den Händen, um an Tiefe zu gewinnen.

Hochkommen durfte ich im Moment nicht. Ich hielt den Atem an, bis mir die Lunge wie Feuer brannte. Und zu allem Überfluss war um mich herum ein gewaltiger Blasenwirbel, sodass ich kaum etwas sehen konnte.

Der Maschinenlärm war ohrenbetäubend. Wieder erfassten mich heftige Vibrationen, die mich nur so herumbeutelten. Ich blieb unten, bis es mir schier den Brustkorb sprengte.

Beim Auftauchen sah ich einen Zehn-Meter-Katamaran und ein mit Hochgeschwindigkeit an ihm vorbeirauschendes Rennboot, dessen röhrende Motoren mit ihren gewaltigen Pferdestärken mich unter Wasser herumgeworfen hatten. Die beiden

Motoren des Katamarans dröhnten mit den fünf des Rennboots um die Wette. Zusammen hatte diese geballte Maschinerie einen betäubenden Effekt auf meinen Körper, er fühlte sich taub und kribbelnd an wie nach dem Durchschwimmen einer Traube junger Quallen.

Blut war keines zu sehen. »JoJo«, rief ich, »bist du noch da?« Dann sah ich ihn im strudelnden Blasenstrom des Kielwassers auftauchen. Seine Augen waren weit aufgerissen, vielleicht noch vor Schreck, vielleicht aber auch schon aus Wut. Er klappte wild mit den Schnabel auf und zu, schüttelte den Kopf, schlug mit dem Schwanz, bereit, sich auf alles zu stürzen, was ihm in die Quere kam.

Jetzt wurde mir der ganze Ablauf klar. Die beiden Motoren des Katamarans waren zwar furchtbar laut, weil sie aber so weit auseinander lagen, hatte ich keine Verletzungen davongetragen. Es gab keinen Kiel und keinen Mittelmotor, der JoJo und mich hätte treffen können. Die beiden Rümpfe und Motoren waren links und rechts an uns vorbeigerauscht, sodass wir lediglich vom Rückstoß durchgeschüttelt wurden. Nur gut, dass der Katamaran da war und das Rennboot zum Ausweichen gezwungen hatte, denn sonst hätten wir uns genau auf dem Kurs seiner fünf Häckselmesser befunden.

Erst jetzt kam mir zu Bewusstsein, dass JoJo dergleichen ständig auszustehen hatte. Immer wenn so ein schnelles Boot dahergebraust kam, musste er schleunigst ausweichen oder abtauchen, um der Kollision zu entgehen. Er war rund um die Uhr gefährdet, keineswegs nur im Schlaf. Kam ein Boot mit vielleicht siebzig Stundenkilometern auf ihn zu, musste er blitzschnell reagieren. Wie oft schon mag er nur mit knapper Not entkommen sein? Er tauchte dann kurz auf, um tief Luft zu holen, und wich im letzten Moment aus. Ich habe dieses Verhalten schon ein paar Mal beobachtet, wenn er mich unter Wasser schleppte und über unseren Köpfen ein Wasserskiboot unseren Weg kreuzte. JoJo ließ mich dann im letzten Augenblick los und schoss davon. Dumm war nur, dass er genau in die Richtung die Flucht ergriff, in die auch das Boot fuhr. Es holte ihn natürlich ein, und ihm blieb dann nur der Rückzug in die Tiefe, wenn er weiteren Verletzungen entgehen wollte.

Ich war zutiefst entsetzt über diesen Beinahe-Unfall. Beim Spurt in Richtung Strand konnte ich mich zwar ein wenig abreagieren, wurde aber den Gedanken nicht los, was hätte passieren können, wenn es kein Katamaran gewesen wäre oder wenn nicht alles so sekundengenau abgestimmt gewesen wäre. Nicht die geringste Chance hätten wir gehabt. Mir fielen meine Eltern ein, ihre liebevollen Gebete und Gedanken für mich.

In dieser Lage konnte ich nichts weiter tun, als mich um JoJo zu kümmern und weiter gegen die Bedrohung seines Lebensraums zu kämpfen.

Als ich am nächsten Tag zum Strand kam, schwamm JoJo schon langsam in der Bucht auf und ab, als wartete er auf mich. Ich schwamm zu ihm, und er schnalzte mir ein Hallo zu, bevor ich ihm das Zeichen für die medizinische Untersuchung gab. Während ich mir seine Wunden anschaute, fiel mir auf, dass er sich nach dem Zusammenstoß mit dem Wasserskiboot weniger geschmeidig bewegte als sonst. Außerdem sah ich eine Bisswunde. Irgendein Räuber musste sich in der Nacht an ihn herangemacht haben.

»Ach, JoJo, es tut mir so leid«, sagte ich zu ihm. Dabei stellte ich mir vor, dass ich ihm mit meinen Hände heilende Energien zuführte.

Er schien das zu verstehen und auch meine Gedanken aufzunehmen. Jedenfalls entspannte sich sein Körper, er wandte den Kopf und sah mich mit einem braunen Auge an.

Nach einer kleinen Schwimmrunde rief ich Peggy an, eine Tierärztin, die ich über den Stand der Dinge informieren wollte.

»Ich hätte hier ein paar Antibiotika, die du dir abholen kannst«, sagte sie.

In der nächsten Zeit behandelte ich mit Peggys und Davids Hilfe JoJos äußere Wunden. Wir verwendeten ein Lokalantibiotikum und trugen Salben auf, um die Infektionsgefahr zu verringern. JoJo ließ es von Tag zu Tag bereitwilliger geschehen.

Noch im gleichen Monat erlitt JoJo eine weitere Verletzung. Wieder in der Wasserskizone. Er war dem Boot zwar ausgewichen, hatte aber den Slalom fahrenden Wasserskier falsch eingeschätzt. Wenn JoJo einem Boot auswich, tauchte er danach immer sofort wieder auf, um mit dem weiterzumachen, womit er sich vorher gerade beschäftigt hatte. Dieses Mal war es so, dass er direkt vor dem Wasserskifahrer auftauchte und dessen Ski ihm mit der Kante über die rechte Augenpartie fuhr. Es entstand eine Fleischwunde von ungefähr dreißig Zentimetern Länge.

Sofort nach dem Unfall wurde ich benachrichtigt. Ich hatte alle, die JoJo kannten, gebeten, ihn im Auge zu behalten. War irgendetwas mit ihm, dass er es nicht mehr vermochte, solche Unfälle zu vermeiden?

Auch die neue Wunde behandelten wir mit Antibiotika. Die Verletzung des Auges war für JoJo so unangenehm, dass er es zwei Wochen lang geschlossen hielt, immerhin aber gelang es, die Salbe einzubringen. Die Skikante war unter das Augenlid gefahren, und dort klaffte jetzt eine Fleischwunde. Noch nie hatte ich meinen Freund mit so vielen ernsten Verletzungen und offene Wunden gesehen. Peggy, die sich große Sorgen um ihn machte, versicherte, sie werde JoJos Antibiotika immer bereithalten – und sei auch selbst jederzeit einsatzbereit.

»JoJo, was ist bloß mit dir?«, seufzte ich leise, als ich am Strand saß. Ich hatte sehr lange gebraucht, um alle seinen Wunden mit Salben zu versorgen, und der Mut drohte mich zu verlassen. Ich mochte tun, was ich wollte, anscheinend ließ sich der letzte, finale Unfall, bei dem keine Antibiotika mehr helfen würden, nicht verhindern.

»Na, geht's wieder?«, fragte David, als er sich abtrocknete. Auch seinem Gesicht war die Besorgnis deutlich anzusehen.

Ich wollte Zweifel gar nicht erst aufkommen lassen und log: »Na klar. Nur ein bisschen müde vom langen Herumdoktern. Und zu essen brauche ich was.«

David nickte und schlug Sandwichs im Café weiter vorn an der Straße vor. Ich setzte eine muntere Miene auf, und wir zogen los. Dann hockten wir in den Bambussesseln und sprachen die jüngsten Ereignisse durch, ein-, zweimal lachten wir sogar verhalten. Aber eigentlich war mir gar nicht zum Lachen zumute.

»JoJo muss ständig überwacht und behandelt werden, bis die Wunden geheilt sind«, sagte ich.

»Wir tun alles, was getan werden muss«, versuchte mich David zu beruhigen. »Ich bin da, das weißt du. Wir behalten ihn vom Strand aus im Auge und schwimmen jeden Tag mit ihm.«

Ich hoffte, dass die Bootsleute uns nicht im Stich lassen würden und weiterhin nach JoJo schauten, schließlich begleitete er sie oft ein Stück des Weges, wenn sie weiter hinausfuhren. »Wir müssen dafür sorgen, dass möglichst viele Leute von JoJos Verletzungen wissen«, sagte ich.

Wenn alle an einem Strang zogen, konnte JoJo eigentlich rund um die Uhr beobachtet werden. Vielleicht waren weitere Verletzungen auf diese Art zu verhindern.

JoJo wurden die Behandlungen offenbar immer unangenehmer. Besonders empfindlich war sein Auge, und wir mussten unbedingt verhindern, dass es sich infizierte. Nach ein paar Tagen bildete sich um den Schnitt weißliches Granulationsgewebe, das unter dem Lid hervortrat und später, als sich die Wunde geschlossen hatte, abfiel. Das ist der natürliche Verlauf des Heilungsprozesses, unterstützt durch die aufgetragenen

Salben. JoJo rieb sich den Wundschorf immer wieder an Sand-wällen oder anderen geeigneten Stellen ab. Das hatte er bei der Stachelinfektion auch so getan. Ich stelle mir dieses Ab-reiben offener oder heilender Wunden ziemlich schmerzhaft vor, aber es ist wohl ein Instinktverhalten, das die Heilung un-terstützt.

Beim ersten Mal trugen Peggy und ich das Antibiotikum gemeinsam auf. Ich brachte JoJo in Position, veranlasste ihn, sich etwas auf die Seite zu legen, und hielt ihn in dieser Lage. Beim zweiten Mal, als Peggy wieder dabei war, wurde er lei-der zappelig und schwamm weg. Ich musste ihn also allein behandeln. Gegen das Auftragen der Salbe auf die Schürf-wunde und die Einschnitte durch die Bootsschraube wehrte er sich nicht. Als es aber an sein Auge ging, zuckte er und riss den Kopf zur Seite. Danach hielt er sich ein paar Minuten abseits, bevor er zaghaft zurückkam.

Das Problem in dieser Lage bestand darin, dass JoJo über-haupt nur aufgrund seines Vertrauens zu mir behandelt wer-den konnte. So nahe wie mich hätte er andere nie an sich her-angelassen. Sollte ich also einmal nicht mehr allein mit ihm zurechtkommen, würde man ihn irgendwie festhalten müs-sen – wie könnte ich ihn sonst behandeln? Oberflächliche Ver-letzungen überließ ich der Natur. Sollte JoJo jedoch einmal so krank oder verwundet sein, dass nur eine medizinische Be-handlung sein Leben retten konnte, musste ich bei ihm sein oder sofort zurückfliegen, falls ich gerade auf Reisen war.

Der Gedanke, rund um die Uhr für ein Tier verfügbar zu sein, ist bestimmt nicht für jeden verlockend, für mich aber war es immer so, dass mir jeder erzwungene Kurswechsel neue Möglichkeiten erschloss. Ich stellte mein Ego hintan und fragte: »Welche Richtung soll mein Weg jetzt nehmen?«

Und die Antwort, die dann kam, hatte immer die gleiche vertraute Gestalt: die eines aufsteigenden Blasenrings, in dem sich ein kampfmüder Delfin spiegelt, der Gefährte in meiner Obhut.

Nicht dass es immer einfach gewesen wäre. Emily und ich hatten gehofft, dass unsere Fernbeziehung irgendwie funktionieren würde. Wir waren verliebt. Aber Monate vergingen ohne einen Besuch und dann Jahre, und unsere Beziehung verblasste wie eine Muschelschale, die zu lange in der Sonne gelegen hat.

Danach gab es wieder nur noch JoJo und mich.

David und ich hätten es bestimmt geschafft, seine Verletzungen so lange zu behandeln, bis sie abgeheilt waren, aber JoJos Vertrauen bekam doch wieder einen Knacks und die Beziehung musste neu aufgebaut werden. Leslie hielt sich bei den Behandlungen immer im Hintergrund, zu ihr blieb JoJos Verhältnis daher ungestört, David und ich aber mussten richtig hart am Wiederaufbau seines Vertrauens arbeiten. Diese Phase war schwierig und zog sich viel länger hin als bei früheren Verletzungen.

* * *

Der Briefverkehr mit dem britischen Königshaus und verschiedenen Ministerien führte schließlich dazu, dass JoJo in aller Form unter Schutz gestellt wurde. Ich wurde zu seinem persönlichen Wärter ernannt, der für die Sicherheit des Delfins zu sorgen hatte, und war der erste offiziell eingesetzte Nationalparkwärter des Landes.

Mir war aber klar, dass es nicht genügte, Nationalparks zu schaffen und zu überwachen. Zusätzlich musste ich JoJo beibringen, wie er sich selbst schützen konnte. Dazu setzte ich mir für die nächsten Monate ein paar Ziele, um das Vertrauensverhältnis weiter aufzubauen und ihn notfalls auch weiter behandeln zu können. Es ging ihm schon wieder viel besser, und wir probierten neue Spiele aus, bei denen er zugleich lernen konnte, Unfälle zu vermeiden. Sie fanden sein lebhaftes Interesse.

Wir spielten meistens unter Wasser, jetzt aber lernten wir, auch in Verbindung zu bleiben, wenn ich nicht im Wasser war. Wenn ich früher den Kopf über dem Wasser gehalten hatte – etwa um JoJo zu untersuchen oder zu behandeln oder wenn ich neuen Schülern erste Tauchanweisungen gab –, war er immer einige Zentimeter unter der Wasseroberfläche geblieben und hatte mich von da aus pfeifend beobachtet. Im Zuge meiner neuen Nationalparkpflichten musste ich mich jetzt öfter außerhalb des Wassers aufhalten, zum Beispiel, um den Leuten den richtigen Umgang mit dem Delfin beizubringen, und JoJo gewöhnte sich an, den Kopf aus dem Wasser zu heben, um nach mir zu sehen. Das wurde besonders deutlich, wenn ich so tat, als bemerkte ich ihn nicht oder hätte keine Zeit für ihn. Wenn ich dabei im Wasser stand und sein Hin-und-Herschwimmen vor meiner Nase nichts auszurichten schien, konnte es sein, dass er mich mit dem Schwanz schubste. Stand ich am Strand, versuchte er mich mit einem Flossenplatscher auf sich aufmerksam zu machen. In Pine Cay provozierte er auf diese Weise übrigens auch Toffy, sich ihm zuzuwenden.

Sein neues Kopf-aus-dem-Wasser-Heben, um mich am Strand zu erspähen, nannte ich »Ausguck«. JoJo machte es jetzt immer öfter. Wenn ich vom Wellensaum aus nach ihm pfiff und er mich nicht mittels Echoverfahren orten konnte, hob er den Kopf aus dem Wasser, bis er mich sah, und schwamm dann auf mich zu. Das brachte mich auf eine Idee. Während der medizinischen Versorgung begann ich sein Sehvermögen außerhalb des Wassers zu testen. »JoJo, schau«, sagte ich, als er auf dem Rücken vor mir lag, und bewegte einen Finger. Mit dem Blick folgte er ihm in alle Richtungen und drehte sich sogar um, damit er ihn nicht aus dem Auge verlor. Er konnte auch andere kleine Dinge verfolgen, die ich ihm zeigte, etwa eine

Münze oder einen Grashalm. Er schien also außerhalb des Wassers recht gut sehen zu können. Deshalb begann ich ihn bei unseren »medizinischen Treffen« immer wieder zum Heben des Kopfs zu animieren, um sein Ausguck-Verhalten zu trainieren. Denn ich ging davon aus, dass sein Sehvermögen außerhalb des Wassers gut genug war, um herannahende Boote schon von Weitem zu sehen.

Mit der Zeit wurde daraus mehr als nur ein schneller Orientierungsblick. Zunehmend verschaffte er sich ein vollständiges Bild seiner Umgebung und hielt dazu den Kopf bis zu einer halben Minute über Wasser. Aus seinem natürlichen Delfinverhalten – ein schneller Blick, bevor er zu einem Sprung oder einer anderen Figur ansetzte –, wurde immer mehr ein gezieltes Ausschauhalten – sei es, dass er den Strand absuchte, sich nach Booten umsah oder am Anleger zu den Menschen aufblickte, um darunter vielleicht ein vertrautes Gesicht zu entdecken.

Bei gefangenen Delfinen ist dieses Verhalten ganz normal, da sie ja immer nach Belohnungen Ausschau halten. Wild lebende Meeressäuger dagegen tauchen hauptsächlich zum Atmen auf. JoJo nun lernte es aus eigenem Antrieb – und sein Interesse richtete sich nicht auf Futterbröckchen. Er verfolgte die Dinge an Land und sah sich auch nach Booten um, die ihm gefährlich werden konnten. Mir fiel ein Stein vom Herzen.

Seine neue Ausgucktechnik hatte auch ihre unterhaltsamen Seiten. Einmal spielte ich mit David Frisbee am Strand, und JoJo hob den Kopf aus dem flachen Wasser, um die hin und her segelnde Plastikscheibe zu beobachten. Als ich das Frisbee aufs Meer hinausschleuderte, verfolgte es JoJo mit dem Blick, bis es landete. Dann schwamm er hin und wartete. Als ich kam, begann er mit seinen bekannten Lautäußerungen, die besagen, dass man dableiben und mit ihm spielen solle. Natürlich taten wir ihm den Gefallen. JoJo raste wie ein Hund zwischen uns hin und her und versuchte immer gleichauf mit dem Frisbee zu bleiben. Mit einem großen Schaumstoffball ging das auch.

Den konnte er leicht in den Schnabel nehmen, und damit fing der Spaß erst richtig an. Der Ball war so weich, dass er ihm nicht wehtun konnte, selbst wenn ich mit aller Kraft warf – sofern ich überhaupt dazu kam, denn JoJo schnappte ihn mir schon aus der Hand, wenn ich ihn noch gar nicht losgelassen hatte. Dabei agierte er mit bewundernswerter Präzision und biss mir nicht ein einziges Mal in den Finger. Offenbar war ihm auch klar, dass er den Ball dann gleich wieder abgeben musste, weil wir sonst nicht die geringste Chance gehabt hätten und das Spiel zu Ende gewesen wäre.

So wie wir Menschen uns gelegentlich den Kopf anstoßen, weil unsere Aufmerksamkeit gerade woanders ist, bekam auch JoJo oft Kratzer ab, weil er in dem Moment nur Sinn für etwas ganz Bestimmtes hatte – beispielsweise für die große Welle, die er unbedingt erwischen musste. JoJo und ich liebten das gemeinsame Bodysurfing, Wellenreiten auf dem Bauch, wenn der Wind auffrischte und sich über den Riffen und Sandbänken richtige kleine Brecher bildeten. Ich bin in Kalifornien aufgewachsen und war natürlich immer auf der Suche nach den besten Surfplätzen. Wir hatten da für uns eine einsame kleine Insel entdeckt, Parrot Cay, die mit ihrem Korallenring beste Bedingungen für das Bodysurfing bot.

JoJo blieb dabei immer ganz nahe bei mir, damit wir gemeinsam denselben Brechersog erwischten. An einem Tag mit idealem Wellengang kam eine Welle, die sich drei Meter hoch über uns auftürmte. Ihn kostete es einen Schwanzschlag und mich ein, zwei kräftige Armbewegungen, und schon rauschten wir nur so dahin. JoJo pfiff vor Wonne. Was für ein Teufelsritt!

Irgendwann aber krachte es plötzlich und klirrte beinahe wie berstendes Glass. Kein Pfeifen mehr. Kein JoJo mehr zu sehen. Ich ließ mich hinter den Wellenkamm zurückfallen. Jetzt hörte ich ein anhaltendes hohes Zetern.

Dann sah ich ihn endlich. Er war gerade dabei, einem frisch abgebrochenen Stück Feuerkoralle gehörig die Meinung zu sagen. Fiepend und quäkend schimpfte er auf die Koralle ein. Mann, war er wütend. Und als ich die Schramme an seinem Kopf sah, konnte ich es ihm nicht verdenken.

Er hatte nach dem Zusammenstoß direkt kehrtgemacht und sich energisch bei der Koralle beschwert, ungefähr so, wie ein Mensch sich vielleicht über einen Laternenpfahl ereifert, der ihm im Weg gestanden hat. Kein Zweifel, JoJo konnte richtig wütend werden.

Leider mussten wir manchmal beide dafür zahlen, dass er nicht in der Lage war, fest stehenden Dingen auszuweichen. Eine seiner liebsten Schwimmübungen bestand im Durchtauchen großer, lockerer Ablagerungen von abgerissenem Schildkrötengras, die sich in den Sandmulden entlang der Küste bildeten. Sie hatten etwas von weichen Laubhaufen.

Oft biss mich JoJo in der schon beschriebenen Weise sanft in die Hand, um mir zu signalisieren, dass er mich zum Riffwall schleppen wollte. Er zog mich dann mit großer Geschwindigkeit am Meeresboden entlang und stieg nur an die Wasseroberfläche, wenn ich Luft holen musste. Sobald er einen Grashaufen in einer Mulde sah, tauchte er mit mir hindurch, und zwar mit möglichst vielen Rollen, wie ein Bohrer.

Ich spüre heute noch das Wasser über mich rauschen, wenn wir in Rollen und Kreisen durchs Grüne schossen, dann kurz auftauchten, um Atem zu schöpfen, und wieder in die Tiefe abstiegen. Manchmal schlenderten wir nur so am Boden entlang, mal der eine vorn, mal der andere, dann wieder musste ich mich an seinen Mundwinkel klammern, wenn es durch die Grasbetten ging. Dabei strömte das tote Gras nur so über mich hin wie Federn im Wind, aber es kam auch vor, dass es sich auf Kopf und Schultern ablagerte und bleischwer wurde.

JoJo schwamm dann einfach weiter, obwohl ich mich kaum mehr festhalten konnte, so groß war das Gewicht, das ich trug. Bis er dann plötzlich eine Rolle oder Kehre machte und das ganze Gras von mir abfiel. Für einen Moment fühlte ich mich dann leicht wie eine Luftblase, bis es in die nächste Grasmulde ging und ich wieder schwer an mir zu schleppen hatte bei JoJos Powerspiel.

Wir waren dann nicht mehr zwei, wir waren ein mythischer Menschdelfin auf seiner gezwirbelten Bahn durchs Meer.

Dann geschah es. Ein unsanfter Weckruf beendete den Traum vom Einssein.

Wir schossen Zentimeter über dem Meeresboden dahin und es kostete JoJo nur einen kleinen Schwanzschlag, um uns ins silberblaue Licht an der Grenze von Meer und Himmel aufsteigen zu lassen. Durch den Schnorchel atmete ich tief ein, und dann ging es beinahe senkrecht wieder abwärts, schneller und schneller.

Wir schraubten uns gerade wieder durch ein Seegrasbett, als ich einen heftigen Schlag auf die linke Schulter bekam und augenblicklich innehielt. Der Ruck fuhr mir durch den ganzen Körper, und es krachte laut, aber noch wusste ich nicht, ob es von brechenden Knochen kam oder einfach von dem Gegenstand, auf den ich geprallt war. Ich spürte einen scharfen Schmerz und dann das beißende Salzwasser in der offenen Wunde an der Schulter.

Mein Arm wurde taub.

Der Schmerz war unerträglich, aber ich schaffte es doch, einen Blick nach unten zu werfen. Da war sie, eine Knolle von grünlicher Hirnkoralle, nicht besonders groß, aber eben unsichtbar im Schildkrötengras. Der Aufprall war so heftig gewesen, dass ich die Knolle mit der Schulter abgebrochen hatte. Jetzt sah ich mir die Schulter an und konnte nur das Gesicht verziehen. Die Koralle hatte eine tiefe Wunde gerissen, handtellergroß. Ich sah Haut im Wasserstrom wedeln, darunter weißes Bindegewebe, womöglich Knochen, mich grauste. Aus der Wunde sickerte dunkles Blut; die Wolke wurde umso heller, je weiter sie sich ausbreitete.

JoJo sah sich meine Schulter an, dann den Korallenkopf, wieder meine Schulter und anschließend die Koralle. Er schimpfte mit hohen Pieps- und Quäktönen auf sie ein wie eine Mutter auf einen Rüpel, der ihr Kind malträtiert. Mir freilich half das jetzt nicht mehr viel.

Ich streckte den Arm aus und hoffte, dass JoJo mich abschleppen würde, aber er schubste mich nur in Richtung Strand und hielt sich dann mit besorgtem Blick ein Stückchen rechts von mir. Da er selbst erst kürzlich eine solche unsanfte Begegnung mit Korallen gehabt hatte, wusste er wohl, was für Schmerzen ich ausstand, von der Blutung ganz abgesehen. Aber war ihm auch klar, dass ich meinen linken Arm nicht mehr bewegen konnte und dass er wie taub war?

Er gab angemessen ernste Schnalzlaute von sich und flötete begütigend, während er auf dem langen Rückweg zum Strand meine Schulter deckte. Vielleicht wollte er mich nicht ziehen, weil er spürte, dass die Blutspur Haie anziehen konnte und er dann sofort kampfbereit sein musste.

Da ich den linken Arm nicht heben konnte, wurde mein Heimweg zu einem langen, qualvollen »Humpeln«. Die Wunde blutete weiter und schwächte mich. Wie gut, dass mein Freund bei mir war, seine Stärke und Wachsamkeit beruhigten und trösteten mich. Jetzt war es an ihm, mir heilende Energien zu schicken und auf mich aufzupassen.

»Sag mal, JoJo«, erinnerte ich ihn, während er meine Schulter ansummte, »es ist doch so viel von der heilenden Kraft der

Delfinlaute die Rede. Jetzt wäre die Gelegenheit, das einmal voll auszuspielen.«

Die Schulter tat mir zwischendurch immer wieder unaussprechlich weh, aber ich wusste, dass ich in Bewegung bleiben musste, denn irgendwann würden Haie auf die Blutspur stoßen. Kein Mensch wusste, wo ich mich aufhielt, weit und breit war nichts und niemand zu sehen, nicht einmal ein Fischerboot am Horizont. Also schwamm ich weiter.

Ich ignorierte meine Schmerzen, programmierte mich darauf, sie nicht wahrzunehmen. Das Salzwasser brannte furchtbar, aber ich redete mir ein, es sei ein kalter Umschlag, der meine Schulter betäubte. Und für eine Weile wurde ich das Schmerzgefühl auf diese Weise tatsächlich los.

Schwimmen, schwimmen. Eine halbe Stunde lang. Endlich zeichnete sich in der Ferne der Strand ab. Ich hielt an, um mich auszuruhen, mit den Beinbewegungen eines Radfahrers langsam Wasser tretend. Ich sah der Blutspur nach, die ich gezogen hatte. Im Grunde war ich ein lebender Köder. JoJo blieb ganz nah bei mir und sah mich aus seinen sanften braunen Augen besorgt an.

»Es wird schon wieder, mach dir keine Sorgen«, sagte ich. Auch wenn er die Worte nicht verstand, die Schwingung nahm er sicher auf und fühlte sich beruhigt. Ich rückte Maske und Schnorchel zurecht und hängte das Gesicht wieder ins Wasser. Nur noch ein paar Hundert Meter. Als ich mich dem Strand näherte, war weit und breit kein Mensch zu sehen.

Weiter mühte ich mich durch die Wellen. JoJo blieb auch hier im Flachen dicht neben mir. Als ich dann wieder festen Boden unter den Füßen hatte, hob er den Kopf aus dem Wasser und beobachtete, wie ich mir das Badetuch um die Schulter legte. Es saugte sich schnell mit Blut voll. Ich bestieg mein motorisiertes Dreirad, das mit einer Hand wahrlich nicht leicht zu bedienen war. Als ich schließlich anfahren konnte, winkte ich JoJo mit dem verletzten Arm zu. Der Delfin begleitete mich noch eine Weile.

Im Gegensatz zu mir schien er bereits zu wissen, dass es ein Abschied für lange Zeit war.

Zu Hause in meiner spärlich ausgestatteten Junggesellen-bude fand ich an Arznei nur JoJos Medikamente und eine Flasche Alkohol zur äußerlichen Anwendung vor. Ich setzte mich aufs Bett und goss nach und nach den ganzen Alko-hol über meine Schulter, wobei ich jedes Mal zusammen-zuckte.

Als Nächstes fand ich mich auf dem Rücken liegend in blut-getränkten Laken wieder. Ich muss wohl vor lauter Schmerz das Bewusstsein verloren haben, jedenfalls fehlt mir zwischen dem Auftragen des Alkohols und dem Aufwachen im Feuch-ten ein Stück. Auch die nächsten Tage versuchte ich die Wun-de allein zu versorgen. Sie blieb offen, der abgelöste Hautlap-pen rötete sich zusehends, und bei der geringsten Bewegung fing es wieder an zu bluten. Als sich nach drei Tagen immer noch keine Besserung zeigte, beschloss ich endlich, den Insel-arzt aufzusuchen.

Der schnalzte mit der Zunge und schimpfte auf »diese Ma-cho-Taucher«, die ihre Verletzungen unbedingt selbst versor-gen müssten. Er förderte etliche tief unter der Haut sitzende Korallenstückchen zutage und vernähte die Wunde. Dann sagte er noch mahnend: »Passen Sie auf, das kann sich jeder-zeit entzünden.«

Ich ließ es von mir abprallen. Ich und eine Infektion? Ich war mit Haien geschwommen und hatte sie abgewehrt. Ich war von einer Muräne gebissen worden. Da würde ich doch wohl noch mit ein paar Korallenstückchen fertig werden.

Natürlich ging ich die nächste Woche nicht ins Wasser und konzentrierte mich ganz auf Heilung. Ich mochte zwar selbst-bewusst sein, aber dumm war ich nicht. Umso mehr schmerzte es mich, als meine Schulter sehr empfindlich wurde und eine Schwellung entstand.

Anfangs tat es nur weh, wenn ich mich stieß oder mir ein Hemd überzog, bis zum Ende der Woche aber nahm die Schwellung etwas von einer dicken Nacktschnecke an und der scharfe Schmerz war jetzt ständig da. Ich sagte mir, es sei immer noch alles voll unter Kontrolle, und punktierte die Geschwulst. Eiter und Wundwasser schossen nur so heraus und der Druck ließ sofort nach. Aber ich spürte, dass darunter immer noch eine fulminante Infektion saß. Also wieder zum Arzt.

Er sah sich die Schulter nur kurz an und sagte dann: »Sie müssen aufs Festland. Sofort.« Ich wollte Einwände erheben, aber er brachte mich mit wenigen sehr gezielten Worten zum Schweigen: »Sie möchten Ihren Arm doch behalten, oder?«

Schweren Herzens begann ich mich nach geeigneten Ärzten umzuhören. Amaryllis, eine befreundete französische Bildhauerin, sagte, in ihrer Heimat kenne sie einen, der sich auf Koralleninfektionen spezialisiert habe. Ihre Familie werde auch für meine Flugkosten aufkommen. Trotz dieser unglaublichen Fügung fühlte ich mich nicht wohl bei dem Gedanken, JoJo und die Insel zu verlassen und so weit weg zu sein. Aber meine Schulter ließ mir keine andere Wahl.

Als ich den Spezialisten in Frankreich anrief, stellte sich heraus, dass er von JoJo gehört hatte und meine Arbeit bewunderte. Trotzdem staunte ich, als er anbot, mich unentgeltlich zu behandeln.

»Wer mit einem Delfin schwimmt und für ihn sorgt, hat es nicht verdient, dass er zahlen muss«, sagte er. Und um das Maß voll zu machen, bot mir Amaryllis' Familie ihr Château für die Genesungsphase an.

Ich war tief gerührt. Und finde es immer wieder erstaunlich, dass manchmal Menschen in unser Leben treten und für einige Zeit zu einer Art Ersatzfamilie für uns werden. Mit Zufall hat das nichts zu tun. Achten Sie auf solche Begegnungen, auf die kleinen oder großen Möglichkeiten, die sich daraus ergeben. Es gibt so viele wunderbare Seelen auf der Welt, so viel aufgeschlossene Herzlichkeit. Wenn ich an diese Menschen dachte, tat meine pochende Schulter nur noch halb so weh.

Rasch bereitete ich meine Reise nach Europa vor und bat David und Leslie, während meiner Abwesenheit auf JoJo zu achten.

»Schwimmt mit ihm und schaut nach eventuellen Verletzungen, ja?«

Dann war ich in Frankreich. Meine Verletzung musste operativ behandelt werden.

Knapp einen Monat würde ich dort sein, um meine Gesundheit wiederherzustellen. Es schmeckte mir gar nicht, so lange von meinen Freunden entfernt zu sein. Was, wenn JoJo in dieser Zeit doch wieder von einer Bootsschraube verletzt wurde? Würde ich dann rechtzeitig zurück sein können, um mich um ihn zu kümmern? Würde ich ihm überhaupt helfen können? Was, wenn er sich eine tödliche Verletzung zuzog?

Ich gab mir alle Mühe, solche Gedanken zu verdrängen und mich stattdessen ganz auf meine Heilung zu konzentrieren. Was ich von David und Leslie hörte, beruhigte mich. Doch während meines Genesungsaufenthalts in der Villa kam dann doch die Nachricht, dass JoJo wieder einmal mit einem Boot zusammengestoßen und seitdem verschwunden war.

»Ich muss dir auch sagen, dass im Wasser Blut zu sehen war«, teilte mir David mit. »Aber wir halten ständig Ausschau nach ihm. Jetzt sieh du erst einmal zu, dass du gesund wirst, okay?«

O nein, das kann doch nicht sein, dachte ich. *Nicht jetzt.*

Da lag ich nun, zur Untätigkeit verdammt. Ich konnte ja kaum den Arm heben. Jeden Tag versuchte ich zu Hause anzurufen, aber niemand nahm ab. Dann, endlich. David berichtete, er sei mit JoJo geschwommen und bei der Verletzung handele es sich bloß um eine kleine Schnittwunde. Ich war unendlich erleichtert. Offenbar befand sich JoJo schon wieder auf dem Weg der Besserung.

Jener Tag im Schildkrötengras ist mir bis heute in lebhafter Erinnerung geblieben, wozu sicher auch die große Narbe an meiner linken Schulter beiträgt. Ich werde oft gefragt, wann ich mir denn das Gelenk habe operieren lassen. Dann antworte ich immer lächelnd, dass die Narbe nicht von einer Operation stammt, sondern vom Spielen mit JoJo auf einer Unterwasserwiese.

Meine Genesungsphase nutzte ich, um zu recherchieren und mich mit anderen über die Frage auszutauschen, wie man den Wasserskibetrieb aus Grace Bay verbannen könnte. David und Leslie schwammen derweil mit JoJo und führten Buch über jedwede Veränderung seines Verhaltens oder Wohlbefindens. Auch die Bootsleute waren verständigt und meldeten jede Sichtung meines Freundes.

Mit einer zusammengenähten Schulter, einem Ordner voller Ideen für politische Aktionen und Unterlagen über die Ergebnisse der Forschung an wilden Delfinen kam ich zurück. Alles, was mir über JoJo berichtet wurde, machte mir einmal mehr deutlich, wie einzigartig und kostbar er war. Seine jüngsten Verletzungen waren längst ausgeheilt, aber er schien – verständlicherweise – sein früheres Abwehrverhalten wieder aufgenommen zu haben. Wann immer er während meiner Abwesenheit mal in der Gegend aufgetaucht war, hatte es Ärger gegeben.

In der Sanitätsstation des Ferienhotels erkundigte ich mich nach Zwischenfällen, an denen JoJo beteiligt war. Die betreuende Krankenschwester zog das Formblatt heraus, das ich ihr vor meiner Abreise gegeben hatte, und da war tatsächlich eine stattliche Liste von Vorfällen verzeichnet. In den vier Wochen meiner Abwesenheit hatte es mehr kleine und größere Bisse gegeben als in den sechs Monaten davor – dabei war JoJo nur an insgesamt fünf Tagen überhaupt aufgetaucht. Unfassbar!

Irgendetwas war da im Busch. Ich glaube, JoJos wachsende Bekanntheit und Beachtung wuchsen ihm einfach über den Kopf. Einem Schauspieler vergleichbar, der ständig im Rampenlicht steht, hatte es JoJo offenbar satt, dass permanent Leute hinter ihm her waren.

Ich hörte mich unter den Bootsleuten um und erfuhr, dass er seltener gesehen wurde und meistens weiter draußen. Auch erkundigte ich mich nach Verhaltensänderungen, die auf eventuelle gesundheitliche Schwierigkeiten hindeuten konnten, aber alle meinten, er sei ihnen eigentlich ganz normal erschienen und habe sich auch nicht anders bewegt als sonst. Ich überlegte weiter, dass vielleicht auch meine lange Abwesenheit eine Rolle spielte oder die anderen Delfine, die in letzter Zeit gesehen worden waren, oder einfach die Tatsache, dass die Touristensaison auf ihrem Höhepunkt war.

Sollte sein Verhalten tatsächlich mit meiner Abwesenheit zu tun haben? War er womöglich böse auf mich? Oder fühlte er sich etwa alleingelassen? Aber er erinnerte sich doch sicher an meinen Unfall und spürte, dass ich nur weg war, weil es nicht anders ging. In vielerlei Hinsicht hatte er etwas von einem hochbegabten und besonders intelligenten Kind. Und wie alle Kinder rebellisch werden, wenn sie nicht so viel Aufmerksamkeit bekommen, wie sie möchten, lebte er jetzt vielleicht seinen Frust aus. All das ging mir im Kopf herum, und ich fragte mich, wie unser Wiedersehen wohl ablaufen würde.

Am Nachmittag wurde ich telefonisch davon unterrichtet, dass JoJo in der Gegend von Grace Bay gesehen worden sei und nun auf unseren gewohnten Treffpunkt zuschwimme. Meine Schulter schmerzte zwar noch und der Arzt hatte gesagt, ich müsse das Wasser noch meiden, jetzt aber hatte ich nur noch JoJo im Sinn. Hoffentlich waren tatsächlich alle seine Wunden geheilt, hoffentlich war er noch der wunderbare Freund, den ich kannte. Als Leslie, David und ich schließlich am Strand standen, war ich unglaublich aufgeregt.

Ich rief ihn, einmal, zweimal, dreimal. Weit draußen sah ich etwas aufblitzen. Da war er! Auf einmal schoss er hoch, meterhoch über das Wasser hinaus, wie es schien. Ich watete ins hüfthohe Wasser hinaus und tauchte mit dem Kopf unter, um seine Erkennungsmelodie hören zu können, während er in Riesensprüngen auf uns zukam.

Es war eine Arie in meinen Ohren, eine himmlische Lobpreisung, eine Sinfonie. Ich musste mächtig schlucken, als ich den Kopf wieder hob und Richtung Horizont blinzelte.

Er kam schnell näher und ich tauchte den Kopf immer wieder ein, um mir dieses köstliche Pfeifen und Quietschen nicht entgehen zu lassen. Dann umschwamm er mich in schnellen Kreisen, er sprang, flitzte pfeifend hin und her. Was für eine Begrüßung!

»Du wirst mich doch nicht vermisst haben?«, sagte ich und drehte mich mit seinen Bewegungen. »Ja, mir hast du auch gefehlt.«

Zur Antwort pfiff er noch einmal und tauchte dann weg, um unmittelbar vor mir wie ein Geschoss aus den Wellen zu brechen. Ich wische mir das Wasser aus dem Gesicht und lachte lauthals.

Ich war wieder zu Hause.

Zehn Minuten lang feierten wir unser Wiedersehen, dann schwamm JoJo auf Leslie und David zu und begrüßte sie ebenso enthusiastisch wie mich. Ich sah, wie meine beiden Freunde vor Begeisterung strahlten, wie sie ausgelassen kichernd immer wieder zu JoJo hüpften und paddelten, der seine Freude wiederum in Rollen, Sprüngen und Pirouetten zeigte.

Es war deutlich zu sehen, dass auch Leslies und Davids Liebe zu JoJo eine neue Dimension bekommen hatte. In ihren Gesichtern stand genau das geschrieben, was auch ich empfand: JoJo besaß die besondere Gabe, tiefe Gefühlsbeziehungen zu knüpfen, und dem gab er jetzt Ausdruck wie kaum je zuvor. Die Verbindung wurde immer fester und verlässlicher.

In Augenblicken wie diesem bekommt man ein ganz neues Bild von Delfinen, von den Beziehungen zwischen Mensch und Tier, von Beziehungen überhaupt.

DIE MENSCHEN ERREICHEN

Ron war ein guter Freund von mir, der immer ein Auge auf JoJo hatte und sich wegen der Stachelinfektion und der vielen Verletzungen Sorgen machte. Als er anfing, sich mit anderen darüber auszutauschen, entstand daraus bald ein weltumspannendes Interesse und schließlich der Plan, ein professionelles medizinisches Notfallsystem für JoJo einzurichten.

Ron arbeitete für eine große Technologiefirma, die, wie es der Zufall wollte, zu den Sponsoren der Ausstellung »Living Seas« in der Walt Disney World von Florida gehörte. Ron brachte mich mit dem stellvertretenden Leiter der Disney World, Horst Pullman, in Kontakt. Durch Horst und Ron kamen zwei sehr hilfreiche Männer in JoJos Leben, nämlich Tom Hopkins, Manager des Living Seas Support Project, und Bob Stevens, Tierarzt bei Living Seas.

Die beiden kamen JoJo besuchen, und ihre Reaktion fiel genauso aus wie bei den meisten anderen Menschen auch: Sie staunten und waren wie verzaubert. Weder Tom noch Bob hatten je einen wilden Delfin erlebt, der sich rufen und sogar bereitwillig medizinisch untersuchen ließ. Ich führte es ihnen vor und erfuhr auf diese Weise, wie sie JoJos gegenwärtigen Gesundheitszustand einschätzten. Was aber vielleicht noch wichtiger war: Sie eröffneten mir auch die Möglichkeit, die denkbar beste Krankenversicherung für JoJo zu finden.

Sollte er je in eine lebensbedrohende Notlage geraten, würde ein Anruf genügen, um sofort ein Flugzeug mit Tierärzten und kompletter medizinischer Ausrüstung zu mobilisieren – ohne dass dafür irgendwelche Kosten anfielen.

»Vielen, vielen Dank«, sagte ich zu den beiden, als ich ihnen zum Abschied begeistert die Hand schüttelte, bevor sie das Taxi zum Flughafen bestiegen. »Ich weiß nicht, ob Sie sich vorstellen können, was das für JoJo bedeutet.«

»Doch, das glaube ich schon«, meinte Bob. »Sie haben uns ja gezeigt, wie einmalig er ist. JoJo muss geschützt werden und verdient die allerbeste Versorgung.«

»Allerdings gelten diese Versicherungsbedingungen nur für einen Zeitraum von vier Jahren«, fügte Tom hinzu. »Danach werden Sie wieder kreativ werden und die Werbetrommel rühren müssen.« Da ich spürte, dass er für diesen Fall seine Hilfe anbieten wollte, klopfte ich ihm auf den Rücken und sagte: »Darum kümmern wir uns, wenn es so weit ist. Seien Sie unbesorgt.«

Gottlob musste JoJo den Service in den ganzen vier Jahren nicht ein einziges Mal in Anspruch nehmen.

Tom und Bob allerdings hatte ich nach Ablauf dieser Zeit aus den Augen verloren, weshalb ich mich bei einigen großen Unternehmen nach einer neuen Versicherung für JoJo umhörte. Es gab jedoch keine Möglichkeit, ein wild lebendes Tier zu versichern, dafür hätte ich mich als JoJos Besitzer ausgeben und ihn zu einer Art Haustier degradieren müssen. Außerdem war das Ganze alles andere als billig und hätte für mich in der Konsequenz bedeutet, für alles, was JoJo anstellte, in vollem Umfang haftbar zu sein. Aber können Sie sich vorstellen, für ein zu jeder Schandtat aufgelegtes Wildtier verantwortlich zu sein, das an guten Tagen die Krawallbereitschaft eines aufmüpfigen Teenagers und an schlechten die eines Elefanten im Porzellanladen in den Schatten stellt? Ich war als sein Wärter bestallt, aber besitzen wollte ich ihn nicht. Diesen Standpunkt hatte ich schon immer vertreten: JoJo sollte als wilder Delfin respektiert werden und niemandes Eigentum sein. Auch wenn das bedeutete, dass er nicht zu versichern war.

Mein Vorrat an von Tierärzten gratis abgegebenen Medikamenten ging allmählich zur Neige, und es fiel mir keineswegs leicht, ihn aus eigenen Mitteln wieder aufzufüllen. Doch JoJo war es mir jederzeit wert, und ich hatte mich schon darauf eingestellt, ihn auch weiterhin aus eigener Tasche versorgen zu müssen – bis ich Robin Williams traf. Er war für einen Dokumentarfilm über JoJo auf die Insel gekommen, der den Titel *In the Wild* tragen sollte.

Wie weit mein Leben schon von der Zivilisation weggedriftet war, wurde mir erst so richtig bewusst, als sich zeigte, dass ich mit dem Namen Robin Williams wenig anfangen konnte. Dass er Schauspieler war, wusste ich irgendwie noch, aber ich kannte keinen einzigen Film mit ihm. Nach all den Jahren auf einer Insel ohne Kino – und einen Fernseher mochte ich mir nicht zulegen – hatte ich in dieser Hinsicht komplett den Anschluss verloren.

Während der Dreharbeiten sorgte Robin immer für gute Laune. Sein breites Grinsen und seine lebhafte Art ließen mich vermuten, dass er Komiker sein könnte. Immer wenn er mit veränderter Stimme sprach und offenbar jemanden nachahmte, lachten alle los. Nur ich nicht. Nicht aus Unhöflichkeit, sondern weil ich einfach nicht wusste, wen er da karikierte.

Das wurde dann selbst wieder ein Witz. Immer wenn ich nicht mitlachen konnte, sah er mich von der Seite an und frotzelte: »Den Film hast du wohl auch nicht gesehen, hm?« Wenn alle losprusteten, blickte ich nur ratlos drein und zuckte die Schultern.

Was mir auch neu war und mich manchmal etwas hilflos machte, war der Umstand, dass Robin offenbar nicht nach einem Drehbuch vorging. Alles entstand mehr oder weniger aus dem Stegreif. Doch je länger ich ihn bei der Arbeit beobachtete, desto mehr verstand ich, was ihn so erfolgreich machte: Er hielt seine Crew mit Humor bei Laune und gab jedem das Gefühl, ein geschätzter Mitarbeiter des Projekts zu sein und nicht einfach irgendein Untergebener. Genau das trug ihm Respekt ein und die Bereitschaft aller, vollen Einsatz zu leisten.

Bei vielen Gesprächen, die der eigentlichen Produktionsarbeit vorausgingen, zeigte Robin ein großes persönliches Interesse an JoJo. Und anschließend durfte ich staunen, wie exakt er sich an alle Einzelheiten erinnerte, die ich ihm über JoJo erzählt hatte. Vielleicht lag es daran, dass sie einander so ähnlich waren – beide verspielt, charismatisch und von einer spirituellen Aura umgeben, die alle ringsum in Ströme von positiver Energie einbettete.

Schon bevor Robin und JoJo im Wasser zusammentrafen, wusste ich, dass sie gut miteinander auskommen würden. Und so war es dann auch. Es war ein einziges Hopsen und Herumalbern im türkisblauen Wasser. Und so konnte ich dann doch endlich über Robins Witze lachen. Sogar unter Wasser. Zugleich erfasste er die Beziehung zwischen JoJo und mir erstaunlich genau.

In einer Szene des Films sagt er: »Dean ist eine seltene Spezies Mensch. Er und JoJo kennen einander seit über zwanzig Jahren, und mit seinen erstaunlichen Fähigkeiten im Wasser ist Dean der perfekte Gefährte für JoJo, der ihm die einmalige Gelegenheit bietet, das Leben eines wild lebenden Delfins zu studieren. Dean kann die Luft unter Wasser fünf Minuten lang anhalten, das mag ein Delfin natürlich.«

Ich fühlte mich sehr geehrt, dass Robin unsere Verbundenheit so gut verstand.

Nach dem Abschluss der Filmarbeiten war mir immer noch nicht bewusst, *wie* berühmt Robin war, aber ich hoffte, dass ich einmal Gelegenheit haben würde, ihn im Film zu sehen. Es vergingen noch Jahre, bis ich ihn dann einmal richtig im Kino bewundern und in das Lachen des Publikums einstimmen konnte. Auch einige seiner Witze wurden im Nachhinein verständlich. Die Herzenswärme, an die ich mich erinnerte, blitzte hier überall so anrührend auf, dass er zu meinem Lieblingsschauspieler wurde.

Ein paar Monate danach wurde JoJo erneut verletzt, was meinen Notfallvorrat an Antibiotika restlos aufbrauchte. Aber wieder einmal schaltete sich das Schicksal ein und bescherte uns eine großzügige Unterstützung durch Robin Williams' Familie. So konnte ich mich auf Jahre hinaus mit Medikamenten eindecken. JoJo ging es bald wieder gut, was daran zu erkennen war, dass er nur Unsinn im Kopf hatte – ein Komiker wie sein Wohltäter.

* * *

Ich wusste nie so recht, in welche Richtung mich das Schicksal führen würde, doch dann traf eines Tages ein Brief der »Make-A-Wish Foundation« ein, der mir einen klaren Weg vorzeichnete. Make-a-Wish ist eine Gesellschaft, die sich bemüht, drei- bis achtzehnjährigen Kindern mit lebensbedrohlichen Krankheiten einen Herzenswunsch zu erfüllen. In diesem Brief wurde ich gebeten, mich für ein Treffen mit einem sechzehnjährigen Mädchen zur Verfügung zu stellen. Anna Pearson litt an einer seltenen und unheilbaren Form von Krebs.

Die Gesellschaft nannte einen Zeitraum von zwei Wochen, in dem Annas Besuch möglich sein würde, und da ich für diese Zeit schon eine dreimonatige Wal-Forschungsreise von Hawaii nach Alaska vereinbart hatte, musste ich leider absagen. Der Expedition war eine dreijährige Planungsphase vorausgegangen, und die Teilnahme wurde mir von Freunden und Kollegen als einmalige Chance geschildert.

Einigermaßen traurig schrieb ich also meine Absage. Aber irgendwie ließ mich die Sache doch nicht ganz los. Es war der Name Anna Pearson. Ich hatte ihn schon einmal gelesen, aber wo? Irgendetwas für mich Wichtiges war damit verbunden, doch was bloß? In der Randzone meines Bewusstseins war der Name ständig gegenwärtig. Ich wurde ihn einfach nicht los.

Ungefähr einen Monat später lag ich einmal in meiner Hängematte vor der Tür und stand auf, um mir einen Kaffee zu machen. Dabei fiel mein Blick auf die Pinnwand, an der Bilder und sonstige Kleinigkeiten hängen, die mir etwas bedeuten. Da war ein Brief, an dessen Ende ein kleines Herz gemalt war, darunter die Unterschrift: Anna Pearson. Ob das vielleicht dieselbe Anna Pearson war? Den Brief hatte ich vor drei Monaten bekommen und als sehr anrührend empfunden. Als ich ihn jetzt wieder las, fiel mir ein, weshalb ich ihn überhaupt aufgehängt hatte. Er war so einfach und so wunderschön. Anna hatte mich in Robin Williams' Dokumentarfilm mit JoJo schwimmen sehen. Das habe sie tief beeindruckt, schrieb sie, es bedeute ihr sehr viel. Und sie wünsche sich, die Gefühle, die dadurch bei ihr ausgelöst worden seien, anderen Menschen weitervermitteln zu können, um sie dadurch glücklicher zu machen.

Sofort setzte ich mich hin und schrieb an die Make-a-Wish Foundation: »Mir ist jetzt klar geworden, worin die ›einmalige Chance‹ wirklich besteht. Ich habe meine Expedition nach Alaska abgesagt und werde es so einrichten, dass ich Anna und ihre Mutter auf der Insel empfangen kann. Gern stelle ich meine Zeit zur Verfügung.«

Die Gesellschaft schrieb zurück, man sei sehr froh, dass Annas Wunsch erfüllt werden könne. Obwohl ich den Brief nur meinen engsten Freunden zeigte, wurde schnell klar, dass der Aufenthalt des kranken Mädchens und seiner Mutter bei uns auf der Insel eine größere Sache werden würde. Eigentlich wollte ich keine Öffentlichkeit dafür, aber es schien, dass bald jeder um den Besuch wusste und ihn mit Spannung erwartete.

Wie sich die Nachricht verbreitet hat, weiß ich bis heute nicht, aber alle wollten etwas zur Erfüllung von Annas Wunsch beitragen. Leute aus den Hotels und Restaurants, die Boots- und Flugunternehmen, aber auch Geschäftsinhaber traten an mich heran, um Bootsfahrten, Ausflüge zu anderen Inseln, Mahlzeiten, die Teilnahme an Veranstaltungen und weitere Geschenke beizusteuern. Alles, was man sich nur denken kann, wurde freimütig und von Herzen angeboten. Die ganze Insel schien sich geehrt zu fühlen, dass Anna JoJo und das Land sehen wollte.

Ich empfing das junge Mädchen und ihre Mutter Karin am Flughafen. Anna war mager und ihre Haut aschfahl, ihre Augen aber blickten äußerst lebhaft drein. Sie begrüßte mich mit einem schüchternen und etwas befangenen Lächeln.

»Anna ist sehr müde von der langen Reise«, sagte ihre Mutter und legte schützend den Arm um sie.

»Natürlich. Also los«, sagte ich und griff mir einen ihrer Koffer. »Mein Wagen steht da drüben.« Ich fuhr Mutter und Tochter ins Hotel, damit sie sich erst einmal ausruhen konnten.

Am nächsten Tag segelten wir abseits der Insel und ankerten, um zu schnorcheln. Anna konnte aufgrund ihrer Krankheit nicht sofort ins Wasser und musste sich erst langsam eingewöhnen. Wir befanden uns an einer Stelle, an der sich JoJo normalerweise nicht aufhielt, aber plötzlich war er neben mir. Anna stand am Bug und bestaunte ihn.

»Los, schnapp dir Maske und Schnorchel und komm!«, rief ich ihr zu.

»Weißt du, Dean«, gab sie zurück, »eigentlich genügt es mir im Moment schon, euch noch einmal so zu sehen wie in dem Film. Es ist so … so unglaublich schön.«

Das Schwimmen mit JoJo schien sie zu scheuen, aber wenn ich es mir recht überlegte, musste sie ja auch nicht unbedingt ins Wasser, um sich an seiner Gegenwart zu erfreuen. Durch bloßes Zusehen konnte sie alles nachempfinden, was ich immer erlebte, wenn ich mit JoJo schwamm und herumtobte. Meine Freude spiegelte sich in ihren Augen.

Karin stand hinter Anna an Deck, die Hände über der Brust gekreuzt. Der Wunsch ihrer Tochter erfüllte sich, sie schüttelte beinahe ungläubig den Kopf. Ich las ein »Dankeschön« auf ihren Lippen und nickte ihr zu, bevor ich wieder mit JoJo abtauchte.

Als wir genug gespielt hatten, ging ich wieder an Bord, trocknete mich ab und nahm Anna fest in die Arme. Ich spürte, dass sie in diesem Augenblick sehr glücklich war, und drückte mein Gesicht an ihre Wange. Etwas Salziges lief mir über die Lippen, nicht das Meerwasser, das aus meinen Haaren troff, sondern Annas Tränen. Was sie gesehen hatte, erfüllte sie mit unaussprechlicher Freude. Und diese Freude brach sich jetzt Bahn wie eine Springflut.

Am Abend saßen Anna und ich am Strand, und ich erzählte ihr von beinahe tödlichen Unfällen und dem tiefen Frieden, den ich dabei entdeckt hatte.

Anna sprach von ihrer Angst vor dem Sterben. »Am meisten fürchte ich mich vor den Schmerzen, Dean.«

»Beim Hinübergehen wirst du einen Punkt erreichen, an dem du das alles hinter dir lässt – Schmerzen, Sorgen, Kummer. Dann empfindest du nichts anderes mehr als seligen Frieden. Angesichts unserer wahren Bestimmung in diesem expandierenden Universum ist die kurze Zeit, die wir auf der Erde verbringen, kaum erwähnenswert.«

»Meinst du?«

»Sicher.« Ich drückte ihren Arm. »Für mich ist der Tod einfach ein neuer Weg, den das Leben einschlägt, ein Weg des

Übergangs und der Erleuchtung. Der Tod ist nicht das Ende, sondern der Eintritt in eine andere Sphäre. Körperlos und voller Glückseligkeit.« Ich blickte ihr in die Augen. »Auch für dich wird es so sein, glaub mir.«

»Weißt du«, sagte sie, »so offen habe ich noch nie mit jemandem über den Tod sprechen können. Aber mit dir ist das irgendwie ganz leicht.«

»Das freut mich, Anna.«

Ich fragte sie, ob sie vielleicht noch andere Träume hätte, die sie sich gern erfüllen würde. Und ja, es gab da tatsächlich etwas: ein Fallschirmsprung.

Annas Wunsch erinnerte mich an meine nächtlichen Schwimmausflüge mit JoJo, bei denen es auch darum ging, sich vor nichts zu fürchten, was das Leben zu bieten hat. Doch bevor man das Unvorhersehbare zulassen kann, muss man zunächst einmal akzeptieren, dass es in Ordnung ist, den Weg jenseits des Körperlichen fortzusetzen. Zu diesem Prozess gehört es auch, die Angst zu überwinden. Und die Reise des Lebens insgesamt zu bejahen.

Noch am selben Abend rief ich Freunde an, die eine Fallschirmsprungschule betrieben und sich sofort mit Freuden bereit erklärten, uns springen zu lassen. Ich war ganz aus dem Häuschen. Der Sprung würde Anna helfen, die Angst vor dem Tod zu besiegen.

Am nächsten Tag auf der Fahrt quer über die Insel kicherte Anna leise vor sich hin, während Karin auf einem Haftungsausschluss-Formular Angaben zu Annas Gesundheit machte. Das geschah nur der Form halber, um Schadensersatzansprüche auszuschließen – wer weiß also, was sie geschrieben hat? Während der Einweisung vor dem Flug setzte ich eine angemessen seriöse Miene auf und nickte immer wieder bedächtig. Ich zwinkerte Anna zu, damit sie die Sache nicht allzu ernst nahm.

Und dann waren wir auch schon in der Luft.

Ich war als Erster dran und stellte mich zusammen mit meinem Tandem-Master an die geöffnete Flugzeugtür. Der Wind fegte mir die Haare nach hinten, ich zeigte Anna beide Daumen, und weg waren wir. Annas begeisterter Aufschrei folgte uns, während wir wie eine Möwe auf Sturzflug gingen. Der Wind mochte mir noch so in den Ohren rauschen, ich hörte nur die Freude, die Anna herausschrie, als auch sie absprang.

Sobald wir gleichauf waren, zogen unsere Tandem-Master die Reißleinen.

Wir hörten, wie sich das Tuch entfaltete, es gab einen Ruck und dann war es plötzlich sehr still. Auch wir schwiegen und schwebten unter unseren Medusenschirmen dahin.

Langsam ging es auf einen langen Sandstrand und das glitzernde blaue Meer zu. Ich empfand nichts als vollkommene Freiheit und die Bereitschaft, mein Schicksal anzunehmen, wie immer es auch aussehen mochte. Der Ausblick entsprach vielleicht dem, was Cherubim sehen, und für einen Augenblick traf das Licht Annas Gesicht so, dass ich wirklich glaubte, sie sei ein Engel geworden. Es war ein Gesicht voller Unschuld und seligem Frieden.

Viel zu schnell glitten wir dem Erdboden entgegen, aber die Landung war so sanft, dass sie mich an das Sinken von abgerissenem Seegras erinnerte.

Am Abend saßen wir wieder am Strand, und ich fragte Anna noch einmal: »Gibt es sonst noch etwas, was du so richtig von Herzen gern tun würdest?«

»Dir und JoJo zusehen.« Die Antwort kam schnell. Anna lächelte.

Da erst wurde mir klar, dass meine Beziehung zu diesem Großen Tümmler längst nicht mehr nur ihn und mich betraf. Vielleicht musste es jetzt mehr um Heilung gehen, um Glück, Ermutigung – um Trost für Menschen, die ihn dringend brauchten.

Zwei Wochen musste Anna JoJo und mich beobachten, bevor sie die Sicherheit des Strandes verlassen und sich der Launenhaftigkeit des Wassers in JoJos Spielgefilden anvertrauen konnte. Obwohl wir von Touristen umlagert wurden, war das Schwimmen mit dem Delfin für sie doch ein zutiefst persönliches Erlebnis. In ihr Tagebuch schrieb sie:

Ich bin total begeistert und lege mich ins Zeug, um mit JoJo gleichauf zu bleiben. Mein Herz klopft wie wild. Am liebsten würde ich ihn anfassen, einfach um sicher zu sein, dass er echt und wirklich da ist, doch ich halte mich zurück und sehe ihm nur zu. Ich bin eine Dreiviertelstunde im Wasser, aber es kommt mir vor, als wären es nur wenige Minuten. JoJo kommt ganz nahe zu mir und steckt mir fast die Nase ins Gesicht. Beinahe erschrecke ich, aber ich weiß, er wird mir nichts tun, solange ich ihn richtig behandle. Irgendwann bin ich dann doch müde, und es werden auch immer mehr Leute, die den Delfin sehen wollen. Ich habe das Gefühl, ihn abschirmen zu müssen. Am liebsten wäre es mir, wenn die Leute ihn in Ruhe lassen würden.

Es gibt nur wenige Dinge im Leben, die man nie vergisst. Eines aber gehört sicher dazu: wenn man jemandem, der nur noch Monate zu leben hat, einen Traum erfüllen kann und dann diesen Blick sieht, der keine Worte braucht, ein schlichtes Lächeln, das danke sagt, ein Nicken. Dies ist ein Moment tiefen beiderseitigen Annehmens, von dessen Intensität und Reinheit man ein Leben lang zehren kann.

Ich stand hinter Anna und hielt sie fest, als ich sie JoJo präsentierte. Vor Aufregung zitterte ich fast selbst ein wenig. Dann aber durchlief mich ein ganz warmes Gefühl. Plötzlich wusste ich, dass ich an diesem Tag einen sehr wichtigen Teil meiner Bestimmung gefunden hatte. An Anna erfüllte sich etwas von meinem Daseinszweck, und so ist sie jetzt ein Teil meiner neuen Reise.

Später überlegte ich zusammen mit Anna, wie man auch anderen Kindern und Jugendlichen die Möglichkeit geben könnte, Freude und Begeisterung mit JoJo und der Insel zu erleben. Bisher hatte ich nur ganz gelegentlich jemanden wie Sean oder ein behindertes oder autistisches Kind mit JoJo bekannt gemacht, und immer nur dann, wenn die Eltern oder Betreuer mich direkt darum gebeten hatten. Das war immer ein großes Vergnügen. Aber eigentlich konnte dieser Blasenring ja noch viel größer werden, wenn sich die Möglichkeit herumsprach. Würde das mein neuer Lebensinhalt sein?

Anna war begeistert von diesem Gedanken, und so begann sich ein neues Projekt abzuzeichnen. Aber das hing natürlich davon ab, dass JoJo weiterhin da war. Also mussten wir einen Weg finden, um den Wasserskibetrieb aus Grace Bay zu verbannen.

Als ich Anna zum ersten Mal begegnete, war ich gleich von ihrem wissenden Blick eingenommen, der mich an den vieler anderer Kinder erinnerte. Und natürlich an JoJo. Bei ihm ist dieser Ausdruck immer dann zu sehen, wenn er ruhig und in Frieden ist. Alle diese Blicke hatten etwas gemeinsam. Vielleicht war es das Wissen um die Kostbarkeit jedes Augenblicks, deren wir uns bewusst werden, wenn wir uns frohen Herzens dem Fluss des Lebens überlassen.

Anna starb einige Zeit später, aber bis dahin blieben wir in Kontakt. Ich werde ihr herzliches, liebevolles Strahlen nie vergessen. Wenn ich mit JoJo schwimme, spüre ich Anna im Wasser, als schwebte sie über uns und blickte auf uns herab wie damals vom Boot aus.

Dass ich sie habe kennenlernen dürfen betrachte ich als großen Segen. Ich hatte das Glück, sie beim Beschreiten eines neuen Weges begleiten zu können, auf dem sie den Übergang von einer Ebene des Lebens auf eine andere nicht mehr fürchten musste. Anna und ihre Freude an JoJo eröffneten auch mir einen ganz neuen Weg. Keinen der kostbaren Augenblicke, die ich mit ihr und später auch mit anderen wunderbaren Kindern verbringen durfte, werde ich je vergessen. Und ich betrachte es als große Ehre, dass sie sich so gern in der Gesellschaft von JoJo und mir aufhielten.

Anna war sanft und leidenschaftlich zugleich, ein Mensch, dem es gar nicht möglich gewesen wäre, andere zu verletzen oder ihnen ein Leid anzutun. Das war es auch, was mich an Emily so angezogen hatte. Und natürlich an JoJo. Sicher, er muss Tiere töten, um sich zu ernähren, aber er käme nie auf die Idee, irgendeinem Lebewesen bewusst Schaden zuzufügen. Er weiß um die physische Welt; er weiß, dass er manchmal Schmerzen erdulden muss.

Doch noch einmal: Wie viele Kinder würden wohl künftig noch in den Genuss seiner Gegenwart kommen können, wenn er weiterhin ständig in Gefahr war, mit einem Wasserskiboot zusammenzustoßen? In der Bucht von Grace Bay herrschte nach wie vor Hochbetrieb beim Wasserski. Dagegen, wusste ich, würde schwer anzukommen sein. Das JoJo-Projekt war ja nur eine kleine Initiative und verfügte nicht annähernd über die Mittel, die nötig waren, um eine weltweite Kampagne zu finanzieren. Also würde es nach dem Schneeballsystem funktionieren müssen. Die Dinge, die ich in Bewegung brachte, mussten sich zu einer Lawine auswachsen, damit JoJos Schutz gewährleistet werden konnte. Ich ließ mich ganz auf diesen Gedanken ein, visualisierte den Erfolg, den wir haben würden, und hoffte, dass ich mit meiner Idee Menschen erreichen würde, die uns wirksam unterstützten.

Für Einheimische und Touristen war Grace Bay ein besonders beliebtes Strandparadies – aber es war eben auch das Gebiet, das JoJo besonders gern besuchte, wo er schwamm und sich ausruhte. Unseligerweise hatte man mitten im Princess

Alexandra National Park einen Bereich von den Schutzbestimmungen ausgenommen und für den Wasserskibetrieb freigegeben. Zu Beginn meiner Kampagne vermerkte ich mit Genugtuung, dass erstmals überhaupt ein Problembewusstsein entstand, was Jetboote und Wasserski anging. Irgendwann wurde dann beides ganz aus dem Nationalpark verbannt, und zwar hauptsächlich wegen JoJos vieler Verletzungen und seiner offensichtlichen Gefährdung.

Früher nutzte JoJo die Jetboote und Wasserskifahrer gern zum Spielen – oder er legte sich mit ihnen an. Wasserski war bei Weitem das Gefährlichste für ihn, vor allem wenn er sich ausruhte oder schlief. Mit den Jahren ließ seine Beweglichkeit etwas nach, und er konnte mit der Wendigkeit der Boote nicht mehr mithalten. Noch gefährlicher als die Boote aber waren die Wasserskifahrer im Schlepp.

Hinzu kam, dass JoJo im Alter nicht mehr so leicht medizinisch zu behandeln sein würde und die Chancen auf schnelle Genesung nicht mehr so gut standen. Wie Menschen auch fürchtete sich JoJo zunehmend vor allem, was ihm Schmerzen bereiten konnte. Aber ich muss sagen, dass seine Bereitschaft, sich mir bei notwendigen medizinischen Behandlungen anzuvertrauen, wirklich bewundernswert war.

Ich werde oft gefragt, weshalb JoJo die Gegend nicht einfach meidet. Ich sage dann, dass das Meer JoJos Heimat ist und Grace Bay der Ort, wo er Anschluss sucht und mit dem er viele wunderbare Erfahrungen verbindet. Im Übrigen entfernt er sich durchaus gelegentlich, um andere, ruhigere Inseln zu besuchen – Pine Cay, Parrot Cay oder North Caicos. Vor dem Wasserskizeitalter gab es in der Gegend nur kleine Fischerboote, die keine Gefahr für die Meeressäuger darstellten. Die große Delfinschule, die hier einmal existierte, verschwand Anfang der Achtzigerjahre, als das erste große Hotel ständig laufende Sport- und Bootsaktivitäten anbot.

In all den Jahren habe ich über JoJos Verletzungen Buch geführt. Sehr viele hatten mit Bootskollisionen zu tun oder waren durch Wasserski verursacht worden. In jedem einzelnen Fall fotografierte ich die Verletzungen, behandelte sie und verfasste dann einen Bericht, den ich an das für Natur- und Umweltschutz zuständige Ministerium schickte. Danach unterrichtete ich die Zeitung, damit die Öffentlichkeit davon erfuhr, und besprach mit den Wassersportbetrieben, wie man JoJo besser im Auge behalten und die Leute auf seine Bedürfnisse aufmerksam machen konnte. Dazu gab es ein Merkblatt, in dem alle Bootsunternehmer und Touristen gebeten wurden, besonders auf JoJos Verletzungen und Anzeichen einer möglichen Infektion zu achten. Die Zeit der Rekonvaleszenz war für JoJo immer besonders gefährlich, denn erstens war er dann mehr oder weniger stark behindert und konnte nicht so gut ausweichen wie sonst und zweitens konnte er sich nicht so gut gegen Räuber wehren.

Nach vielen Berichten dieser Art, die unbeachtet blieben oder nur ein schwächliches Echo fanden, verlor ich allmählich die Geduld mit der Verwaltung der Turks- und Caicosinseln. Wenn ich dann von Journalisten interviewt wurde, konnte ich meinen Sarkasmus nur schwer im Zaum halten.

Eine Frage, die mir häufig gestellt wurde, lautete: »Mr. Bernal, warum wird nicht mehr unternommen, um diesen einzigartigen wild lebenden Delfin besser zu schützen?«

Ich antwortete: »Die Regierung ist über alle Unfälle und medizinisch notwendigen Interventionen informiert worden. Offenbar erkennt man aber noch nicht, wie ernst diese Vorfälle wirklich sind und wie stark sie JoJo gefährden.« Ich biss mir auf die Zunge, um nicht zu sagen: *Die Behörden wissen durchaus Bescheid. Sie wollen nur einfach nichts tun.*

Es erschienen entsprechende Artikel, an der Untätigkeit der Regierung aber änderte sich nichts.

Auch wenn es mir mitunter aussichtslos erschien, wurde ich nicht müde, die Zuständigen darauf aufmerksam zu machen, dass die Wasserskizone in einem Gebiet, das Delfinen zur Futtersuche, zur Kommunikation und als Ruhebereich diente, ein untragbares Gefahrenpotenzial darstellte. Es gab in dieser Gegend außer JoJo noch andere Delfine, die natürlich ebenfalls bedroht waren. Außerdem sagte ich mir, dass alles, was die Walartigen bedroht, sicher auch für Menschen ein Risiko darstellt.

»Vielleicht kann man ja irgendwo anders eine Wasserskizone ausweisen«, schlug ich vor, »dann würde Providenciales trotzdem für Wasserskifahrer attraktiv bleiben.«

Die stereotype Antwort, falls überhaupt eine kam, lautete: nein.

Als bestallter Wärter konnte ich schließlich doch ein wenig mehr erreichen. Manche Regierungsbeamte fingen an, vom Gewässerschutz um die Turks und Caicos zumindest zu reden. Doch das genügte nicht.

Nachts schrieb ich Briefe oder beantwortete die in stetig steigender Zahl eingehenden E-Mails – und fragte mich dabei immer wieder, ob das JoJo-Projekt überhaupt Fortschritte machte. Kaum war das Schiffchen ein paar Meter weitergekommen, wurde es auch schon wieder von einem Brecher zurückgeworfen. Ich sprach sogar beim Wasserskibetrieb vor und ersuchte darum, die Boote zumindest mit einem Schraubenschutz zu versehen. Man scheute die Kosten. Da kaufte ich selbst die erforderliche Anzahl von Schraubenschutzbügeln und schenkte sie dem Betreiber.

Sie brachten sie nicht an. Sie lachten nur.

Mir war natürlich auch klar, dass ein Schraubenschutz nur wirksam war, wenn das Boot langsam fuhr. Bei hoher Geschwindigkeit würde es in jedem Fall zu schweren Verletzungen kommen, mit oder ohne Schraubenschutz. Es ging mir dabei nur darum, das zu diesem Zeitpunkt mögliche Mindestmaß an Vorsorge zu treffen, und wenn ich JoJo damit auch nur einen einzigen Unfall ersparen konnte, war es mir den Aufwand wert.

Zum Stein des öffentlichen Anstoßes wurde die Sache erst, als ein Artikel des Journalisten Michael Friedel weltweit in dreizehn Umweltmagazinen erschien. Doch einerlei, wie viele Artikel in *Geo* und vielen anderen Magazinen erschienen, meine Bitte, wenigstens die Schraubenschutzbügel anzubringen, wurde weiterhin abschlägig beschieden.

Mehr noch. Weil ich es gewagt hatte, den Mund aufzumachen, wurde ich aus dem Wasserskibetrieb und gleich auch aus dem Ferienhotel verbannt. Sie setzten mich sogar auf eine Schwarze Liste, die mich weltweit in allen mit ihnen verbundenen Unternehmen zur *persona non grata* machte. Und als wäre das noch nicht genug, weigerte sich der Betreiber des Wasserskibetriebes auch, die für jeden Schraubenschutz ausgegebenen dreihundert Dollar irgendwie sinnvoll zu nutzen, und gab stattdessen lieber vierhundert Dollar die Stunde für einen Anwalt aus, der ihn aus der Sache herauspauken sollte. Wie man so borniert sein kann, ist mir bis heute unbegreiflich.

Es war der Beginn eines kostspieligen Kampfes, der globale Dimensionen annehmen und erhebliche Auswirkungen haben sollte.

Nun war es eine Sache, den Anstoß zu einer weltumspannenden Kampagne zu geben; sie jetzt aber auch zu einem guten Ausgang zu bringen, war eine ganz andere.

Ich habe in JoJo immer nicht nur einen guten Freund und Gefährten gesehen, sondern zugleich ein Beispiel dafür, was wir mit unserer Umwelt und folglich mit uns selbst machen. Nichts, was wir der Natur antun, bleibt je lokal beschränkt. Wir mögen uns einbilden, mit unserem blauen Planeten als

Ganzem hätten wir nicht viel zu tun, aber das ist ein Irrglaube. Alles, was wir an einer bestimmten Stelle tun, wirkt sich irgendwo anders aus – und fällt auf uns zurück.

Was JoJo zustieß, konnte auch einem Menschen zustoßen. Und genau das geschah.

Frendy, ein Bewohner der Insel, schnorchelte gern in den Gewässern von Grace Bay. Eines Tages bestaunte er wieder einmal die Farbenpracht unter Wasser, als ihm ein Korallengebilde ins Auge fiel. Er tauchte hinab und sah sich alles genau an, und als er zum Luftholen auftauchen wollte, wurde er von einem Wasserskiboot angefahren. Zuerst drückte ihn der Rumpf unter Wasser, dann traf ihn der Motorarm und zuletzt kam er auch noch in die Schraube.

Frendy war übel zugerichtet. Der Rettungshubschrauber holte ihn ab, und er wurde schließlich nach Miami geflogen, wo er Wochen brauchte, um sich von seinen Verletzungen zu erholen. Er hatte genau dieselben Abschürfungen und parallelen Schnitte am Körper, die ich von JoJo nur allzu gut kannte. Und dabei wäre es so leicht zu verhindern gewesen.

Frendy wird ein Leben lang unter den Folgen des Unfalls leiden – körperlich wie seelisch.

Nun hätte man nach diesem schrecklichen Unfall und vielen weiteren Beinahetragödien doch eigentlich denken sollen, dass sich der Betreiber des Wasserskibetriebes etwas einfallen ließ. Aber nein, trotz vieler Beschwerden bestand immer noch keine Bereitschaft, das Geschäft umzusiedeln oder auch nur die Schutzbügel anzubringen.

»Ihr bekommt den Schraubenschutz doch gratis«, sagte ich. »Ihr braucht ihn nur noch anzubringen, was hält euch davon ab?«

Doch meine Worte wurden einfach ignoriert, sie waren nicht mehr als Sand unter den Füßen des Herrn Geschäftsführers.

Genauso schwierig war es, die Regierung davon zu überzeugen, dass es sich bei der als Wasserskigebiet ausgewiesenen Zone nach wie vor um einen Bereich handelte, den die Delfine aufsuchten, um Nahrung zu finden und sich auszuruhen. Als das Wasserskigebiet seinerzeit ausgewiesen wurde, war von möglichen Auswirkungen auf die Meeresfauna leider noch überhaupt nicht die Rede. Um genau zu sein: Studien über die Auswirkungen menschlicher Aktivitäten auf die Umwelt gab es damals im ganzen Land noch nicht; folglich lagen auch keinerlei Kriterien vor, nach denen man die Umweltverträglichkeit des Wasserskibetriebes hätte einschätzen können.

In der Hoffnung, die inzwischen zugunsten der Meeressäuger geänderte Gesetzeslage ausnutzen zu können, sprach ich von JoJo als einem »Meeressäugetier, das sich schon immer häufig in der Bucht aufhält«. Das änderte freilich nichts an den zahlreichen Verletzungen, die er erlitten hatte – oder an der Tatsache, dass die frühere Population von Delfinen inzwischen vertrieben worden war.

Das Leben beginnt nicht mit unserer Geburt – auch wenn sich das einem meistens erst erschließt, wenn man alt genug ist, um die Veränderungen in der Welt erkennen zu können. Wir sind miteinander und mit allem verbunden und für alles vor und nach unserer Erdenzeit mitverantwortlich. Leider stellen viele Menschen diese Verbindung überhaupt nicht her, nicht einmal im sogenannten Erwachsenenalter. Daran wird es wohl liegen, dass so viele von uns sich nicht für die Welt und füreinander verantwortlich fühlen. Aber diejenigen, die mitfühlen, leben ihr Mitgefühl einfach und erklären es nicht groß.

Man sollte eigentlich meinen, dass Frendys Verletzungen die Verantwortlichen endlich aufgerüttelt hätten. Aber nein, der Unfall wurde einfach totgeschwiegen. Wo blieb da das Mitgefühl? Aufgrund meiner zahlreichen Petitionen wusste die Regierung natürlich um die Risiken des Wasserskibetriebs, agieren aber konnte sie nur innerhalb des für den National- park geltenden rechtlichen Rahmens. Und dafür war sinniger- weise eben das Ressort zuständig, das die Wasserskizone sei- nerzeit ausgewiesen hatte.

Immerhin, die Regierung ließ zögernd erkennen, dass sie sich der Gefahren für Mensch und Tier allmählich bewusst wurde. Jetzt mussten nur noch die Gesetzesmühlen mahlen, und das würde seine Zeit brauchen, aber wenigstens war Be- wegung in die Sache gekommen.

Ich kann sehr weite Strecken schwimmen, wirklich, aber manchmal muss auch ich innehalten. Dann trete ich Wasser, um nicht unterzugehen. Ich bin erschöpft, warte, dass sich Körper und Lunge mit neuer Energie füllen, während unter mir im tiefen Blau vielleicht die Haie lauern. Ich fühle mich dann angreifbar, möchte, dass meine Arme schnell wieder zu Kräften kommen, damit ich weiterschwimmen kann. Diese Zeit des Wartens kann der Moment sein, in dem sich das Schicksal wendet. Dann heißt es: weiterschwimmen oder un- tergehen.

Im Ausland gab es Unterstützer unserer Kampagne, die mit meiner abwartenden Wassertret-Strategie nicht einverstanden waren. Sie fanden das bürokratische Verfahren, mit dem JoJo vor Wasserskiunfällen geschützt werden sollte, viel zu lang- atmig. Ein achselzuckendes Nicken meinerseits genügte, um sie in Aktion treten zu lassen. Da ein Mitglied unserer Regie- rung ständig die Antworten auf meine Schreiben verschleppte, ging ein Teil jener Gruppe von Unterstützern dazu über, die Regierung systematisch mit Briefen einzudecken.

Daraufhin ließ sich der zuständige Ressortleiter in der Re- gierung der Turks- und Caicosinseln tatsächlich zu einer Ant- wort bewegen. Darin teilte er allerdings nicht viel mehr mit, als dass er die Briefflut »völlig überzogen und geschmacklos«

fand. Dies wiederum feuerte die Kampagne dieser speziellen Gruppe eher noch an. Ich lehnte mich bequem zurück und legte die Hände in den Schoß. Offenbar hatte ich Anstöße genug gegeben. Jetzt konnte ich einfach zuschauen.

Sie schrieben einen Antwortbrief, in dem es hieß: »Für Tausende von Menschen auf der ganzen Welt besteht die eigentliche Geschmacklosigkeit in der Gleichgültigkeit, mit der die Regierung der Turks und Caicos über das Wohlergehen ihres nationalen Kulturguts hinweggeht.«

Von dieser Gruppe ging dann auch die Initiative aus, Reiseagenturen, Wildlife-Organisationen und die Öffentlichkeit anzusprechen, um nicht nur den Wasserskisport auf den Turks- und Caicosinseln zu boykottieren, sondern den Tourismus überhaupt.

Das nun war ein Frontalangriff auf die Regierung, der ich als Nationalparkwärter letztlich unterstellt war und die sich ja auch bereits um eine Lösung bemühte. Ich hielt den vorpreschenden Aktivisten entgegen, dass bereits an einer Umsiedlung des Wasserskibetriebs gearbeitet wurde, wenngleich auf dem etwas langwierigen Weg der Gesetzgebung. Aber hier wurde die gesamte Tourismusbranche angegriffen, die Hotels und das örtliche Geschäftsleben, ohne zu unterscheiden, wer die Unterbindung des Wasserskisports in Grace Bay befürwortete und wer nicht.

Ich bemühte mich um Vermittlung. Einerseits würde es ohne einen gewissen wirtschaftlichen Druck vielleicht nie zu einem effektiven Schutz von JoJo kommen. Andererseits bestand die Gefahr, dass sogar das bereits Erreichte wieder zunichte gemacht würde, wenn dieser Druck zu sehr erhöht wurde. Dass aber die ganze Arbeit, die ich bereits geleistet hatte, umsonst war, durfte ich nicht zulassen.

Deshalb musste ich die Heißsporne der Kampagne dazu bewegen, einige ihrer Aktionen zurückzufahren, um den Fortschritt nicht insgesamt zu gefährden. Es kam darauf an, ganz gezielt den Wasserskibetrieb unter Druck zu setzen.

Dabei gehörten diese Mitstreiter noch zu meinen geringsten Sorgen. Im Hintergrund waren finstere Mächte ganz anderer Art am Werk. Das Vorgehen des Wasserskiunternehmers erinnerte mich an die Verhaltensweisen eines höchst verschlagenen Raubtiers. Ich hatte immer das Gefühl, mich gerade so über Wasser halten zu können, unter mir ein dunkler Abgrund voller Haie, die nur darauf warteten, dass ich einmal nicht aufpasste.

Er ließ sich etwas besonders Schlaues einfallen und bot die Wasserskikonzession einem Einheimischen an, der damit zum Inhaber eines profitablen, für ihn und seine Familie Wohlstand versprechenden Unternehmens werden würde. Jetzt stand ich auf einmal als derjenige da, der den Einheimischen ihre Geschäfte verderben wollte, und das hatte verheerende Folgen. Einer der am Erwerb der Konzession Interessierten schwärzte mich bei der Regierung an und schlug vor, mich des Landes zu verweisen, da ich mich gegen den wirtschaftlichen Fortschritt im Allgemeinen und die finanzielle Sicherheit der Bewohner im Besonderen stellte.

Allerlei Gedanken gingen mir durch den Kopf. Würden sie mir jetzt den Wärterposten wegnehmen? Mein Haus? Würde ich nachts Opfer von Vandalismus werden? Als sich das Gerücht auf der ganzen Insel verbreitet hatte, wurde es brenzlig. Lächeln wich finsteren Mienen. Der Rückhalt, den ich bislang in der Bevölkerung gehabt hatte, brach weg. Ich musste ständig auf der Hut sein. Eine üble Schmutzkampagne rollte auf mich zu.

Mein einziger Trost waren die Inselkinder. Sie wollten nur JoJo sehen und verstanden nichts von Politik. Das Miteinander in der Schule und mit JoJo blieb so schön wie immer. Wenigstens das.

Dem Wasserskiunternehmer aber waren Schläue und Kreativität nicht abzusprechen. Was er sich alles einfallen ließ, um meine Aktivitäten zu untergraben … Darauf musste man erst mal kommen. Mitunter fühlte ich mich wie ein kleiner Fisch, der es mit einem Hammerhai zu tun hatte.

Dann erschien in der Lokalzeitung ein Leserbrief von mir, in dem ich zum Boykott der Hersteller von Wasserskibooten und Bootsmotoren sowie aller Geschäfte aufrief, die mit der Vermarktung des Wasserskibetriebs in Grace Bay zu tun hatten. Dies wiederum ließ Gerüchte entstehen, die meine guten Absichten infrage stellten. Manche davon taten richtig weh.

Einige sagten: »Der schlägt doch sicher persönlich irgendeinen Profit daraus.« Andere beließen es bei einem schlichten »Dean spinnt einfach«.

Ich wusste aber auch, dass sie allmählich Bammel bekamen. Auf Dauer konnte das Image der direkt oder mittelbar am Wasserskibetrieb beteiligten Firmen von Negativschlagzeilen nicht unberührt bleiben – schon gar nicht, wenn es dabei um die Gefährdung der Tierwelt ging. Als Zielscheibe einer internationalen Ökoschutzkampagne wurden die Boots-, Ski- und Ausrüstungshersteller gar nicht gern genannt.

Jetzt kam es darauf an, logisch und vor allem strategisch zu denken. Ich war am Zug, musste aber äußerst umsichtig vorgehen, denn schließlich ging es ja um JoJo.

Ich informierte die Regierung über den Stand der Dinge und regte an, JoJo in dieser Zeit vom Fischereiministerium besonders gut beobachten zu lassen. Der Schutz des Delfins hatte Vorrang vor allem anderen. Ich wusste, dass jetzt schnell eine Lösung gefunden werden musste. Und dazu brauchte ich einen klaren, präzisen Plan.

Wieder einmal hieß es: schwimmen oder untergehen.

Zahlreiche Berichte in Naturzeitschriften und anderswo hatten das Problem des Wasserskibetriebs zwar ins öffentliche

Bewusstsein gehoben, weltweite Aufmerksamkeit aber bekam es erst durch den IMAX-Film *Delfine*.

Die Dreharbeiten zu diesem Dokumentarfilm, in dem auch JoJo und ich vorkommen, sollten auf den Turks beginnen. Der fertige Film war dann überall auf der Welt zu sehen, wo es Vorführeinrichtungen für dieses Breitwandformat gab. Die Dokumentation zeigte die ganze Schönheit der Verbundenheit von JoJo und mir, die nicht nur mein Leben bereichert hatte, sondern auch das aller anderen, denen es vergönnt war, Zeuge dieses meerblauen Reigens der Liebe zu werden.

An die Filmarbeiten erinnere ich mich noch gut. Und wie sich zeigte, sollte *Delfine* kein gewöhnlicher Naturfilm werden, sondern wandte sich an ein im Umwelt- und Naturschutz engagiertes Publikum, das sich für Fakten ebenso interessierte wie für die Schönheiten der Natur und für Abenteuer. Ich wurde schnell warm mit dem Regisseur und der Crew, die JoJo und mich behandelten, als würden wir zur Familie gehören. Die technische Ausrüstung war schwer und unhandlich, aber alle Beteiligten schienen so viel Freude an ihrer Arbeit zu haben, dass das Bugsieren der über zwei Zentner schweren Riesenkamera ganz leicht aussah.

Diese Kamera trug den Spitznamen Miss Piggy und besaß ein Objektiv, das an ein Bullauge erinnerte. JoJo fand das Frontglas dieses Objektivs überaus faszinierend und bewunderte sich bei jeder Gelegenheit darin, sehr zum Vergnügen des Kameramanns und der übrigen Crewmitglieder, die JoJos ulkiges Gehabe immer wieder köstlich fanden.

Unsere Sequenz im Film lieferte ein lebensechtes und intimes Porträt meiner Beziehung zu diesem wilden Delfin. Als Kontrast wurde ein Boot gezeigt, das mit rasender Geschwindigkeit an uns vorbeijagte. Schließlich dokumentiert der Film auch all die Narben, die JoJo von seinen vielen Verletzungen durch Bootsschrauben geblieben waren.

Meiner Meinung nach ist Regisseur Greg MacGillivray mit dem Abschnitt über JoJo die schönste und bewegendste Sequenz des ganzen Films gelungen, jedenfalls sprach sie das mitfühlende Interesse der Zuschauer sehr direkt an. Immer wieder bekam ich zu hören, wie viel Sympathie für JoJo dieser Ausschnitt geweckt hatte. Die Menschen bekamen wirklich ein Gespür dafür, welche Gefahr der Bootsverkehr für ein vertrauensvolles Tier wie JoJo darstellte.

Der Film offenbarte so viel von JoJos Wesen, und jeder, der das vor dem Hintergrund einer Politik sah, die dem Delfin einen sicheren Lebensraum verweigern wollte, fühlte sich veranlasst, etwas zu unternehmen. Eines Tages rief mich der Chefredakteur der Sendung *World News Tonight* an.

Mit klarer Nachrichtensprecherstimme sagte er: »Wir bekommen aufgrund des Delfin-Films so viele Anfragen, dass ich beschlossen habe, eine Folge meiner Sonderserie ›Lives of the 21st Century‹ mit Dean und JoJo zu bestreiten.«

Ich war begeistert. Endlich wurde die Welt auf JoJos Lage aufmerksam. Und sehr spannend fand ich es dann, zum Sendetermin den Hörer abzunehmen und zu sagen: »Hallo, Peter Jennings, hier sind Dean und JoJo.« Ich wusste, dass meine Worte ein riesiges Publikum haben würden. Und dankenswerterweise konzentrierte sich das Gespräch dann wirklich vorwiegend auf das Thema, das mir wichtig war: auf JoJos Gefährdung durch den Wasserskisport und auf die Verletzungen, die er bereits davongetragen hatte.

Die Sendung fand ein gewaltiges Echo. Es dauerte nicht lange, bis ich täglich an die tausend E-Mails von besorgten Menschen aus der ganzen Welt bekam, die unser Anliegen ohne Wenn und Aber unterstützten. Ich schickte alle an die Regierung weiter, bis nichts mehr angenommen wurde – »wegen Überlastung«, wie es hieß. Kein Zweifel, der Druck der Öffentlichkeit zu unseren Gunsten nahm drastisch zu.

Leider wurde JoJo nicht lange nach dieser Sendung erneut ernsthaft verletzt. Ein Augenzeuge sagte mit großer Bestimmtheit, JoJo sei von einem Boot des Wasserskibetriebs gerammt worden, was aber dort ebenso entschieden bestritten wurde. Am Wochenende seien die Boote gar nicht unterwegs, hieß es.

Die Ausrede verfing nicht, denn an den Wochenenden davor und danach hatten sie nachweislich Wasserskikunden angenommen. Daraufhin wurde die Geschichte schnell umgedichtet, und jetzt hieß es, alle Boote seien den ganzen Tag am Anleger vertäut gewesen, weil notwendige Reparaturen vorgenommen werden mussten. Das war eigentlich schon ein Schuldeingeständnis, denn die Boote blieben nie über Nacht am Anleger liegen.

Zeugen konnte den Zeitpunkt des Unfalls genau angeben, und es war natürlich die Zeit, in der die Boote alle Tage vom Anleger an ihre Bojenplätze verlegt wurden, weil sie dort sicherer waren. Es war außerdem die Zeit, in der Testfahrten gemacht wurden und die Angestellten ein bisschen Wasserski fahren konnten. Solche Testfahrten finden immer am Abend statt, denn am Morgen müssen die Boote ja wieder für den normalen Betrieb zur Verfügung stehen. Nun, wer auch immer JoJos Unfall verursacht hatte, den Bootsführern persönlich machte ich keinen Vorwurf; in den meisten Fällen merkten sie es wahrscheinlich nicht einmal, wenn die Bootsschraube mit einem Delfin kollidierte.

Den Betonköpfen in der Geschäftsleitung warf ich es allerdings durchaus vor. Warum ließen sie nicht endlich Vernunft walten? War es wirklich eine so große Sache, den Sitz ihres Geschäftsbetriebs ein paar Kilometer zu verlegen?

Die Spannung stieg. Die Kampagne lief und ein paar Radikale taten des Guten zu viel. Die Wasserskibootsführer fingen an, sich gegenseitig die Schuld in die Schuhe zu schieben. Es kam zu Unaufrichtigkeiten und Unstimmigkeiten, die der Sache alles andere als dienlich waren. Die Radikalen innerhalb der Kampagne schenkten den Tier- und Naturschützern und der Öffentlichkeit keinen reinen Wein ein; um der Sensation willen erfanden sie Geschichten, die nicht der Realität entsprachen. Dann behauptete das Wasserskiunternehmen irgendwann, die Schraubenschutzbügel seien endlich angebracht worden – was aber gar nicht stimmte. Für die Öffentlichkeit war das alles ein heilloses Durcheinander. Aber das war wohl auch so beabsichtigt.

Außerdem hatte man ja längst einen Sündenbock gefunden. Man sagte mir nach, ich führe einen persönlichen Rachefeldzug gegen den Inhaber des Wasserskibetriebs; das sei der wahre Hintergrund meines Kampfes für JoJo. Nach allem, was ich im Laufe der Jahre investiert hatte, muss ich schon sagen, dass mich diese Unterstellung sehr kränkte. Und auch ärgerte. Aber im Grunde zeigte es nur, wozu gewisse Kreise alles fähig sind, wenn es darum geht, legitime Naturschutzinteressen zu torpedieren. Und zu denen gehört es doch wohl, wenn ein Delfin ständig von Wasserskibooten angefahren wird, oder etwa nicht?

Aber JoJos Leben wurde durchaus auch ganz direkt bedroht.

»Wenn es anders nicht geht«, sagte einer der Leiter des Wasserskibetriebs mir gegenüber und formte seine Finger zu einer Pistole, »lässt sich das Problem auch auf natürlichem Wege regeln. Mit dem Tod dieses Delfins wäre jeder Streit beigelegt. Allerdings würde sich dadurch wohl auch in Ihrem Leben einiges ändern.«

Ich neige überhaupt nicht zu Gewalttätigkeiten, in diesem Fall aber musste ich doch ein paar Mal tief durchatmen, um dem Typen nicht einfach eine Ohrfeige zu geben. Natürlich war mir klar, dass das der Sache auch nicht eben förderlich wäre. Es hieße nur, Wasser auf die Mühlen dieses Kerls zu gießen. Also drehte ich mich wortlos um und ging, um mich wieder ganz auf die Kampagne zu konzentrieren.

Und selbst die stand selbstverständlich immer hinter dem allerwichtigsten Punkt zurück: der Behandlung von JoJos Verletzungen.

In dem Film *Delfine* heißt es dazu aus dem Off: »Manche dieser Verletzungen hätten auch tödlich sein können. Dean lenkte JoJo dann ins flache Wasser, wo er seine Wunden behandelte und notfalls auch Antibiotika anwendete. Ohne ein sehr starkes Band des Vertrauens zwischen den beiden wären diese teils recht schmerzhaften Behandlungen nicht möglich gewesen.«

Den Sinn meines Tuns verstanden doch so viele – warum also ausgerechnet die Verantwortlichen in diesem Wasserskibetrieb nicht?

Als sich JoJo so weit von seinen jüngsten Verletzungen erholt hatte, dass ich ihn in die Obhut guter Freunde geben konnte, verließ ich die Insel, um die Kampagne weiter voranzutreiben – und auch, um eine Zeit lang aus der Schusslinie zu sein.

Im Rahmen einer Vortragsreihe zu dem Delfinfilm konnte ich die Öffentlichkeit und die Medien weiter über JoJos verzweifelte Lage informieren. Die Kampagne war jetzt nicht mehr aufzuhalten. Es gelang uns, immer weitere Kreise auf die Gefahren, unter denen JoJo lebte, aufmerksam zu machen. Bald würde sich das Blatt wenden.

Als ich erfuhr, dass das weltweit operierende Wasserskiunternehmen und die mit ihm verbundenen Ferienhotels schwere finanzielle Verluste erlitten hatten, konnte ich mir ein Schmunzeln nicht verkneifen.

Als Greg MacGillivrays Film in Hollywood uraufgeführt wurde, waren Pierce Brosnan, Jane Goodall, Ted Danson, Bob Talbot und Sting dabei. JoJo gewann neue Freunde und sicherte sich die anhaltende Unterstützung durch alte Freunde wie Robin Williams und Jean-Michel Cousteau. Die Sequenz mit JoJo geriet dadurch in den Mittelpunkt des Medieninteresses. In immer mehr Zeitungen, Zeitschriften, Radio- und Fernsehsendungen, Vorträgen und Talkshows wurde über unsere Kampagne berichtet, ganz zu schweigen von Internetforen und Briefaktionen.

Wieder zu Hause, fand ich einen ganzen Stapel Post vor. Bei vielen der Briefe handelte es sich um Kopien von Boykottaufrufen gegen das Wasserskiunternehmen und seine Hotels überall auf der Welt. Auch an den Gouverneur der Turks- und Caicosinseln waren etliche solcher Briefe gegangen, die einen touristischen Boykott ankündigten. Dieser sprach sich daraufhin für ein Verbot des Wasserskibetriebs aus, fügte jedoch hinzu, dass er nur in Abstimmung mit dem gesamten Regierungsapparat handeln könne.

Es ist wie mit Yin und Yang – immer kommt es zu einem Ausgleich. Bei mir nahm er die Form eines Schreibens an, das mir gleich ins Auge fiel, weil es den Briefkopf des Wasserskiunternehmens trug. Autor war ein gewisser Herr Santiago, der in der Zentrale der Firma in Miami arbeitete. Er hatte diesen Brief per E-Mail an sämtliche Computer innerhalb des Firmennetzwerks und an alle angeschlossenen Betriebe versandt. Er hatte es für nötig befunden, alle Angestellten, Buchungsagenturen, Reisepartner, Fluglinien und Lieferanten über den Wasserskistreit zu unterrichten. Sie alle ließ er wissen, dass eine weltweite Kampagne gegen das Unternehmen angelaufen war. Und zwar seiner Ansicht nach vollkommen zu Recht.

Santiago hatte einmal als Angestellter auf der Insel gearbeitet und wusste – wie viele andere, die ebenfalls hier gearbeitet hatten –, dass seine Firma ganz schlecht dastehen würde, sollte das Problem der Bootszusammenstöße mit JoJo je einer breiten Öffentlichkeit bekannt werden. Er schrieb, dass er um meine Arbeit mit JoJo wusste, und forderte jeden auf, Stellung zu beziehen und der Firmenleitung mitzuteilen, was er über den Wasserskibetrieb und dessen Image dachte. Die meisten der Angesprochenen wussten ebenfalls von JoJo, schließlich hatte ihn die Firma jahrelang als besondere Attraktion vermarktet.

Es war schon merkwürdig: Ständig brachten sie genau das Tier in Lebensgefahr, dem sie die ganzen Touristenströme überhaupt zu verdanken hatten.

Bald trafen viele wunderbare Briefe von Angestellten der Firma ein, die den Boykott unterstützten. Etliche hatten sogar direkt für den Wasserskibetrieb gearbeitet und bestätigten, dass viele von JoJos Verletzungen auf das Konto der Wasserskiboote gingen. Jetzt hatte ich sie!

Santiago wurde entlassen, weil er es gewagt hatte, den Mitarbeitern, die bis dahin nur die Verlautbarungen der Firmenleitung kannten, reinen Wein einzuschenken. Jetzt mussten sich die leitenden Herren ihren eigenen Angestellten stellen und ihr moralisches Versagen in dieser wichtigen Angelegenheit erklären. Mit bewussten Täuschungsmanövern hatte die Firmenleitung jahrelang die Arbeit ihrer eigenen Leute sabotiert, die sich überall in der Welt um einen Ausgleich zwischen den Interessen des Unternehmens und dem Naturschutz bemühten.

Weltweit auf der Schwarzen Liste dieses Unternehmens zu stehen erfüllt mich durchaus mit einem gewissen Stolz, aber irgendwie ist es ja auch ein Witz, dass ausgerechnet eine Firma, die so viel Wert auf eine weiße Öko-Weste legt, einen Verfechter des Umweltschutzes auf ihre Schwarze Liste setzt. Doch damit schadet sie sich letztlich nur selbst.

Mit der Premiere des Delfinfilms in vielen Großstädten gewann die Kampagne noch mehr internationales Gewicht. Die Presse berichtete über das Delfinproblem und JoJos Nöte, und der weltweite Boykott traf auf immer mehr Zustimmung. Der

Wasserskibetrieb bekam die wachsende Entrüstung über die Uneinsichtigkeit der Geschäftsleitung zunehmend deutlich zu spüren.

Doch erst als die Umsätze einbrachen, bequemte sich der stellvertretende Geschäftsführer, eine Pressemitteilung herauszugeben, in der es hieß, man sei so sehr auf JoJos Wohlergehen bedacht, dass man den Wasserskibetrieb in Grace Bay einstellen werde. Dass es nur unter hohem Druck durch eine internationale Kampagne und erst aufgrund deutlicher finanzieller Verluste geschah, ließ er unerwähnt. Na ja, vielleicht wusste er nichts davon. Oder sollte es ihm etwa peinlich gewesen sein?

Dank JoJo ist es heute in Grace Bay nicht nur für die Menschen, sondern auch für alle anderen Lebewesen sicherer, weil der Wasserskisport und das Jetbootfahren im Nationalpark nicht mehr erlaubt sind. Wer heute an den wunderschönen Stränden spazieren geht, den weißen Sand und das türkisblaue Wasser genießt, der wird den Frieden dieses geschützten Lebensraums sicher zu schätzen wissen.

Da Mensch und Delfin jetzt sorglos in der Gegend leben können, wird sich eines Tages vielleicht auch wieder eine Delfinschule hier ansiedeln. Es wäre eine weitere Gelegenheit für Mensch und Tier, sich in Blasenringen von Licht und Frieden zu begegnen.

Eines aber ist sicher: Diesen Sieg der Natur über die Maschine haben wir JoJo zu verdanken. Und unserem Wissen um seine wahre Bedeutung.

Letzte Kämpfe

Eine der einprägsamsten und extremsten Situationen, die ich je erlebt habe, ist auf Video dokumentiert. Das Ministerium für Naturschutz hatte mich gebeten, die Filmcrew zu begleiten, die auf die Insel kommen würde, um den Taucher Jacques Mayol beim Tauchen mit JoJo zu filmen. Dieser Film, *Im Rausch der Tiefe – The Big Blue*, erzählt von Mayols Laufbahn als Freitaucher (ohne Atemgerät) und von seinen besonderen Techniken.

Mayol stimmte sich mit Yoga, Delfinbeobachtung und fernöstlicher Philosophie auf seine extremen Tauchgänge ein, um die physischen Grenzen dessen zu sprengen, was andere bereits erreicht hatten. Diese Methoden wollte ich auch gern lernen. In seinem Buch *Homo Delphinus – The Dolphin within Man* schreibt Mayol, der Mensch könne vielleicht zu seinem Ursprung im Wasser zurückfinden, wenn er nur die in der Tiefe seiner Psyche schlummernden geistig-spirituellen Kräfte und physiologischen Möglichkeiten wecken würde.

Es war Mayols Traum, zusammen mit einem wilden Delfin auf seine Rekordtiefe zu tauchen und das Ganze auf Film zu bannen. Da JoJo und ich auch schon beträchtliche Tiefen erreicht hatten, setzte mich das Ministerium als Berater ein. Ich sollte nicht nur für die Sicherheit des Delfins sorgen, sondern darüber hinaus auch das Filmteam und Mayol selbst bei den

Dreharbeiten über JoJos Verhalten und sein Temperament aufklären.

Ich hätte mich ewig mit Mayol über JoJo und unsere unglaublichen Abenteuer unterhalten können. Hier bot sich mir die einmalige Chance, von einem Mann zu lernen, der das Meer wirklich liebte und beherrschte. Als er mir seine Techniken des Freitauchens erklärte, war ich ganz Ohr. Wie konnte er durch Meditation so viel CO_2 aus seinem Blutstrom lösen und dann langsam die Lunge mit Luft füllen? Waren da physikalische Gegebenheiten im Spiel, etwa die starke Kompression der Lunge in der Tiefe? Oder auch der Umstand, dass die Herzfrequenz in größerer Tiefe natürlicherweise abnimmt?

Eines Tages, dachte ich, würde ich diese Techniken nutzen können, um mir mit JoJo an meiner Seite ganz neue Dimensionen zu erschließen.

Bevor wir zur Abbruchkante des Inselsockels hinausfuhren, um alles für die Aufnahme von Mayols Tauchgängen zu installieren, mussten wir erst einmal herausfinden, ob JoJo überhaupt Lust auf eine solche Exkursion hatte. Er stellte sich an unserem üblichen Treffpunkt ein, und ich rief ihn zum Boot. Ich sprang nur für ein paar Minuten zu ihm ins Wasser und kletterte dann wieder an Bord, da es für JoJo ja nichts Ungewöhnliches war, zum gemeinsamen Schwimmen und Spielen auch einem Boot zu folgen.

Zum Drehort waren es zwar ein paar Stunden, aber ich wusste ja, dass JoJo durchaus in der Lage war, von Providenciales nach Pine Cay zu schwimmen, ob nun allein oder in Begleitung eines Bootes. Solange er nicht müde wurde, konnte er einem Boot sogar bis nach North Caicos folgen. Ich habe einmal festgestellt, dass JoJo unermüdlich mithalten kann, solange er mindestens einmal alle vierzig Sekunden zum Atmen auftaucht. Wurden die Intervalle länger, musste er schließlich zurückfallen und sich ausruhen. So war es also wichtig, uns vor längeren Fahrten erst einmal zu vergewissern, dass er sich wohl fühlte. An diesem Tag aber sah alles gut aus.

Als wir das fußballfeldgroße Tauchgebiet vor Pine Cay erreichten, wurde das Boot so festgemacht, dass das Heck über die Abbruchkante des Inselsockels hinausragte. Hier im ruhigen, azurblauen und kristallklaren Wasser waren die Bedingungen für das Tieftauchen ideal. Da JoJo und ich schon über viel Taucherfahrung verfügten, musste er jetzt nur noch mit der Filmausrüstung und mit Mayol vertraut gemacht werden. Danach würden sie hoffentlich gemeinsam die Tiefe erkunden können.

Die Tauchausrüstung bestand aus einem Kabel, auf dem ein Schlitten lief, der den Taucher in die blaue Tiefe tragen würde. Unten am Kabel, irgendwo tief im Unsichtbaren, hingen schwere Gewichte, die es straff hielten. Als die Kameraleute so weit waren, folgte JoJo mir das Stahlseil hinunter und Mayol gleich hinterdrein. Für ihn ging hier ein Traum in Erfüllung: mit einem Delfin zusammen in die Tiefe vorzudringen.

Die Filmleute hatten natürlich nur ihr Vorhaben im Sinn und verstanden nicht gleich, dass man erst einmal eine starke Verbindung zu JoJo aufbauen muss. Für den Regisseur und sein Team war es nicht immer leicht einzusehen, dass JoJo einfach spielt, wenn ihm danach zumute ist, ob die Kamera läuft oder nicht. Im Umgang mit Delfinen ist Geduld oberstes Gebot.

Wir konnten JoJo schließlich für das Unternehmen begeistern, und dann folgte er Mayol willig in die Tiefe. Die Filmaufnahmen liefen an, mussten aber immer wieder abgebrochen werden, wenn JoJo das Interesse verlor. Sein Spieltrieb gehörte zu den vielen Dingen, mit denen sich die Filmleute erst anfreunden mussten. Ich beachtete ihr Stöhnen gar nicht, sondern nahm JoJo einfach ein bisschen zur Seite, und wir ließen es uns gut gehen. Am Abend würde mit Sicherheit genügend

Material vorliegen, um daraus die geplanten Szenen zusammenzuschneiden.

Für die Filmleute gab es jetzt noch eine weitere Lektion zu lernen, nämlich die, dass man einen Delfin wie JoJo nach Abschluss der Dreharbeiten nicht einfach sich selbst überlässt und nach Hause fährt. Vielmehr müssen dann alle anderen Bedürfnisse zurückstehen. Und das Einzige, was noch zählt, ist eine Zeit des stillen Miteinanders, in der wir unsere Verbundenheit erneuern und genießen können. Obwohl alle einschließlich Mayol müde waren und sich nach einer warmen Dusche sehnten, beobachteten sie den Mann und den Delfin beim gemeinsamen Schwimmen und Spielen.

»Du warst großartig«, sagte ich zu JoJo. Er schnalzte und pfiff, während er seine Kreise um mich zog.

Die Filmleute sahen ungeduldig und doch auch mit einem gewissen Neid zu, als ich unsere Wiedervereinigung beendete und auf das Boot zuschwamm. Da ahnten sie freilich noch nicht, dass sie sich erst um ihre eigenen Bedürfnisse würden kümmern können, wenn wir ihn wohlbehalten dort abgeliefert hatten, wo wir ihm am Morgen begegnet waren, in seinen vertrauten Heimatgewässern.

Plötzlich schrie jemand, und als ich aufblickte, sah ich mehrere ausgestreckte Zeigefinger. JoJo konnte eigentlich nicht gemeint sein, denn ihn hätte ich gehört. Trotzdem wendete ich den Kopf, um mich zu vergewissern, ob er vielleicht doch war. Aber die Rückenflosse, die da durchs Wasser schnitt, gehörte nicht zu einem Delfin. Es war ein gewaltiger Hammerhai, der schnell auf mich zukam, nur noch ein paar Meter entfernt. Angesichts dieses sicher dreieinhalb Meter langen Ungeheuers mit seinem breiten hammerförmigen Kopf erstarrte ich.

Gleich würde es mich in Stücke reißen, ich sah es schon direkt vor mir. Die Schreckstarre hielt für lange Augenblicke an, in denen mir all die Bilder meiner Begegnungen mit Haien durch den Kopf schossen. Narben hatte ich bei diesen Gelegenheiten reichlich davongetragen. Und überlebt habe ich nur aufgrund der Körperhaltung, die ich bei solchen Begegnungen automatisch einnehme. Wenn ich mit einem Hammerhai konfrontiert bin, gebärde ich mich wie ein Raubfisch und nicht als Beute.

Also versuchte ich auch in dieser Situation, einen kühlen Kopf zu bewahren. Aber der Schreck ließ mich nichts weiter sehen als diese auf mich gerichteten Augen und das zahnbewehrte Maul. In aller Gelassenheit schlängelte sich der gewaltige Leib des Hais auf mich zu. Unaufhaltsam.

Dann war ich plötzlich wieder ganz bei mir und spürte, wie das Leben in meinen erstarrten Körper zurückkehrte. Der Adrenalinstoß spornte das Herz zu rasender Geschwindigkeit an, so stark, als hätte ich wirklich bereits einen Stoß vor die Brust erhalten. Ich machte kehrt und ergriff die Flucht. Anhalten und kämpfen konnte ich später immer noch, wenn es denn sein musste.

Vor langer Zeit war mir einmal ein Tigerhai direkt gegen die Brust geprallt. Ich hatte irgendwie das Gefühl, dass das alles gar nicht sein könne, so unwirklich war es, aber im nächsten Augenblick rammte ich dem Fisch meinen Ellbogen direkt zwischen die Augen. Dann drosch ich ihm auf die Kiemen und setzte ihm nach, bis er sich hastig davonmachte.

Ich war nicht bereit, all den Hollywood-Vorstellungen von Haien das Feld zu überlassen. Schließlich wusste ich ja, dass sie einfach ein Bestandteil dieser Umwelt sind und wie jedes andere Tier die Flucht ergreifen, wenn sie sich bedroht fühlen. Sie sind nicht darauf aus, Menschen zu fressen. Wir schmecken ihnen nicht einmal, solange der Hunger nicht allzu groß ist. Und ganz sicher haben sie keine Lust, sich verprügeln zu lassen.

Aber ich wollte es nicht darauf ankommen lassen. Also betätigte ich meine Flossen mit aller Kraft, um die Entfernung zwischen dem gewaltigen Räuber und mir möglichst schnell zu vergrößern.

Doch kaum hatte ich mich in Richtung Boot gewandt, da rempelte ich auch schon JoJo an, der sich direkt hinter mir postiert hatte, als wäre ich sein Schild. Ich hätte es ihm nicht verdenken können. Er hatte schon einiges mit Haien durchgemacht; mehr als einmal hatte ich ihm Haifischzähne aus der Haut gezupft.

Aber er führte etwas ganz anderes im Schilde. Schon war er vor mir und ging direkt auf den Hai los, der mich mittlerweile beinahe erreicht hatte. Mit einer flinken Bewegung setzte er sich über den Hai und drückte ihm den Schnabel auf den Rücken, und zwar mit solcher Gewalt, dass er ihm den Kopf in die Tiefe drückte, wobei mir die raue Haifischhaut beide Unterschenkel aufschürfte. Die Haut war wirklich wie Sandpapier, und schon wurden die Knie rot und fingen an zu bluten.

Das Salzwasser tat ein Übriges; die Abschürfungen brannten wie Feuer. Das löste aber auch in mir einen neuen Impuls aus.

JoJos Einschreiten hatte meiner Panik ein Ende bereitet, und jetzt hatte ich nur noch einen Gedanken.

Blitzartig schwamm ich zum Boot und schrie: »Schnell, eine Videokamera!«, während ich mich an der Plattform festhielt. Etliche Hände packten mich, um mich an Bord zu ziehen. »Nein!«, brüllte ich, nahm einem der Taucher einfach die Kamera weg und riss mich los. Diese Begegnung zwischen JoJo und dem Hammerhai musste einfach gefilmt werden! Die Filmleute hatten natürlich keine Ahnung, was das alles sollte, sie sahen mich wahrscheinlich schon samt Kamera in diesem riesigen Rachen verschwinden.

Mit laufender Kamera schwamm ich auf die beiden Meeresbewohner zu und verfolgte staunend ihren Tanz. JoJo ließ den Hai ganz nah heran, um sich dann wieder mit einer blitzschnellen Wendung über ihn zu setzen und ihm mit dem Schnabel ordentlich eins aufs Dach zu geben. Daraufhin musste der Hai nach unten ausweichen, JoJo folgte ihm und trieb ihn immer tiefer. Etwa dreißig, fünfunddreißig Meter unter mir drückte er ihn schließlich in den Sand, und alles verschwand erst einmal in einer Wolke von aufgewühltem Sand. Dann sah ich den Hai nach rechts davonschießen, aber er schwamm nur einen Bogen und setzte dann erneut zum Angriff an. Er kam auf mich zu, aber schon hatte JoJo sich wieder angeschlichen und schoss direkt vor ihm vorbei, sodass er die Richtung ändern musste. Trotzdem mochte er noch nicht aufgeben; doch jeder seiner Ansätze wurde vereitelt, JoJo brachte ihn da unten ständig wieder aus der Richtung.

Dieses Gerangel ging einige Minuten so weiter und ich filmte es von der Wasseroberfläche aus. Was für eine unglaubliche Chance!

Schließlich bugsierte JoJo den Hai immer weiter in die Tiefe, bis ich die beiden nicht mehr sehen konnte. Dann erst stieg mein Freund wieder zu mir auf. Etwa zwanzig Meter unter mir machte er noch einmal halt, drehte sich um und tastete mit seinem Echolot die Tiefe ab. Er schien zufrieden und kam zu mir an die Oberfläche. Er sah mir in die Augen und berieselte mich mit seinen wunderbaren Pfeiflauten, während er mich umkreiste.

»JoJo«, sagte ich, »was du da eben geboten hast, ist wirklich kaum zu glauben.« Ich war voller Bewunderung und Dankbarkeit. »Weißt du was, von nun an bin ich der lebende Beweis für all die Geschichten von Delfinen, die Menschen vor Haien retten.«

JoJo hielt an und blieb mit sanft wedelnder Schwanzflosse direkt unter der Oberfläche vor mir liegen. Sein Kopf ging leicht auf und ab, als nickte er bestätigend.

»Ich bin so stolz auf dich, aber das weißt du ja, oder?« Ich blickte ihm in die sanften braunen Augen und dachte an das, was ich eben verfolgt hatte. Ich sagte ihm, was für eine Ehre es für mich war, ihn meinen Freund nennen zu dürfen, und mir war so, als hörte ich ein leises zustimmendes Pfeifen.

Er war eingeschritten, um den Hammerhai von einem Angriff auf mich abzuhalten, dann aber hatte er ihm nichts weiter getan. Wenn es nötig gewesen wäre, hätte er bestimmt auch noch deutlicher werden können. Doch bei einem Hai dieser Größe und Schnelligkeit wäre das wahrscheinlich auch für ihn gefährlich geworden, und Narben hatte er nun wirklich schon genug.

Er hatte das Risiko auf sich genommen. Für mich. Um mich zu schützen.

Die ganze Situation war eigentlich zu komisch. Da stand nun eine komplette Filmcrew an Bord eines Bootes, das mit allen technischen Möglichkeiten ausgestattet war, und musste untätig zusehen, wie ein kleiner Delfin einen wesentlich größeren Hai vertrieb. Nur weil ich zufällig gerade im Wasser war, hatten diese spektakulären Filmszenen entstehen können. Es machte mir bewusst, dass mein Leben mit JoJo im Meer wohl kaum je verfilmt würde. Und dass es nur uns gehörte.

JoJos Popularität stieg, und natürlich kamen immer mehr Filmcrews, Journalisten, Delfinschützer und andere, die irgendetwas mit JoJo vorhatten. Leider fiel dem für sein Wohlergehen zuständigen Minister für Naturschutz und dem Chief Minister nicht auf, dass es dabei oft ausschließlich um kommerzielle Interessen ging. Wenn sie dann schließlich doch Verdacht schöpften, war es in vielen Fällen schon zu spät. Da ich aber derjenige war, der am meisten mit JoJo zu tun hatte und immer mit den Leuten sprach, die ihn regelmäßig sahen, war ich dann an den Tagen, an denen wieder einmal eine Filmcrew eintraf, zur Stelle und konnte noch versuchen, den Eingriff in JoJos Privatsphäre zu unterbinden.

Ich arbeitete am Entwurf einer Filmerlaubnis-Richtlinie, die dem Schutz wild lebender Tiere dienen sollte, und bat das Ministerium in diesem Zusammenhang, mich bei der Abwehr der ständigen kommerziellen Übergriffe auf JoJo zu unterstützen.

Ich war erleichtert, als der Minister versprach, unangekündigte Filmteams künftig zurückzuweisen. Um dem Verantwortungsgefühl für meinen Freund ein wenig auf die Sprünge zu helfen, verfasste ich eine Ankündigung, die in der Lokalzeitung erschien und außerdem verteilt wurde. Die Lizenzbehörde, die Handelskammer, der Hotelverband, der Touristenverband und das Naturschutzministerium erhielten ein handgezeichnetes Exemplar des Schreibens. Es enthielt unter anderem folgenden wichtigen Absatz:

Das Ministerium für Naturschutz beabsichtigt, dafür zu sorgen, dass JoJo vor allen für ihn nachteiligen Vermarktungsabsichten bewahrt bleibt und auch vor den Folgen des zunehmenden Tourismus geschützt wird, sofern sein ungestörtes Leben, sein Wohlergehen und seine Sicherheit als wilder Delfin dadurch gefährdet werden. JoJo wird weiterhin die Symbolfigur des Tier- und Naturschutzes in unserem Land bleiben. Die Regierung bemüht sich derzeit, JoJos Schutz gesetzlich zu verankern und Richtlinien zu erarbeiten, nach denen seine Unantastbarkeit als nationales Kulturgut der Turks- und Caicosinseln immer gewahrt bleibt.

Alle Filmleute mussten jetzt erst einmal Genehmigungen einholen und sich den Vorgaben des Ministeriums beugen. Konnten sie keine Dreherlaubnis vorweisen, wurden sie sofort unterbrochen. Ich war 1989 zum Nationalparkwärter ernannt worden, insbesondere für JoJos Schutz, und jetzt wurde es Zeit, die mir verliehene Autorität noch besser zu nutzen.

Die Dreherlaubnis setzte voraus, dass ich die Teams begleitete, um sicherzustellen, dass niemand JoJo belästigte oder ihm auf irgendeine Art schadete. Seine Futterplätze und Ruhezonen durften während JoJos Jagd- und Ruhezeiten nicht befahren werden, und wenn er krank oder unwohl war oder kein Interesse hatte, durfte niemand ihn bedrängen. Schwamm er aus eigenem Entschluss weg, während er gefilmt wurde, durfte man ihm nicht nachspüren oder nachjagen und auch nicht versuchen, ihn irgendwie anzulocken. Jegliche Interaktion musste von ihm ausgehen. Außerdem schrieb die Genehmigung vor, dass das Filmvorhaben ein legitimes sein musste, das JoJo in keiner Weise beschädigte oder falsch darstellte. Alle Versuche dieser Art würden als Ausbeutung betrachtet und waren untersagt.

Alle Teams mussten sich darüber hinaus verpflichten, das Filmmaterial anschließend so aufzubereiten, dass die Abmachungen nicht nachträglich noch verletzt wurden. Das ließ sich natürlich schwer überprüfen, und letztlich konnten die Produzenten des Films doch machen, was sie wollten. Sie waren im Grunde nur durch ein Versprechen gebunden, und man musste auf ihren Anstand hoffen. Es erschien mir aber ausreichend. JoJo wusste natürlich nichts von dem Ganzen, aber ich versprach mir von diesen Leitlinien, dass er wenigstens nicht wie ein Zirkustier oder eine dressierte Touristenattraktion vorgeführt wurde.

Es war ein weiterer kleiner Sieg im langen Feldzug zum Schutz des Delfins.

Natürlich hatten Filme auch ihr Gutes. JoJo wurde immer bekannter und in aller Welt beliebter, und ich suchte den Austausch darüber, wie die Ziele des Projekts noch deutlicher herauszuarbeiten waren und wie man unsere Regierung gezielt über Planungen in anderen Ländern informieren konnte. Also beschloss ich, die Einladung zu einer Konferenz anzunehmen, die in Australien stattfinden sollte.

Kurz vor meinem Abflug aus Providenciales entzündete sich eine von JoJos neueren Verletzungen wieder, und ich überlegte, ob ich nicht lieber dableiben sollte. Aber meine Freude unter den Bootsleuten und natürlich David und Leslie versicherten mir, sie würden JoJo im Auge behalten. Sollten ernstere Probleme auftreten, müsste ich eben zurückfliegen.

David rief mich dann tatsächlich in Australien an und sagte, JoJo habe seine regelmäßigen Besuche eingestellt und sei nicht mehr zu sehen.

Hatte er sich irgendwo auf ein »Krankenlager« zurückgezogen? Ich machte mir Sorgen. Und das Schlimmste: Nachdem er nicht mehr auftauchte, konnte ich auch nichts Neues mehr über ihn erfahren.

Zu dieser internationalen Konferenz in Australien, bei der es um Meeressäugetiere und die Forschungs- und Aufklärungsarbeit auf diesem Gebiet ging, war ich als Sprecher eingeladen worden. Ich wollte über JoJos besondere Situation und die zu seinem Schutz eingeleiteten Maßnahmen referieren. Nach Absprache mit der Regierung legte ich ein Schreiben des Naturschutzministers der Turks- und Caicosinseln vor. Darin sprach sich die Regierung für die Ziele des JoJo-Projekts aus, insbesondere für weitere Aufklärungsarbeit, rechtlichen und medizinischen Schutz und neue Forschungsvorhaben. Diese hochherzigen Bestrebungen fanden Anerkennung, am meisten aber waren die Leute von der intensiven Beziehung zwischen JoJo und mir fasziniert.

Viele wollten unbedingt Näheres wissen oder sich bestimmte Informationen und Rat bei mir holen – über die Kommunikation mit Delfinen, Tierschutz, Projektvernetzung, Forschungen zu wilden Delfinen, »Umgangsformen« zwischen Mensch und Delfin und über die Heilarbeit mit Kindern. Ich war stolz,

Teil einer Entwicklung zu sein, die bisher nur wenige von innen kannten. Das JoJo-Projekt war in den Augen dieser Leute schon jetzt ein Erfolg. Mit großem Erstaunen nahmen sie zur Kenntnis, wie viel auf dem Gebiet der Kommunikation zwischen Mensch und Delfin bereits erreicht war.

Ich hörte mir die anderen Vorträge an, sammelte viele nützliche Informationen und nahm an fesselnden Diskussionen teil. Dabei hatte ich jedoch ständig ein Gefühl wie von Brennnesseln im Nacken, das mich einfach nicht losließ. Mehr als einmal drehte ich mich mitten im Gespräch um, weil mir so war, als hätte mich jemand angestupst. Am Abend rief ich daheim an, um zu hören, was mit JoJo war.

»Keiner hat ihn gesehen«, sagte Leslie. »Er ist wie vom Erdboden verschwunden.«

Ich rief David an. »Mach dir keine Gedanken«, sagte er. »Sicher treibt er sich nur mit einer seiner Gespielinnen herum.« Er gab sich alle Mühe, es auf die leichte Schulter zu nehmen, aber die Besorgnis, die in seiner Stimme mitschwang, war nicht zu überhören.

In der Nacht konnte ich kaum schlafen. Bilder von JoJo in Gefahr flackerten an mir vorbei, Boote, Harpunen, Haie, die ihn umzingelten. Wahrscheinlich übertreibst du, versuchte ich mir einzureden. Trotzdem, irgendetwas war ganz entschieden nicht in Ordnung.

So wälzte ich mich unruhig im Bett herum, und dabei nahm dieses Nesselgefühl weiter zu, es wanderte mir den Hals und den Rücken hinunter, erstreckte sich schließlich sogar auf den Bauch. Mir wurde richtig übel.

Als es am Morgen immer noch nichts Neues gab, nicht einmal Hinweise auf mögliche Sichtungen, hielt ich es nicht mehr aus. Wenn JoJo nicht einmal in den entferntesten Ecken seines Operationsgebiets gesehen worden war … Ich musste hier weg.

Ich nahm den ersten Flug, den ich bekommen konnte. Wahrscheinlich, sagte ich mir, würden sich meine schrecklichen Empfindungen, meine Beklemmungen und Vorahnungen legen, sobald ich mich der Heimat näherte. Aber das taten sie nicht. Im Gegenteil, sie wurden immer schlimmer.

Kaum war ich gelandet, spürte ich auch schon die Schmerzen, die JoJo ausstand. Die tropische Brise von Providenciales, die mich sonst augenblicklich in tiefen, gelassenen Frieden versetzt, fühlte sich wie ein kalter Wind an, der mir Leid entgegenblies. Ich spürte etwas von geradezu greifbarer Dichte in der Luft – höchste Not.

Ich fuhr gar nicht erst nach Hause, sondern verstaute meine Tasche in einem Schließfach am Flughafen, fuhr zum Strand, ließ mein Schlauchboot zu Wasser und machte mich auf die Suche. Theoretisch hätte JoJo überall in den Gewässern der Turks- und Caicosinseln sein können, also folgte ich einfach meinem Instinkt.

Ich fuhr bis nach South Caicos und suchte alle Stellen ab, die als Rückzugsorte für JoJo infrage kamen. Von Bucht zu Bucht und in die tieferen Einschnitte hinein, durch Riffe und die flachen Sand- und Koralleninseln, die hier Cays genannt werden. Nichts.

Normalerweise waren mir die Sonnenwärme und die Klarheit des Lichts immer willkommen, an diesem Tag aber nahm ich sie wie ein Feuer wahr, das auf mich niederprasselte. Meine Kopfhaut fühlte sich wie versengt an, die Augen konnten das grelle Licht kaum ertragen, in brennenden, juckenden Strömen lief mir der Schweiß den Rücken hinunter.

Da die lange Suchaktion mit dem Boot nichts einbrachte als Sonnenbrand und Genickschmerzen, sagte ich mir: Jetzt muss ein Flugzeug her. Das würde zwar teuer werden, für meine bescheidenen Verhältnisse sogar *zu* teuer, aber ich war mürbe und vor allem spürte ich, dass JoJo wirklich dringend Hilfe brauchte. Geld durfte jetzt keine Rolle spielen. Ich *musste* ihn finden.

Am nächsten Morgen rief ich vor dem Flug noch meinen Tierarztfreund Larry McCaffe in den Vereinigten Staaten an, um mich zu vergewissern, dass für den Ernstfall die richtigen Antibiotika vorrätig waren. Am liebsten hätte ich ihn gebeten, selbst mit den Medikamenten einzufliegen und sich auch bereitzuhalten, um eventuell nötige Maßnahmen sofort ergreifen zu können, aber das war im Grunde sinnlos, weil wir ohnehin keinen Tank oder irgendwelche Behandlungseinrichtungen für JoJo hatten. Also nahm ich davon Abstand.

An Bord der Maschine erklärte ich der Pilotin, meiner Freundin Melinda, die Sachlage. Ihr verständnisvolles Lächeln hatte etwas Tröstliches und nahm mir ein wenig von dem Druck, der auf mir lastete. Ich war nervös und aufgeregt und fummelte ständig an der Gurtschnalle und meinem Erste-Hilfe-Päckchen.

»Wir finden ihn schon, Dean«, sagte sie. Sie band ihr langes blondes Haar zu einem lockeren Pferdeschwanz zusammen und klopfte mir leicht auf den Arm.

Ich nickte und dachte über die beste Suchroute nach. »Klappern wir erst einmal die abgelegenen Gebiete ab. Dann können wir das schon mal abhaken.«

Melinda nickte und ersuchte über Funk um Starterlaubnis. Wir suchten South Caicos von Cockburn Harbor bis Fish Cay und Ambergris Cay ab und dann noch weiter hinunter bis zu den ganz abgelegenen Seal Cays. Wir überflogen leere Strände, schmale und weite Buchten, und ich klemmte mich an mein Funkgerät, um alle Leute zu kontaktieren, die ich kannte.

»Habt ihr JoJo gesehen?«, fragte ich. »Er ist seit einer Woche verschollen, und ich werde das mulmige Gefühl nicht los, dass irgendetwas ganz und gar nicht in Ordnung ist.«

Auf diesen dünn besiedelten Inseln antwortete man schnell. Vor allem, wenn es um JoJo ging.

»Nein, Mann, tut mir leid. Ich war gestern tauchen und habe keine Delfine gesehen«, erzählte ein Kumpel. »Aber ich halte die Augen offen.«

Manche sagten, sie würden nachsehen und sich dann wieder bei mir melden. Aber die Zeit wurde knapp, ich spürte es genau.

Sicher fünfzig Leute rief ich an und erfuhr dabei auch alles Mögliche – nur nichts über JoJo.

Wir suchten, bis sich die Sonne als orangeroter Feuerball auf den Horizont senkte. Mir war es gar nicht lieb, nach Grace Bay zurückzufliegen, aber es blieb uns nichts anderes übrig. Schon tagsüber war es nicht einfach, am Boden etwas zu erkennen, in der Nacht aber bestand überhaupt keine Chance. Es wäre einfach nur Spritverschwendung gewesen.

Doch gleich im ersten Morgengrauen wollten wir weitersuchen.

Melindas Miene war an diesem zweiten Tag schon nicht mehr ganz so zuversichtlich. Ihr Mund blieb schmal, wirkte schon beinahe resigniert. Oder war das nur eine Projektion meiner eigenen unguten Gefühle?

Vor dem Start sagte ich lieber gar nichts, um bloß nichts Pessimistisches von mir zu geben. Die Sonne ging über der Inselkette auf, als wir über die Blue Hills nach Norden flogen. Sicher, es war ein schöner Anblick, an diesem Morgen aber empfand ich den Archipel nicht als tropisches Paradies, sondern eher als Hinrichtungsstätte.

Dann berichtete ich Melinda von Hinweisen, die ich im Traum empfangen hatte: »Es müssen Mangroven und ein Durchlass in der Nähe sein, sonst weiß ich nur, dass es östlich von uns ist. Wie weit, kann ich nicht sagen. Aber es ist noch dieselbe Stelle, er hat sich nicht bewegt.«

Dann ging ich wieder ans Funkgerät. Weitere Anfragen. Weitere Enttäuschungen.

Aber er musste doch irgendwo sein!

Es wurde Mittag. Es wurde Nachmittag und das Licht schwand. Melinda und ich sahen uns an.

»Dean«, sagte sie, »der Treibstoff wird knapp.«

»Dann wird er es wohl irgendwie allein schaffen müssen«, sagte ich niedergeschlagen.

Melinda nickte nur. Eben wollte sie Richtung Flugplatz abdrehen, als ich unter mir eine dunkle verfilzte Masse sah, in der sich irgendetwas bewegte.

»Was ist das?«, fragte ich, tippte ihr auf die Schulter und zeigte nach unten auf einen der schmalen Wasserwege.

»Weiß ich auch nicht«, sagte Melinda. »Das sehen wir uns mal von Nahem an.« Sie flog eine Steilkurve, die uns dreißig Meter tiefer brachte.

Dabei hob sich mir der Magen ganz schön, aber das war nichts gegen das Gefühl, das in mir hochkam, als ich das Objekt erkannte.

Da unten lag ein Delfin im Wasser, in ein riesiges Schildkrötennetz verfangen, regungslos.

»Das ist JoJo«, sagte ich.

Melinda begann meinen Traum als Vision zu erkennen und sagte: »Genau, wie du es beschrieben hast. Genau die Stelle.«

»Ich weiß. Ich habe ihn gespürt.«

»Glaubst du, dass er noch lebt?«

Ich schloss kurz die Augen. Wellen von ungeheurem Schmerz durchliefen mich wie Stromstöße. Bin ich JoJo? Lebendig, aber in Pein. O Gott, dieser schneidende Schmerz.

Ich blinzelte. Ich musste jetzt ich sein, Dean. Und ich musste handeln.

»Wir müssen zu ihm, augenblicklich.«

»Und wo soll ich landen? Es sieht nicht so aus, als wäre irgendwo in der Nähe einen Flugplatz.«

Ich wusste, dass es hier in den Mangroven eine alte Staubpiste gab, die früher bestimmt einmal fragwürdigen Zwecken gedient hatte. Ich zeigte sie Melinda. Es wurde eine dieser Landungen, bei denen man sich unwillkürlich am Sitz festkrallt. Erst als wir glücklich standen, fiel mir ein, dass ich nichts als ein Erste-Hilfe-Set, ein Wunddesinfektionsmittel und einen Rettungsgurt zur Verfügung hatte.

Womit sollte ich JoJo aus dem Netz schneiden? In meinen Träumen hatte er sich nicht bewegt. Jetzt wusste ich, weshalb.

Nicht einmal ein Taschenmesser trug ich bei mir. Wo hatte ich bloß meinen Kopf, als wir mit der Suche anfingen?

Wir nahmen alles mit und rannten durch die Mangroven. Als wir an einem alten baufälligen Schuppen vorbeikamen, hielt ich mich gar nicht erst damit auf, nach einem Haupthaus zu suchen, in dem ich hätte um Hilfe bitten können. Ich brauchte Werkzeug, und zwar auf der Stelle!

Kurz entschlossen trat ich die Tür ein. In der muffigen Hütte standen ein paar alte Holzkisten herum, die ich hektisch durchwühlte. Dabei stieß ich auf eine rostige Drahtzange und eine Bügelsäge. Ich versuchte die Zange zuzudrücken, aber sie war völlig eingerostet.

»Sonst ist hier nichts«, sagte Melinda. »Komm, weiter.«

Erst am Strand sah ich, dass JoJo viel zu weit draußen war, als dass wir hätten mit den Werkzeugen zu ihm schwimmen können. Aber wie es das Glück wollte, hatte jemand sein Boot ungesichert hier liegen lassen. Sogar der Tank war gefüllt. Ich sah mich nach allen Seiten um. Weit und breit war kein Mensch zu sehen.

»Ich kann den Motor kurzschließen«, sagte ich. Melinda stand der Mund offen. »Fass mal mit an.«

Sie fing sich schnell wieder und frotzelte: »Einbruch, Sachbeschädigung, Hausfriedensbruch, Fahrzeugdiebstahl – wenn sie uns schnappen, kommt ganz schön was zusammen.«

»Hattest du nicht gesagt, dass du mal ein bisschen Abwechslung brauchst?«, hielt ich dagegen, warf die Werkzeuge ins Boot, schob es ins Wasser, sprang mit Melinda hinein und ließ die Drähte funken. Der Motor tuckerte los.

Als wir uns näherten, kam mir der Grund für die Beklemmungen, die ich in letzter Zeit empfunden hatte, zu Bewusstsein. JoJo hatte sich vollkommen in diesem Schildkrötennetz verfangen.

»Mein Gott, er hängt sicher schon tagelang hier fest«, sagte Melinda, kaum hörbar durch das Brummen der Maschine. »Unfassbar, dass er überhaupt noch lebt.«

Der Anblick, der sich uns bot, war nur schwer zu ertragen. JoJos Haut sah aus wie eine Straßenkarte, das aus dünnen Fäden bestehende Netzgeflecht hatte sich tief in seine Haut eingegraben. Überall war er wundgescheuert, an Rücken und Kopf hatte er von der Sonne Verbrennungen dritten Grades mit lauter Blasen. An einer Stelle klaffte das rohe Fleisch. Die Einschnitte an der Schwanzflosse und an den Brustflossen gingen so tief, dass man die Knorpel sah.

Was für eine Quälerei für meinen Freund. Der Gedanke an alles, was er die letzten Tage durchgemacht haben musste, schnürte mir den Hals zu.

Anfänglich hatte er wohl noch versucht, sich zu befreien, aber mit jeder Bewegung muss er sich mehr in dem Netz verheddert haben, und die Einschnitte wurden immer tiefer.

Schildkrötennetze sind ein Geflecht aus einfädigen Kunststofffasern, dünn wie Angelschnur. In die zähe Haut eines Delfins schneiden sie sich so leicht ein, wie eine Gitarrensaite ein hartes Ei zerteilen würde. Die Knotenpunkte sind dermaßen fest, dass weder eine Schildkröte noch irgendein anderes Lebewesen auch nur die geringste Chance hat. Sie können dann nur noch versuchen, wenigstens an der Oberfläche zu bleiben, um Luft zu bekommen.

Was für eine Wahl JoJo da zu treffen gehabt hatte! An der Oberfläche bleiben und von der Sonne verbrannt werden oder im Schutz des Wassers zu bleiben und eventuell zu ertrinken. Er hatte das ihm Mögliche getan und die weniger schlimme Wahl getroffen.

Mein armer Freund war vollkommen erschöpft und traumatisiert. Jetzt ging es darum, ihn vorsichtig freizuschneiden. Ich atmete tief durch, nahm die rostige Zange zur Hand und ließ mich ins Wasser.

»Es tut mir so leid, JoJo«, sagte ich, als ich bei ihm war. »Aber was jetzt kommt, muss einfach sein, du wirst es sicher verstehen.«

JoJo sah mich mit einem gequälten, flehenden Blick an, als müsste ich sofort alles wieder gut machen können. Hätte ich das doch nur gekonnt! Ich schickte ihm alles an heilenden Bildern und Energien, was ich nur aufbieten konnte.

Die Drahtschere war derart eingerostet, dass sie sich kaum bewegen ließ, um die Netzschnüre durchzuschneiden. Der erste Schnitt war der schwierigste. Ich musste mich mit einem Arm auf JoJos sonnenverbranntem Rücken abstützen und dabei versuchen, die Einschnitte so wenig wie möglich zu berühren. Ich schob die Schere unter den tief in die aufgequollene Haut eingegrabenen Faden. Dann der erste Schnitt. Hunderte weitere folgten, und dann musste ich die vielen Reste des Netzes aus der Delfinhaut ziehen.

»Alles gut, JoJo«, sagte Melinda besänftigend vom Boot aus. »Wir helfen dir.«

Ich biss die Zähne zusammen und zog Zentimeter für Zentimeter die Fäden aus der Haut an seinem Rücken. JoJo zuckte und zitterte. Dass er nicht mehr die Kraft hatte, sich zu wehren, war das einzig Gute an diesem ganzen Elend.

Die Arbeit ging qualvoll langsam voran. Ich sah in seinen zuckenden Augen, wie sehr ihm jeder entfernte Faden wehtat. Mir ging es nicht anders.

Zugleich kochte aber auch langsam die Wut in mir hoch. Ich hätte dieses Netz nur so zerfetzen können. Wie konnte dieser Idiot, wer immer es auch gewesen sein mochte, so ein Netz einfach treiben lassen? Alle Schildkrötennetze, die je hergestellt wurden, gehören verbrannt! Wie können die Leute nur so borniert sein? Sehen sie denn nicht, was sie da anrichten?

Stundenlang schnitt und zupfte ich und konzentrierte mich bewusst ganz auf die Arbeit, um mich nicht von meinen Gefühlen überwältigen zu lassen.

»Nur noch ein paar«, sagte ich immer wieder, »dann haben wir es geschafft.«

Schließlich war der letzte Faden gezogen, und ich strich JoJo über den Schnabel. Wir tauschten einen langen Blick. Er war frei. Mehr denn je empfand ich die Intensität unserer Freundschaft, und ihm schien es nicht anders zu gehen. Er hatte mich in der Vergangenheit schon einige Male gerettet. Und jetzt wusste er, dass auch ich es jederzeit für ihn tun würde.

Vielleicht liegt es im Wesen von Delfinen, dass sie nicht nur untereinander enge Beziehungen pflegen, sondern auch zu anderen Lebewesen.

Der Rückweg zum Flugzeug fiel mir sehr schwer, denn gern ließ ich JoJo nicht allein. Doch ich tröstete mich damit, dass ich bald wieder da sein würde, und zwar mit den Medikamenten, die er jetzt dringend benötigte.

Später erst wurde mir klar, dass der Wasserarm, der für JoJo zur Falle geworden war, zu der Stelle führte, an dem damals der größte Teil seiner Delfingemeinschaft gestrandet war. Er muss an dem Ort um sein Leben gekämpft haben, an dem er womöglich seine Mutter hatte sterben sehen. Ich erschauerte.

Was mag ihm alles durch den Sinn gegangen sein, während die Sonne auf ihn herunterbrannte und die Fasern sich in sein Fleisch gruben?

Ich war fest entschlossen, dafür zu sorgen, dass so etwas nie wieder passieren konnte.

In den nächsten Wochen suchte ich JoJo jeden Tag nach möglichen Infektionen ab und verfolgte das Abheilen seiner Verbrennungen. Die Tierärzte empfahlen mir Salben, mit denen ich die Wunden, die der Sonnenbrand hinterlassen hatte, abdeckte, um die Heilung zu beschleunigen. Diese Prozedur, die ihm zweifellos wehtat, hätte ich ihm gern erspart. Aber er leistete keinerlei Gegenwehr, sondern fügte sich, und zwar, wie es schien, gar nicht ungern.

Nach dem Trauma, das er erlitten hatte, brauchte er wohl meine Nähe. Er war wie ein in der Fremde verwundeter Soldat, der sich nur noch danach sehnt, die Stimme seiner Frau zu hören.

Mir ging natürlich weiterhin der Gedanke im Kopf herum, wie leicht JoJo hätte ertrinken oder an Erschöpfung sterben können, ganz abgesehen von der Gefahr eines Haiangriffs. Nachlässig beaufsichtigten Schildkrötennetzen fallen auch viele Meeresbewohner zum Opfer, auf die es der Schildkrötenfänger gar nicht abgesehen hat. JoJo hatte noch Glück gehabt. Wie viele andere Delfine wohl schon auf diese Weise den Tod gefunden hatten?

In den Nationalparks waren Schildkrötennetze bereits verboten, außerhalb aber wurden sie noch eingesetzt, und in einem dieser ungeschützten Bereiche hatte JoJo sich verfangen. Deshalb startete ich eine weitere Kampagne, um die Öffentlichkeit aufzuklären und zu erreichen, dass Schildkrötennetze aus JoJos gesamtem Lebensraum verbannt wurden. Im Laufe der nächsten Jahre sorgte das Fischereiministerium dafür, dass alle nicht mehr unterhaltenen Netze eingesammelt und verbrannt wurden. Danach wurden es immer weniger und schließlich waren sie so selten wie gesellige, allein lebende Delfine.

Jetzt können sich JoJo und die Meeresschildkröten sowie alle anderen Wasserlebewesen rings um die Turks- und Caicosinseln ungehindert bewegen, ohne von den schwimmenden Todesnetzen bedroht zu sein.

WUNDER

Über mir war klarer Sternenhimmel, als ich am Strand saß, aber weit draußen wetterleuchtete ein Sturm herauf. Die Wolken teilten sich und flossen wieder zusammen, um breite Gewitterwände zu bilden. Blitze schossen quer hindurch und hoben die sonst blassen Wolkengebilde und alles andere, was ich von meinem Standpunkt aus sah, scharf hervor. Das Wetterleuchten flimmerte weit aufs Meer hinaus, und zwischen den Blitzen war wieder der Sternenhimmel zu sehen. Ganz fern das tiefe Rumpeln des Donners. Noch kein Geräusch von Regen, nur Donner und fauchender Wind mit zunehmendem Wellengang.

Für mich ist ein solches Unwetter wie eine Feuersinfonie am Himmel, sehr schön, dieses aber war die Ouvertüre zu einem schweren September-Hurrikan.

Wenn derartige Unwetter die Insel trafen, musste JoJo für eine Weile ohne menschliche Gesellschaft auskommen, weil die meisten natürlich lieber zu Hause blieben – und ins Wasser ging ganz bestimmt niemand. Ich allerdings habe gerade in solchen Zeiten manches besonders Interessante erlebt.

JoJo fürchtete sich vor Blitzen und suchte Schutz unter den Anlegern, denn die Boote, die er normalerweise als Deckung bevorzugte, wurden natürlich vor einem schweren Unwetter in die geschützten Jachthäfen verlegt.

Ich hatte solche Ängste nicht. Wenn ich ins Wasser ging, nahm ich mir oft einen Augenblick Zeit, um ganz eins mit ihm zu werden. Ich legte mich dann mit geschlossenen Augen auf den Rücken und schwebte in einen meditativen Zustand hinein. Innerlich wurde ich eins mit dem Wasser, dem Sand, den Pflanzen. Frieden erfüllte mich dann und ich wusste, ich war geborgen.

Wenn ich während eines Gewitters im Wasser war, schob sich JoJo bei jedem Blitz seitlich unter mich und blieb dort, bis der Donner verhallt war. Ob er mich in solchen Momenten als seinen Schutz und Schirm betrachtete?

Dass ich mich in Lebensgefahr befand, wusste er vermutlich nicht. Ich war von den Naturkräften so fasziniert, dass die Angst mich nicht davon abhalten konnte, auch bei Blitz und Donner mit JoJo schwimmen zu gehen.

Das Schwimmen in Strandnähe brachte freilich noch andere Gefahren mit sich. Wenn die Wellen sehr hoch werden und das Licht auch mitten am Tag rapide abnimmt, sehe ich JoJo allenfalls noch als dunklen Schatten, selbst wenn er direkt neben mir ist. Die Brandung donnert dann gewaltig ans Land und entwickelt einen so starken Sog, dass man sich in gebührender Entfernung weiter draußen im Wasser aufhalten muss.

Einmal wurden wir von einer besonders starken Welle mitgerissen, als es blitzte und JoJo sich unter mir versteckte. Mit Windgeschwindigkeit ging es auf dem Wellenkamm dem Strand entgegen, bis uns der Brecher aus beträchtlicher Höhe ungespitzt in den Sand rammte. JoJo befand sich direkt neben mir, und der Schwall des zurücklaufenden Wassers ließ uns über- und untereinander Richtung Meer zurückkullern. Zum Glück lag JoJo immer nur kurz auf mir, bevor uns die gewaltigen Wasserkräfte weiterschleiften, als wären wir nur Sandkörnchen. Dann krachte die nächste Welle auf uns herunter und schleuderte uns erneut in den Sand und gegeneinander, zweimal, dreimal. Die vierte Welle traf mich so hart, dass ich kaum noch Luft bekam. Ich hielt mir den Bauch vor Schmerzen und rang verzweifelt um Atem.

Schon kam die nächste Welle und rollte uns wieder strandauf. Ich war an Land. Rasch erhob ich mich aus den Sandströmen und sah gerade noch, wie JoJo sich ins Wasser zurückrettete.

Nachdem er die Brandung durchtaucht hatte, begann er schnelle Kreise zu schwimmen und vollführte Luftsprünge, um nach mir Ausschau zu halten. Mir tat alles weh. Nein, ich würde nicht noch einmal ins Wasser gehen. Ich hielt mir die Rippen und machte mich auf den Heimweg. Hoffentlich war JoJo ohne Blessuren geblieben. Allzu schlimm aber konnte es bei ihm nicht sein, denn er folgte mir im Wasser gleich hinter der Brandung.

Delfine, sagt man, haben das nasse Element besser im Griff als jedes andere Meeressäugetier. Wie also war es möglich, dass er eine Brandungswelle falsch eingeschätzt hatte? Nun ja, dachte ich, auch ein Genie stolpert mal über die eigenen Füße. Und kein noch so intelligentes Tier ist unfehlbar.

Während ich durch den Sand stapfte, sprach ich beruhigend auf ihn ein: »Ich bin auch schon gegen Glastüren gerannt, JoJo, und dass diese Welle uns mitgerissen hat, ist ungefähr dasselbe. Also gräm dich nicht.«

Dass ich mir Gedanken machte, kam nicht von ungefähr, denn nach besonders schweren Stürmen findet man ja häufig gestrandete Delfine, tot oder verletzt. Wer denkt schon bei einer Hurrikanwarnung an die Delfine? Welche Schäden die Stürme an Land anrichten können, weiß jeder, aber wie stand es um das Leben in den Rifflandschaften, die längst meine zweite Heimat waren? Dabei dachte ich natürlich vor allem an JoJos Sicherheit. Meeresbewohner, die nicht auf die Lungenatmung angewiesen waren, konnten jederzeit in der Tiefe Zuflucht suchen, JoJo aber musste selbst im schlimmsten Sturm gelegentlich auftauchen, um zu atmen. Seltsamerweise werden Delfine oft gerade in relativ geschützten Küstenabschnitten angeschwemmt. Würde JoJo im seichten Wasser bei den Mangroven Schutz suchen oder lieber im tiefen Wasser außerhalb des Riffwalls?

Wahrscheinlich war er sehr allein. Vielleicht gingen ihm auch ferne Erinnerungen an die Strandung seiner Familie nach. Aber sicher würde ihm doch sein Instinkt zuflüstern, wo er bei schlechtem Wetter am besten aufgehoben war?

Beim Herannahen dieses Hurrikans wurden die Touristen evakuiert und auch viele Bewohner der Inseln brachten sich in Sicherheit. Ich hätte mich ebenfalls nach Miami bringen lassen können, blieb aber lieber, um nach dem Abflauen des Sturms sofort nach JoJo sehen zu können. Der Hurrikan trieb sich ein paar Tage lang unentschlossen herum und wählte dann glücklicherweise einen Weg, auf dem er die Inseln nur streifte, sodass wir lediglich einen normalen tropischen Sturm mit Windgeschwindigkeiten von bis zu siebzig Stundenkilometern erlebten.

Einige Zeit nach dem Sturm fand ich JoJo bei guter Gesundheit. Er verhielt sich allerdings ungewöhnlich ruhig, reagierte nicht auf Handzeichen und zeigte wenig Interesse an gemeinsamen Unternehmungen. Hatte ihn der Sturm so stark verstört? Oder war sonst irgendetwas nicht mit ihm in Ordnung?

JoJos Spielverhalten und seine Signalreaktionen haben, wie schon berichtet, einen zyklischen Verlauf, normalerweise aber legt er auf einfache Handzeichen zumindest eine kleine Reaktion an den Tag. Diesmal nicht. Er war einfach nicht in Stimmung. Ich überlegte, ob er wohl in der Zwischenzeit mit Artgenossen zusammen war. Gleich nach dem Sturm hatte man nämlich draußen vor dem Riff eine große Delfinschule gesichtet. Vielleicht waren die Tiere Schutz suchend ins Flachwasser geraten. Ich erinnerte mich, dass JoJos Verhalten nach der letzten Durchreise einer Delfinschule ähnlich war. Immer wenn andere Delfine gesichtet wurden, gab es von JoJo eine Zeit lang keine Spur. Entweder schloss er sich ihnen dann an oder er wich ihnen gänzlich aus. Beide Möglichkeiten konnten sein Verschwinden und sein merkwürdiges Verhalten erklären. Ich jedenfalls hoffte, dass er Anschluss an seinesgleichen oder andere Walartige suchte.

Zu den zauberhaftesten Augenblicken, die ich je mit JoJo erlebt habe, gehören nämlich unsere Begegnungen mit Walen, zum Beispiel Buckelwalen, die sich gern in den tiefen Gewässern gleich außerhalb des äußeren Riffwalls tummeln. Solche Begegnungen zwischen JoJo und den Walen waren außer mir nur einer Kindergruppe und den sie begleitenden drei Erwachsenen vergönnt, die uns im Rahmen eines »La Baleine Blanche« (»Der weiße Wal«) genannten Walbeobachtungsprogramms besuchten. Die Kinder schrieben ihre Erlebnisse und Beobachtungen auf. Hier ein Auszug aus dem Brief, den ich von La Baleine Blanche erhielt:

Ich sah JoJo auf uns zuschwimmen. Der Motor wurde angehalten und wir gingen ins Wasser. Wir hatten das Gefühl, dass JoJo uns etwas zeigen wollte, denn er blickte ständig zum tiefen Wasser hin und sah dann wieder uns an. JoJo wird langsamer, damit wir herankommen können, dann taucht er ab. Wir folgen ihm bis auf eine Tiefe von zehn Metern, dann erkennen wir den weißen Fleck auf der Flosse des Wals. JoJo nähert sich ihm von unten, dann steigen sie beide zusammen auf. Der Wal war jetzt still und stieg mit dem Bauch nach oben immer höher, bis er die Oberfläche erreichte und mächtig ausblies. Uns beeindruckte vor allem die unglaubliche Ruhe, mit der das alles geschah.

Während eines unserer gemeinsamen Schwimmausflüge war JoJo plötzlich verschwunden. Zunächst fürchtete ich, dass sich in der Tiefe womöglich ein Hai anzuschleichen versuchte, doch als ich dann Wallaute aus der Ferne hörte, beruhigte ich mich wieder.

Und dann tauchte JoJo mit einem kleinen Buckelwalkalb auf, das er gemächlich auf mich zu trieb. Das Tier war noch sehr jung, nicht einmal ein Jahr alt, und für einen ausgewachsenen Delfin wie JoJo leicht zu dirigieren. Mich überraschte nur, dass die Mutter nicht dabei war. Das würde sicher eine denkwürdige Begegnung werden, jedenfalls war ich noch nie mit einem Walkalb geschwommen.

Es kam, wie es kommen musste. Gleich hinter JoJo tauchte Mama Wal auf, fast zwanzig Meter lang. Da hatte ich nun JoJo, das Walkalb und die Mutter vor mir, an Ausweichen war nicht zu denken.

Wieder einmal hatte mich JoJo ganz schön in die Bredouille gebracht.

Er schien es darauf anzulegen, mir das Walkalb zu bringen, wie er es auch mit Schildkröten und Haien tat. Ich konnte nicht weg, und die Sache kam mir sehr bedenklich vor. Gegen die Mutter kam ich mir wie ein Staubkörnchen vor.

Ich konnte nur hoffen, dass sie mich auch als solches betrachten und einfach an mir vorbeischwimmen würde. Aber nun hielten sie alle gemeinsam auf mich zu, und das wirkte irgendwie verdächtig gezielt.

JoJo begann Kreise um mich und das Walkalb zu ziehen, die immer enger wurden, bis das Jungtier schließlich nur noch Zentimeter von mir entfernt war. Wann immer das Kleine abzutauchen versuchte, hielt JoJo von unten dagegen und versperrte ihm den Weg. Die Mutter kam so nah heran, dass sie mit jeder Bewegung ihrer gigantischen Flossen einen für ihre Bedürfnisse ausreichend engen Kreis um ihr Kind ziehen konnte.

Es entstand ein regelrechter Strudel. Der gewaltige Leib der Mutter glitt kaum eine Armlänge entfernt an mir vorbei, und JoJo drängte den kleinen Wal immer wieder nach oben, wenn er mehr als drei bis fünf Meter unter die Oberfläche abzutauchen versuchte. Er mochte ihn einfach noch nicht in die Tiefe entlassen.

Die großen Flossen der Buckelwale sind oben grau und an der Unterseite weiß, ich sah das Weiß bei jeder Flossenbewegung der Mutter aufblitzen, wenn sie dicht unter mir vorbeizog. Bei Grau wusste ich, dass sie tiefer ging, Weiß war ein Zeichen dafür, dass sie aufstieg. Ihr tonnenschwerer Körper spannte sich zu einem Bogen, und dann kam sie von unten direkt auf mich zu.

Die von ihren Bewegungen gebildeten Wasserwirbel warfen mich nur so hin und her. Wenn sie kehrtmachte und diese unglaublich große Schwanzflosse bewegte, entstand ein Strudel, der mich drei und mehr Meter unter Wasser zog. Und sobald sie steil abtauchte, wohl in der Hoffnung, das Kalb werde ihr folgen, zog mich der Sog schier endlos in die Tiefe.

Dabei musste ich lange den Atem anhalten. Wollte sie nur meine Wassertauglichkeit prüfen oder ging es ihr darum, sich zu vergewissern, dass ich mich nicht an ihrem Kalb vergreifen würde? Wieder krümmte sich ihr riesiger Leib. Sie beschrieb einen Bogen und kam auf mich zu, betrachtete mich sehr genau – aus wenigen Metern Entfernung.

Dann hielt sie an, wie um ihr Einverständnis zu geben, und das Kalb hielt ebenfalls still. Das Einverständnis erstreckte sich offenbar auch auf JoJo, denn plötzlich waren alle drei ganz ruhig. Dann ging die Mutter langsam ein Stück tiefer und ließ ihr Kind bei JoJo und mir. Ich hätte mit der Hand nach ihm greifen können.

Hohe Pfeiftöne und andere Laute gingen hin und her. Die

Mutter fand es offenbar unbedenklich, das Kalb bei JoJo und mir zu lassen. Sie wartete unter uns und sah uns zu.

Ich konnte es kaum glauben. Normalerweise überlassen Mütter ihre Kinder doch keinen wildfremden Leuten!

JoJo und das Walkalb begannen, Pfiffe und hohl tönende Laute auszutauschen. Bei dem kleinen Wal klang es dumpf und tief, als würde jemand Luft über einen Flaschenhals blasen. Dann war auch die Mutter zu hören, und bald näherte sich noch ein großer männlicher Wal, der sich mit dem Kopf nach unten in Stellung brachte und zu singen begann. Der riesige Schwanz hielt ihn in dieser Lage, und dann brachte er einen tiefen, dröhnenden Laut hervor. JoJo und das Kalb blieben neben mir, während das Wasser weiterhin diese tief tönenden Schwingungen herantrug, die den ganzen Körper zu durchdringen schienen.

Die Mutter ließ einen gewaltigen Blasenring ab, der langsam aufstieg und bis zur Oberfläche zusammenhielt. JoJo antwortete mit einem kräftigen Pusten seiner eigenen Blasen. Und ich schwamm in all dem herum, das Walkalb immer neugierig hinter mir her.

Dann das Unglaublichste überhaupt. Die Mutter wandte zwei Meter unter uns den Bauch nach oben. Ich sah die helle Unterseite ihrer Brustflossen, während sie langsam aufstieg. Dann breitete sie die Flossen aus, um ihre Aufwärtsbewegung zu bremsen, und ich spürte ihren riesenhaften Leib direkt unter mir. Sie kam ganz an die Oberfläche, und das ablaufende Wasser spülte mich zur Seite, aber ich war ihr so nah, dass ich jede kleine Hautfalte sehen konnte. Ihre breiten Flossen bedeckten JoJo, den es nach rechts gespült hatte, und das Kalb, das jetzt auf ihrer anderen Körperseite war. Anscheinend fühlte sie sich doch wohler, wenn sie zwischen uns und ihrem Kleinen war.

Sie rollte sich auf den Bauch, um zu atmen, und tauchte dann unter uns, nur Zentimeter von JoJo, dem Kalb und mir entfernt. Bis auf die weichen, hallenden Melodien der Wale und JoJos charakteristische Antworten war alles ganz still. Zu viert schwebten wir reglos im Wasser, und unter uns sang der männliche Wal.

So ruhig blieb es eine ganze Weile. Ich suchte immer wieder Blickkontakt und saugte die Schönheit, die Herrlichkeit dieser so friedvollen Wesen förmlich in mich ein. Das Kleine ruhte sich neben JoJo und mir aus und wachte nur gelegentlich kurz auf, um Luft zu holen. Nach der Ruhepause tauchte die Mutter wieder auf und das Kalb stupste nach ihren Milchdrüsen.

»Stillzeit im trauten Familienkreis!«, sagte ich zu JoJo. »Du bist ja früh von deiner Mutter getrennt worden. Falls du es also vergessen haben solltest: Jetzt weißt du wieder, wie es geht.«

Erst nach und nach wurde mir klar, was ich da erlebt hatte. Es war ein seltener, kostbarer Augenblick in der Kinderstube der Wale, der mich mit geradezu überirdischer Freude erfüllte. Aber ich hatte den majestätischen Walen, den größten Lebewesen der Meere, nur begegnen können, weil ich von JoJo gelernt hatte, vollkommen ruhig und empfänglich zu sein.

* * *

Mein bislang intensivstes Erlebnis hatte ich an jenem Tag, an dem JoJo und ich in der Tiefe tauchten. Wenn ich tieftauchen wollte, schwammen JoJo und ich in der Regel zu meinem Freund Kapitän Nick raus, dessen Tauchboot meistens eineinhalb bis zwei Kilometer vor der Küste lag. War ich dann nach dem Tauchen zu müde für den weiten Heimweg, ließ ich mich von Nick zurückfahren und traf JoJo am Strand wieder. Dieses Boot war auch meine Lebensversicherung für den Fall, dass ablandige Strömungen oder Winde den Rückweg allzu anstrengend machten.

Es war der perfekte Tag für einen langen Schwimm-Rundkurs, kaum ein Windchen rührte sich, und die weißen Wolkenbäusche am Himmel verhießen nur Gutes. Auch das aquamarinblaue Wasser schien klarer als sonst, ich hatte wunderbare Sicht bis auf den Meeresboden dreißig Meter tiefer. Der Weg zur »Turquoise« hinaus war mühelos wie ein Strandspaziergang, und so kamen JoJo und ich auf die Idee, ein bisschen tauchen zu gehen und uns zu den anderen Sportsfreunden zu gesellen, die sich mit ihren Geräten schon in zehn bis fünfzehn Metern Tiefe tummelten.

Das Freitauchen liebt JoJo ganz besonders. Er weicht nie von meiner Seite, wenn ich abtauche, um mich bei den Korallen umzusehen. An diesem Morgen hatte JoJo ein paar Korallengebilde ins Auge gefasst, die er gern von Nahem betrachten wollte, und fing an zu glucksen. Das bedeutet eigentlich, dass er Kontakt aufnehmen möchte. So weit draußen war es allerdings ungewöhnlich, und ich streckte versuchsweise die Hand aus, um zu sehen, ob er das Abschleppsignal aufgreifen würde.

Er tat es sofort und ganz begierig, nahm mich bei der Hand und brachte mich zu einem besonders üppigen Korallengewächs. Mich begeistert diese Art zu reisen, weil ich die Luft viel länger anhalten kann, wenn ich nicht aktiv in die Tiefe schwimmen muss.

Als ich zum Atmen auftauchte, gluckste JoJo weiter und zog mich gleich wieder nach unten. Wir befanden uns hier am Abbruch in die Tiefe, und JoJo plapperte nicht nur unentwegt, sondern zog mich auch weiter hinab. Unter mir, bestimmt fünfunddreißig Meter tiefer, nahm ich das Riff wahr.

Dort war ein sandbedeckter schräger Absatz zu sehen, der bis auf gut vierzig Meter Tiefe abfiel und einen letzten Rand in fünfzig Metern Tiefe erkennen ließ, hinter dem es in die bodenlose Dunkelheit ging. Die Tauchlehrer kamen mit ihrer Ausrüstung zu diesem Absatz, von dem aus es in neunzig bis hundert Metern Tiefe an der Wand entlang ging, bis man schließlich mit mehreren Dekompressionspausen wieder aufstieg. Ich war ein paar Mal mit von der Partie gewesen, kannte das Gelände also ganz gut.

JoJo schleppte mich jetzt an der Oberfläche über dem tiefen Riff entlang, sodass ich die Geländeformationen unter uns aus dem Blick verlor. Plötzlich verharrte er. Ich hatte keine Ahnung, wo wir uns befanden, und hätte folglich auch nicht sagen können, weshalb genau JoJo innehielt.

Ich erinnerte mich an das letzte Mal, als er versucht hatte, mich über die Abbruchkante hinaus aufs Meer zu locken. Das war, als er mit seinem Pfeifen eine Gruppe von Delfinfreunden in unsere Richtung lenkte. Ich lauschte ins Wasser hinein, ob sich auch diesmal wieder Artgenossen von JoJo in der Nähe aufhielten, aber das kobaltblaue Wasser unter mir blieb still. JoJo pfiff, schwamm vor mich und blickte mir mit einem seiner großen braunen Augen ins Gesicht. Das Pfeifen ging in ein Glucksen über.

Ich wusste, was jetzt kommen würde, und holte tief Luft, während JoJo sanft seine Kiefer um meine Hand schloss. Dann tauchte er mit mir ab. Schlängelnd und in Spiralwindungen ging es in das immer dunkler werdende Blau hinunter – kobalt, ultramarin und schließlich indigo.

Ich blickte JoJo in das mir zugewandte Auge. Es lag etwas Ruhiges und Wissendes darin, ich hatte nichts zu befürchten. Unter uns erkannte ich das tiefe Riff und den Sandabsatz. Auf unserem Weg in die Tiefe ließ ich wiederholt ein wenig Luft ab, um den Druck auszugleichen. Ich verspürte eine gewisse Leere in der Lunge, sicher würde JoJo gleich kehrtmachen. Einstweilen jedoch tauchten wir noch tiefer. Schließlich erreichten wir den schrägen Sandabsatz in gut vierzig Metern unter dem Meeresspiegel. JoJo zog mich über dem Sand auf den Abbruch zu.

Ich war ganz ruhig und trat in einen Zustand vollkommen entspannter Bewusstheit ein. JoJo machte kehrt und stieg wieder auf, während mir schon Sterne vor den Augen tanzten, die ich gelassen betrachtete. Ich erlebte tiefsten Frieden und nichts anderes zählte, nichts als dieser unendliche Augenblick. Von ganzem Herzen war ich mit allem einverstanden – und selbst wenn ich jetzt das Bewusstsein verloren hätte, wäre es in Ordnung gewesen.

Es gab nichts, was dieser vollkommenen Schönheit und Glückseligkeit irgendetwas hätte anhaben können.

Keine Atemgeräusche störten die reine Stille. Nur mein Herz hörte ich schlagen und spürte es mit dem ganzen Körper. Der Luftmangel begann sich als eine gewisse Enge in der Kehle bemerkbar zu machen, doch in dem tief meditativen Zustand, in dem ich mich befand, nahm ich dieses leichte körperliche Unbehagen nur am Rande wahr. Sobald wir ein wenig höher kamen, wurde es mir leichter in der Brust, als füllte sich meine Lunge allmählich mit Luft.

Gelassen und interessiert registrierte ich die wieder wechselnden Blautöne und sah das leuchtende Weiß des Sandes unter mir entschwinden. Mit jedem Schwanzschlag trug uns JoJo höher hinauf, und meine Brust entspannte sich zunehmend. Wir vollführten Schwünge und Rollen, während JoJo eine vertraute Melodie pfiff. Alles war einfach grenzenlos.

Von oben funkelten kristallene Lichter, während wir immer wärmere und hellere Wasserschichten durchtauchten. Zehn Meter unter der Oberfläche ging JoJo vom steilen Aufstieg in eine schräge Gleitbahn über, und dann durchbrachen wir den Wasserspiegel. Sofort atmete ich mehrmals tief durch.

Die anderen Taucher mit ihren Atemgeräten, die uns hatten nacheifern wollen, warteten noch in einiger Entfernung am zwölf Meter tiefen Riff. Sie hatten uns aus den Augen verloren, seit wir vor annähernd fünf Minuten in das tiefe

Blau abgetaucht waren. Bisher hatte ich beim Freitauchen maximal vier Minuten die Luft angehalten, und das in nur drei Metern Tiefe beim Schwimmen. Diesmal war ich annähernd fünf Minuten ausgekommen, ohne Atem zu schöpfen, und hätte in dieser großen Tiefe fast das Bewusstsein verloren, weil ich zum Druckausgleich einiges an Luft ablassen musste.

In flacherem Wasser würde ich bestimmt noch länger unten bleiben können, dachte ich. Und gleich kam auch der Gedanke auf, meinen eigenen Rekord zu brechen. Die Gefahr eines Blackouts bestand beim Freitauchen immer, auch im flachen Wasser, doch wenn JoJo dabei war, würde er sicher seinem Ruf als Delfin gerecht werden und mich retten.

Bei unserem nächsten Tauchgang setzte JoJo seine Schwanzflosse so nachdrücklich ein, dass wir mit rasender Geschwindigkeit in der blauen Tiefe versanken. Doch gerade als der Sandabsatz in Sicht kam, zog mir der aufgrund unserer großen Geschwindigkeit sehr hohe Gegendruck des Wassers die Taucherbrille vom Gesicht und der Gummigurt verheddert sich um meinen Hals. Mit einem Mal konnte ich nicht mehr klar sehen, und der Gurt würgte mich. In Sekundenbruchteilen zog mein ganzes Leben an mir vorbei. Von dem meditativen Frieden, zu dem ich beim vorigen Tauchgang gefunden hatte, konnte diesmal keine Rede sein. Ich war in Todesangst. Wahrscheinlich, dachte ich kurz, bleiben mir nur noch diese letzten Sekunden.

Aber dann realisierte ich, was los war, wand meine Hand aus JoJos Maul und versuchte mich von dem Maskengurt zu befreien. Ich hatte keine Flossen an und befand mich bestimmt auf vierzig Metern Tiefe.

In meiner Panik atmete ich viel zu viel Luft aus und strampelte blind in die Richtung, in die mir die Blasen zu streben schienen. Aber ich hatte völlig die Orientierung verloren und konnte ohne die Maske nur ahnen, wie sich die Blasen bewegten, zumal alles um mich herum zu sprudeln schien.

Noch fuchtelte ich wie wild mit den Armen. Meine Angehörigen fielen mir ein, und ich schickte ihnen ein letztes liebevolles Gebet, dann begann ich allmählich ins Land der Seligkeit zu entschwinden. Alles lief wie in Zeitlupe ab und wurde immer langsamer. Ein großer Frieden breitete sich in mir aus.

Plötzlich traf mein Arm auf einen Widerstand. Ich spürte, wie JoJo mit dem Schnabel meine Hand anhob und dann etwas fester zubiss, damit ich mich auch ja ordentlich festhielt. Er zog mich mit solcher Kraft nach oben, dass ich dachte, er würde mir den Arm auskugeln. Ich spürte, wie ich erschlaffte. JoJos Atem sprudelte in einem Strom von Blasen über mich, der Sog seines Körpers milderte den Gegendruck des Wassers. Je höher wir kamen, desto mehr brannte es in meiner Lunge. Ich nahm meinen Körper wieder wahr und kehrte aus der Zeitlupe in die Echtzeit zurück.

Wurde es heller? Ich wusste es nicht. Ich blinzelte mit ungeschützten Augen in den Wasserstrom.

Und so schossen wir über die Oberfläche hinaus wie Lava aus einem Vulkan. Ein Delfin und ein Mensch. Ich zog meine Hand aus JoJos Mund und hatte nur noch eines im Sinn: atmen. Luft!

Ich fiel ins Wasser zurück und blickte in die Kumuluswolken am Himmel. Unter mir JoJos weiche Haut, sanft stützend. Wie wunderbar, so behütet zu sein.

Als ich wieder normal atmen konnte, hörte ich, dass JoJo seine Erkennungsmelodie pfiff, vermischt mit Schnalz- und Glucklauten. Es war wie ein Wiegenlied aus längst vergangener Zeit.

Er kam unter mir hervor, und ich sah ihn an. Dann stupste er mich und schob mich in Richtung Boot, alles ringsum schien von seinem weichen Flöten widerzuhallen.

Wenn ich da unten allein gewesen wäre, in Panik und ohne Flossen, hätte ich es sicher nicht bis an die Oberfläche geschafft. Zu viel Druck und dann dieser Schwindel.

Wenn es noch eines Beweises bedurft hätte, jetzt konnte kein Zweifel mehr daran bestehen, dass wir in der Lage waren, uns lautlos zu verständigen, und dass wir uns füreinander verantwortlich fühlten. Gewiss, in der Welt des jeweils anderen waren uns klare Grenzen gesetzt. Doch wenn wir gut aufeinander achteten, konnten wir uns diese Welten gegenseitig näherbringen.

Es *ist* möglich, wir hatten es bewiesen.

Dieser Delfin, der mich von der Schwelle des Todes zurückgeholt hatte, verhalf mir auch zur Begegnung mit mir selbst und damit zu einer Lebensaufgabe und bleibenden Verpflichtung – es schloss sich zum Kreis wie einer unserer Blasenringe. Der mochte aufsteigen und sich weiten und mehr umfassen als ihn und mich, jedenfalls würden wir uns nie von dem abwenden, was er spiegelte. Freunde vom Meer und Freunde vom Land und JoJo und ich, wir sind eingebunden in einen unendlichen, ewig schwebenden Kreis, in diesem blauen Blasenring.

NACHWORT

Wie viele Kinder JoJo hat, könnte ich nicht sagen; von einem Kalb aber, das ich zärtlich Mojo nenne, weiß ich, dass es von ihm stammt. JoJos Gefährtin heißt Shinia, und zwischen den dreien besteht eine starke Verbindung, sie sind eine Familie.

Sie sind unzertrennlich, außer wenn ich ins Wasser komme und JoJo selbst wieder zu einem kleinen Delfin wird und mit mir spielt wie damals, als wir beide noch so jung waren.

Mojo hat viele der charakteristischen Verhaltensweisen seines Vaters angenommen. Vielleicht wird auch er einmal gern mit dem Gehäuse einer Meeresschnecke spielen oder sich mit einem Hund anfreunden. Ich sehe schon vor mir, wie er eines Tages anfängt, Windsurfer vom Brett zu holen und Boote samt Anker zu verschleppen. Aber Delfine spielen nun einmal gern, damit werdet ihr euch abfinden müssen, ihr Leute auf Turks und Caicos.

Und wie viel Freude ich habe, wenn ich die drei zusammen beobachte! Es freut mich so für JoJo, dass er jetzt unter seinesgleichen ist und sie in sein großes Herz geschlossen hat. Und Mojo erkenne ich in einem ganzen Schwarm von Delfinen allein an seinem schnurrigen Verhalten.

Im Rahmen des JoJo-Projekts widme ich mich weiterhin dem Schutz der Delfine, und zwar überall auf der Welt. Heute arbeite ich außer auf den Turks- und Caicosinseln auch in Japan, Skandinavien, Italien, Frankreich, Ägypten, Belize, Südamerika, auf den Bahamas, in Irland, Kanada, den Vereinigten Staaten, Neuseeland und Australien. Ich erforsche die historischen Wurzeln des Verhältnisses von Delfin und Mensch, etwa bei den Aborigines Australiens, den Dogon-Stämmen Afrikas, den Ureinwohnern Amerikas und den Inselvölkern im Südpazifik.

Durch die Betrachtung der Geschichte, die uns mit diesen Tieren verbindet, werden wir auch die Bedeutung der Delfine und aller anderen Walartigen für unser gegenwärtiges und künftiges Leben besser verstehen.

Im Laufe vieler Jahre habe ich mir genügend Wissen über die Zusammenhänge des Lebens angeeignet, um jetzt auch heilend wirken zu können. Durch meine Arbeit mit Kindern, aber auch mit Heilern und Therapeuten ist es mir gelungen, spezielle Methoden der Wasser- und Sandheilung in freier Natur zu entwickeln. Im Kontakt mit Menschen, die nach Wegen jenseits der Schulmedizin suchen, verfeinere ich sie immer weiter. Es ist ein ständiger Lernprozess.

Die tiefsten Auswirkungen dieses Heilansatzes sehe ich bei Menschen, die selbst Therapeuten oder in einem Heilberuf ausgebildet sind und nach meinen Methoden bereits Tausende von Menschen behandelt haben. Meine Arbeit zielt auf Heilung, Entspannung und Frieden, sie baut Stress ab und löst Ängste und Depressionen. Andere heilerisch tätige Menschen erleben dabei tiefe Bewusstseinsveränderungen, durch die sie mehr Selbstwertgefühl und Wertschätzung erfahren, sich insgesamt wohler fühlen und besser annehmen können und vor allem einen unglaublichen Zuwachs an Energie erfahren, der es ihnen erlaubt, anderen Menschen weiterhin wirksam zu helfen.

Das Wichtigste an meinem Ansatz ist das Einbeziehen der Elemente in die Arbeit derer, die mit heilenden Energien um-

gehen und bei ihrer Arbeit starke positive und negative Ein-
flüsse zu lenken und zu neutralisieren haben. Dazu verhelfen
vor allem die Energien des Wassers, die sowohl stabilisieren
als auch die Dinge im Fluss halten, besonders wenn Wale oder
Delfine zugegen sind. Ich plane dazu weitere Expeditionen,
die die Anwendung des Wassers als Heilmedium noch vertiefen sollen.

Wir sind von Natur aus mit unserer Umwelt vernetzt und
suchen zunehmend nach einer Verbundenheit, die uns die
moderne Welt nicht mehr ausreichend bietet. Wir möchten
wieder mehr Natur in unser Leben integrieren – Pflanzen, Tiere, Wasser, Erde und Himmel, Feuer und den Mond –, und wir
werden immer danach streben, sie noch besser in unser Leben,
Denken und Heilen einzubeziehen. Für diesen Weg zurück in
eine natürliche Balance ist es hilfreich, wenn wir zur Kenntnis
nehmen, was bereits auf dem Gebiet dieser Heilweisen geschieht, und dem in uns selbst liegenden Heilungspotenzial
Nahrung geben.

Meine Arbeit ist von Anfang an von JoJo inspiriert gewesen,
und so wird es immer bleiben – und sicher werden ihn alle,
die ihn je erlebt haben, in ihrem Herzen bewahren. Diese Menschen, die wissen, was er bedeutet, bewirken eine Weitung des
Bewusstseins hin zu den Möglichkeiten der Heilung durch die
Kräfte der Natur und ihre Lebewesen, weil sie um die innige
Verbundenheit von allen und allem wissen.

Und das ist es, was bleiben wird von JoJo.

DANK

Meiner Familie, meinen Freunden und Lehrern fühle ich mich zu tiefem Dank verpflichtet. Mein besonderer Dank gilt den Kindern, die mich mit ihrer Unschuld und Weisheit inspiriert haben und mir ein neues Lebensziel gaben. Ich bin dankbar für alles, was ihr beigesteuert habt, für euren mitfühlenden Rückhalt, für alle Hilfen und Anleitungen, durch die meine Arbeit und dieses Buch erst möglich geworden sind. Ihr alle, habt herzlichen Dank für eure tiefsten Gedanken, eure Kreativität und Begeisterung, eure spirituelle Anleitung und Energie.

Dank auch an die Journalisten, Fotografen und Redakteure, die sich auf das Meer und meine Abenteuer mit JoJo und dem gelegentlichen Haifisch einließen. Ihr Einsatz, ihre Fotos und Geschichten sind eine große Bereicherung für dieses Buch.

Die Fotografen: Doug Perrine, Bob Talbot, Dave und Debbie Turner, Michael und Marion Friedel, Daniel McCulloch, Paul Ybarra, Dr. Horace Dobbs, Yves Coutisson, Robert und Sandi Bulgin, Joe Phillips, David Schmid, Kim Francis, Joel Sackett, Takanoblu Taniught, Yasuyuki Ukita, Mina Fujiwara, Masata Sakano, Kinuko Sakurai, Yurika Nozaki, Gerard Soury, Dave und Sue Hurley.

Freunde und Kollegen: Roy und Elisabeth Tennebo, Josiah Marvel, Stephanie Beyer, Randy Hall, Gordon Kerr, Jim und

Sharon Shafer, Greg Stuntman, Birtha Belle, George Clarke, Dave Risher, Al und Liz Bernal, Ohliger Family, Steve Marino, Sherry Rosemond, Chris Palmer, Sue Allison, Leslie Thompson, David Adams, Rob Tylor, Greg MacGillivray, Al Stevens, Peter und Lesa Johnson, Chris Harding, Amaryllis Bataille, Dave Hurley, Kaoru Sasaki, Tomoko Isogai, John Hatt, Judith und Martin Razi, Takaji Ochi, Dave O'Neill, Rick O'Barry, Dr. Karen Van Hoesen, Mathias Schnellmann, Bill Johnson, Michelle Verde, Randy Kasten, Bill Haskell, Michael Bosworth, Wendy Hoffberg, Betty Bobu, Doretta Beckman, Chloe Zimmerman, Allen Lenethan, Jan und David Crosby, Robin Williams' Familie, Donna Pedersen, Carola Ferstl, Aburey Golden, Larry Mcafee, Marcos Cesar Santos, Martin, Jill, Sindi und Maya Doergeloh, Giuli Cordora, Neville Spiteri, Patrick Ellis, Stephanie Olliffe, Ahmed Raheem, Christina Leigh Elder (die sich um die Überprüfung wissenschaftlicher Inhalte kümmerte) – und viele weitere Freunde, mit denen ich nach wie vor unsere schönsten Fotos und Geschichten teilen kann.

Und schließlich möchte ich Laurie Woodward danken, die sich der redaktionellen Bearbeitung meines Manuskripts angenommen hat.

ÜBER DEN AUTOR

Mein Freund und Gefährte JoJo ist nationales Kulturgut der Turks- und Caicos-
inseln – auf Lebenszeit.
(Foto: Dr. Horace Dobbs)

Dean Bernal ist in Kalifornien aufgewachsen und hat an
der University of California in Santa Barbara studiert.
1981 kam er zum ersten Mal auf die Turks- und Caicosinseln,
wo er in den flachen Küstengewässern drei kleinen Delfinen
begegnete. Einer dieser Delfine bekam den Namen JoJo und
schloss mit Dean, aber auch mit vielen anderen Inselbewohnern Freundschaft. JoJo wurde offiziell zum nationalen Kul-

turgut der Turks- und Caicosinseln erklärt und Dean zu seinem Wärter bestellt.

Dean baute die Organisation Marine Wildlife Foundation auf, die sich dem Schutz der Meereslebewesen und ihrer Lebensräume widmet. Er hat sich über viele Jahre und in etlichen Inselstaaten für die Schaffung von Reservaten, Parks und Rückzugsräumen eingesetzt und mit seinem entschiedenen Engagement internationale Kampagnen ins Leben gerufen. Aufgrund seiner langen Erfahrung mit JoJo ist Dean heute in der Lage, überall auf der Welt – sogar in Walfangnationen – beratend mitzuwirken, wo es um den Schutz allein lebender Delfine geht.

Außerdem hat er den »Dean and JoJo Children's Fund« aufgebaut und setzt seine Arbeit mit Delfinen und Walen fort, wie er es aufgrund seiner langen Freundschaft mit JoJo als seinen Auftrag sieht – eine wahrhaft die Seele berührende Arbeit und Hilfe für viele.

www.deanandjojostory.com
www.marinewildlife.org
www.deanandjojo.com

(Fotos: Dean und JoJo von Doug Perrine; Skulptur: Amaryllis Bataille)

In Bronze gegossen wird die Beziehung zwischen Dean und JoJo –
Mensch und Delfin – und ihre Bedeutung für immer erhalten bleiben.

Amaryllis Bataille, Bildhauerin.